K-EV 기본 진단 정보와 점검 포인트

전기車정비실무
성공사례20

류명호·박종철 / 편저

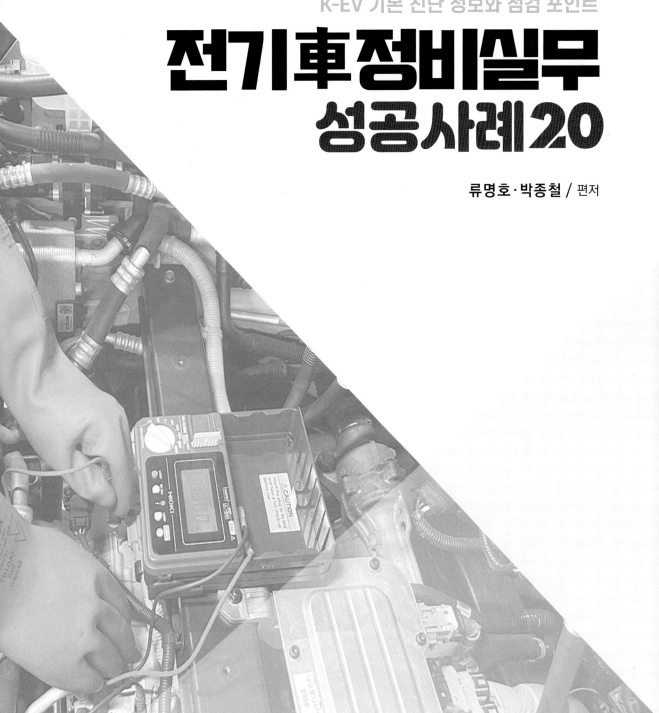

GoldenBell
www.gbbook.co.kr

① 고전압 회로 계통도

■ 아이오닉 전기차(AE EV) 고전압 계통도

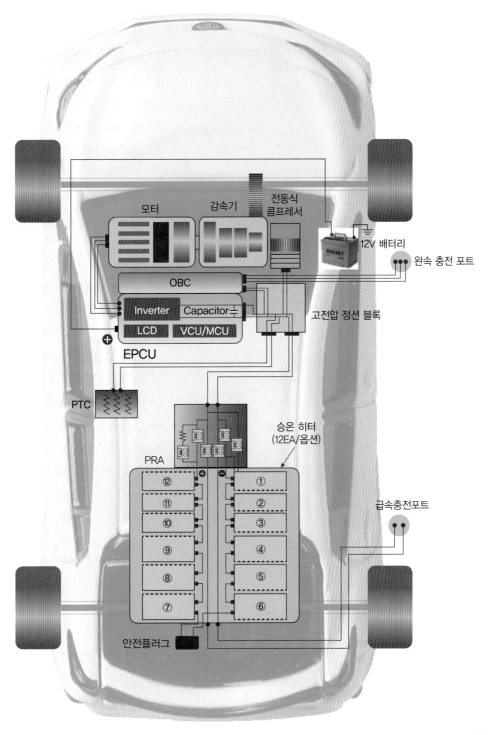

모터 감속기 전동식 콤프레서

12V 배터리

완속 충전 포트

OBC

Inverter Capacitor

고전압 정션 블록

LCD VCU/MCU

EPCU

PTC

승온 히터
(12EA/옵션)

PRA

⑫ ⑪ ⑩ ⑨ ⑧ ⑦

① ② ③ ④ ⑤ ⑥

급속충전포트

안전플러그

■ 코나 전기차(OS EV) 고전압 계통도

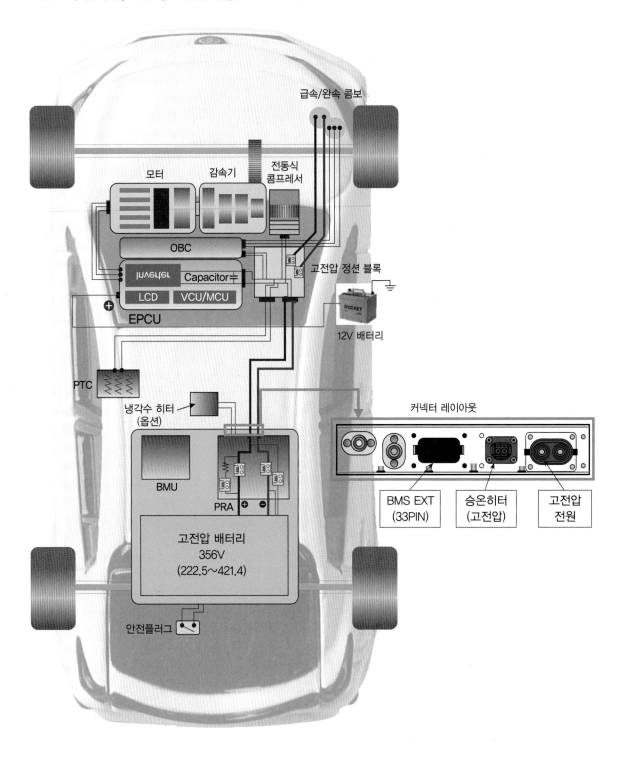

급속/완속 콤보

모터

감속기

전동식
콤프레서

OBC

Inverter Capacitor

고전압 정션 블록

LCD VCU/MCU

EPCU

12V 배터리

PTC

냉각수 히터
(옵션)

커넥터 레이아웃

BMU

PRA

고전압 배터리
356V
(222.5~421.4)

안전플러그

BMS EXT
(33PIN)

승온히터
(고전압)

고전압
전원

■ 코나 전기차(OS EV) 급속 충전 고전압 계통도

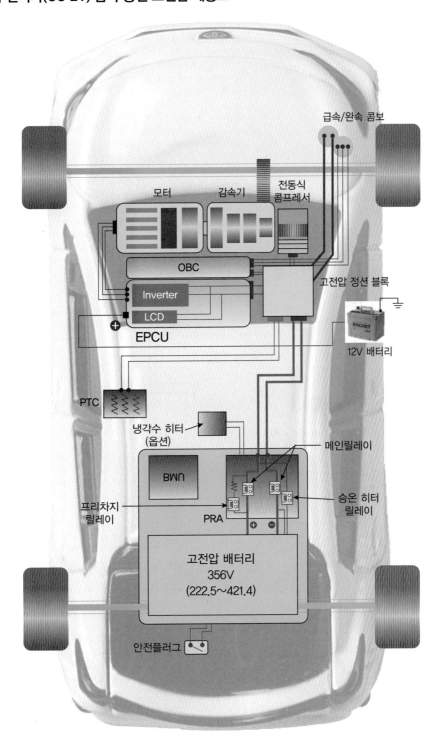

※ 급속 충전 중 고전압 흐름도

급속 충전 포트 → 고전압 정션 블록(급속충전릴레이+, -) → PRA(메인 릴레이 +, -)
→ 고전압배터리 충전

■ 코나 전기차(OS EV) 완속 충전 고전압 계통도

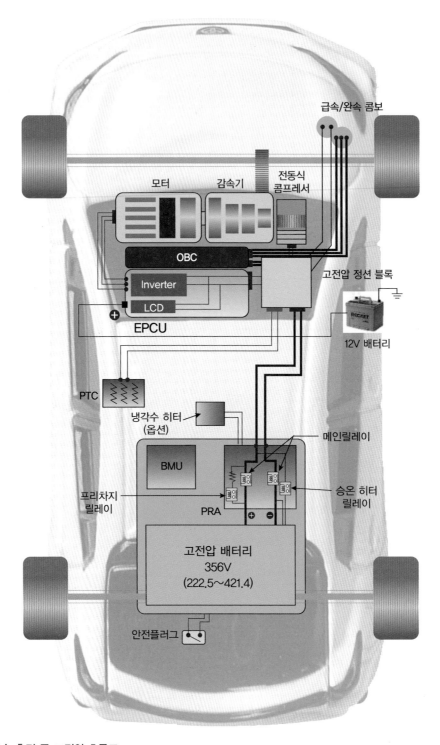

※ 완속 충전 중 고전압 흐름도

완속 충전 포트 → OBC → 고전압 정션 블록 → PRA(메인 릴레이 +, -) → 고전압 배터리 충전

■ 코나 전기차(OS EV) 구동(방전) 시 고전압 계통도

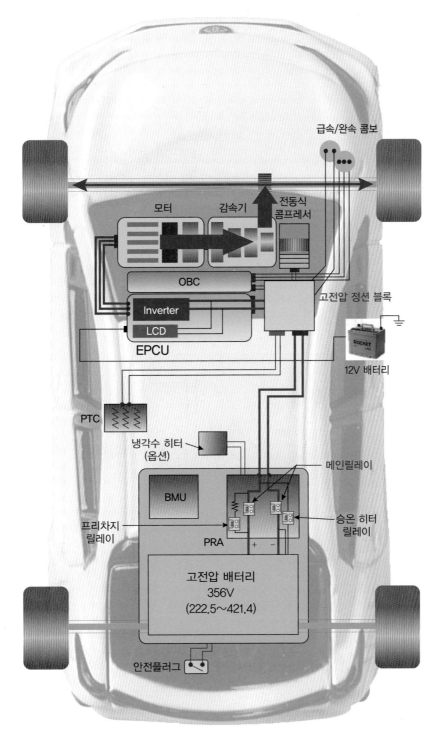

급속/완속 콤보

모터

감속기

전동식
콤프레서

OBC

Inverter

LCD

EPCU

고전압 정션 블록

12V 배터리

PTC

냉각수 히터
(옵션)

메인릴레이

BMU

승온 히터
릴레이

프리차지
릴레이

PRA

+ −

고전압 배터리
356V
(222.5~421.4)

안전플러그

※ **구동(방전) 중 고전압 흐름도**

고전압 배터리 → PRA(메인 릴레이 +, -) → 고전압 정션 블록 → EPCU(인버터) → 모터
→ 감속기 → 휠

■ 코나 전기차(OS EV) 회생 제동(충전) 시 고전압 계통도

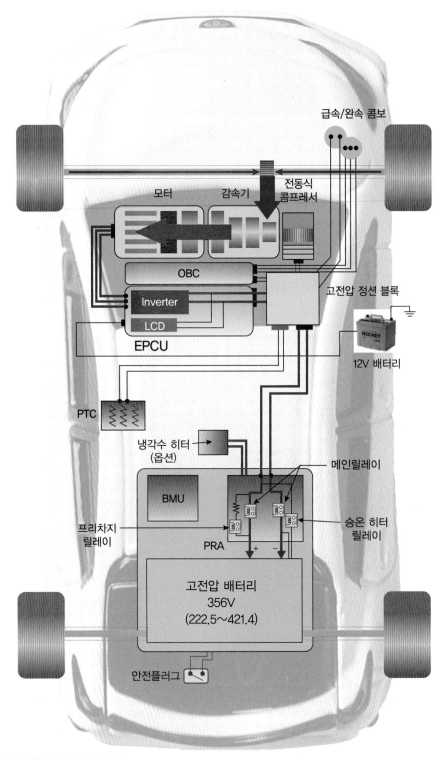

※ **구동(방전) 중 고전압 흐름도**

휠 → 감속기 → 모터 → EPCU(인버터) → 고전압 정션 블록 → PRA → (메인 릴레이 +, -)
→ 고전압 배터리

■ 코나 전기차(OS EV) 보조배터리 충전 시 고전압 계통도

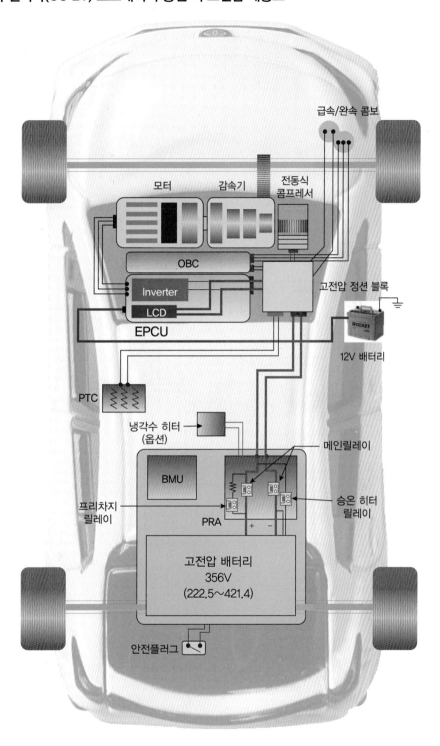

급속/완속 콤보

모터
감속기
전동식
콤프레서

OBC

Inverter

LCD

EPCU

고전압 정션 블록

12V 배터리

PTC

냉각수 히터
(옵션)

메인릴레이

BMU

프리차지
릴레이

PRA

승온 히터
릴레이

고전압 배터리
356V
(222.5~421.4)

안전플러그

※ 저전압 보조배터리 충전 시

　고전압 배터리 → PRA (메인 릴레이 +, -) → 고전압 정션 블록 → EPCU(LDC) → 보조배터리충전

■ 코나 전기차(OS EV) 공조 작동 시 고전압 계통도

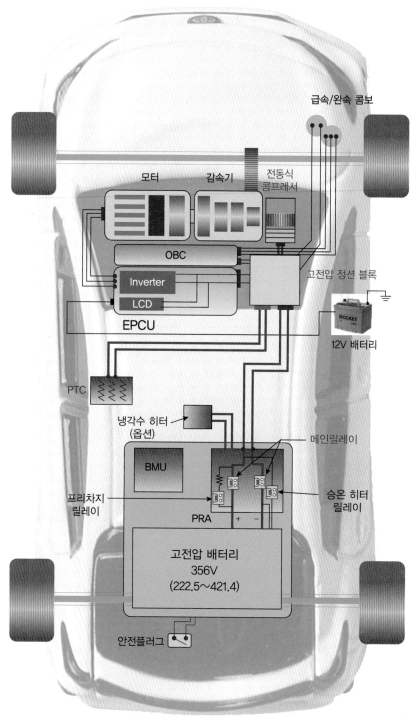

급속/완속 콤보

모터

감속기

전동식
콤프레서

OBC

고전압 정선 블록

Inverter

LCD

EPCU

12V 배터리

PTC

냉각수 히터
(옵션)

메인릴레이

BMU

프리차지
릴레이

승온 히터
릴레이

PRA

고전압 배터리
356V
(222.5~421.4)

안전플러그

※ 공조 작동 시

고전압 배터리 → PRA (메인 릴레이 +, -) → 고전압 정선 블록 → 전동식 콤프레서 → PTC 히터

2 포터(HR EV) 고전압 구성도

■ 포터 전기차(HR EV) 고전압 부품 계통도

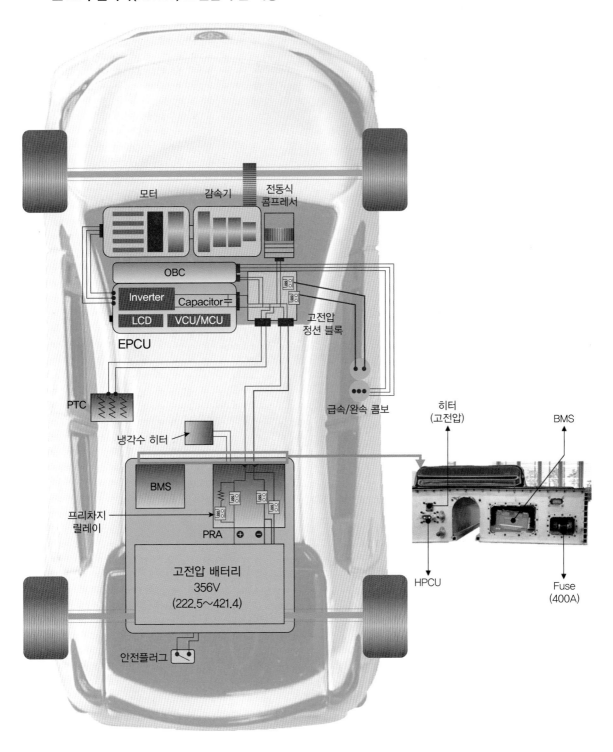

■ 포터 전기차(HR EV) 고전압 부품 구성도

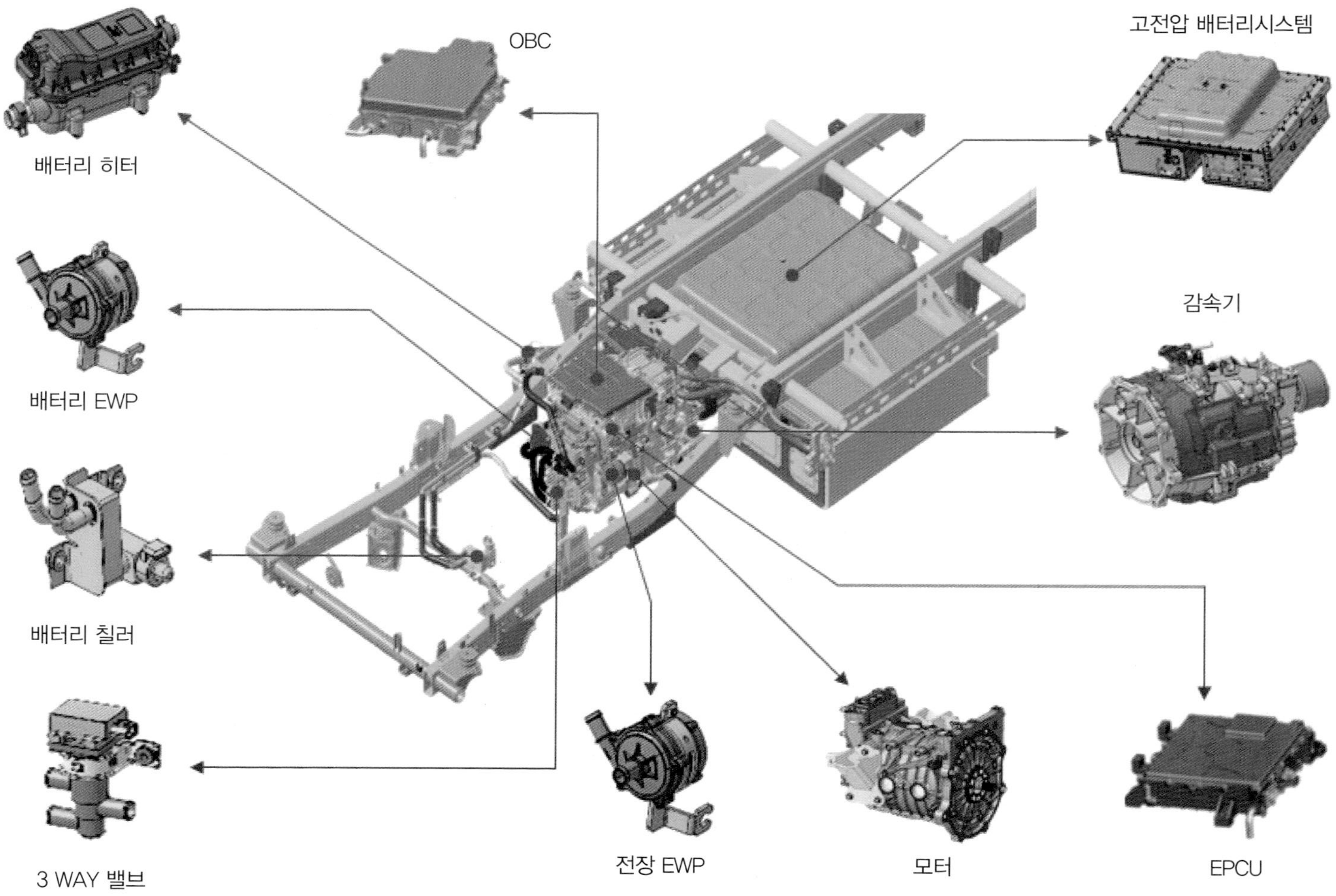

고전압 배터리시스템

감속기

EPCU

모터

전장 EWP

OBC

배터리 히터

배터리 EWP

배터리 칠러

3 WAY 밸브

■ 아이오닉 5, 6(NE EV, CE EV) 고전압 계통도

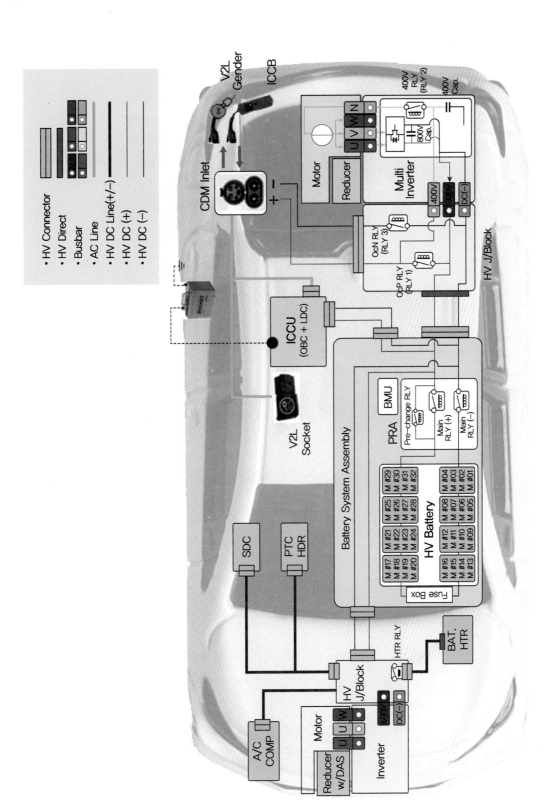

Legend:
- HV Connector
- HV Direct
- Busbar
- AC Line
- HV DC Line(+/-)
- HV DC (+)
- HV DC (-)

V2L Gender

ICCB

CDM Inlet

Motor

Reducer

Multi Inverter

400V RLY (RLY 2)

400V Cap.

800V Cap.

U V W N

400V

800V

DC(-)

OcN RLY (RLY 3)

OcP RLY (RLY 1)

HV J/Block

ICCU (OBC + LDC)

V2L Socket

Battery System Assembly

BMU

PRA

Pre-charge RLY

Main RLY (+)

Main RLY (-)

HV Battery

Fuse Box

M #29	M #25	M #21	M #17
M #30	M #26	M #22	M #18
M #31	M #27	M #23	M #19
M #32	M #28	M #24	M #20

M #04	M #08	M #12	M #16
M #03	M #07	M #11	M #15
M #02	M #06	M #10	M #14
M #01	M #05	M #09	M #13

SDC

PTC HDR

A/C COMP

Motor

Reducer w/DAS

Inverter

U U W

500V

DC(-)

HV J/Block

HTR RLY

BAT. HTR

■ 아이오닉 5, 6(NE EV, CE EV) 완속 충전 시 고전압 계통도

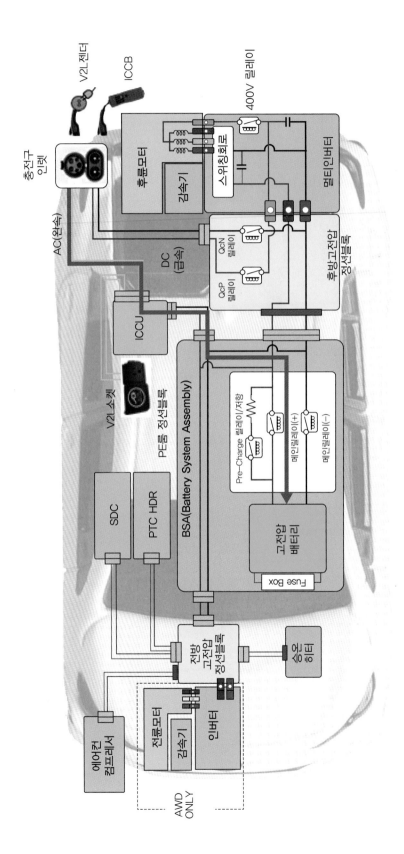

※ 완속 충전 시 고전압 흐름도

완속 충전구 → ICCU(OBC) → PRA(메인 릴레이 +, −) → 고전압 배터리 충전

■ 아이오닉 5, 6(NE EV, CE EV) 급속 충전 시 고전압 계통도

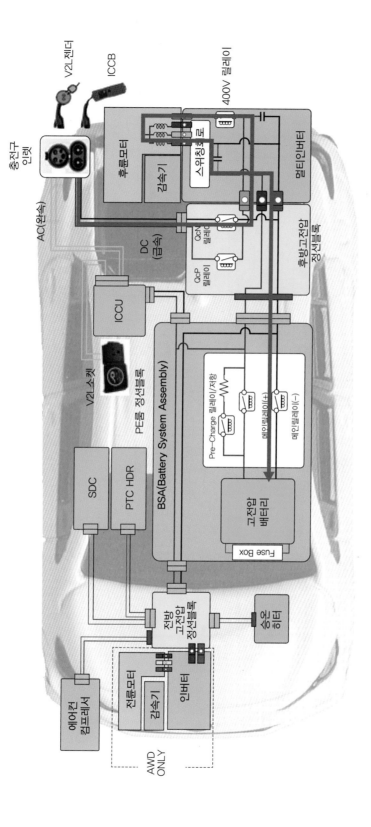

※ 급속 충전 시 고전압 흐름도
급속 충전구 → 후방 고전압 정션 블록(급속 충전 릴레이 +, -) → 후륜 모터 멀티인버터 → PRA(메인 릴레이 +, -) → 고전압 배터리 충전

아이오닉 5, 6(NE EV, CE EV) 구동(방전)시 고전압 계통도

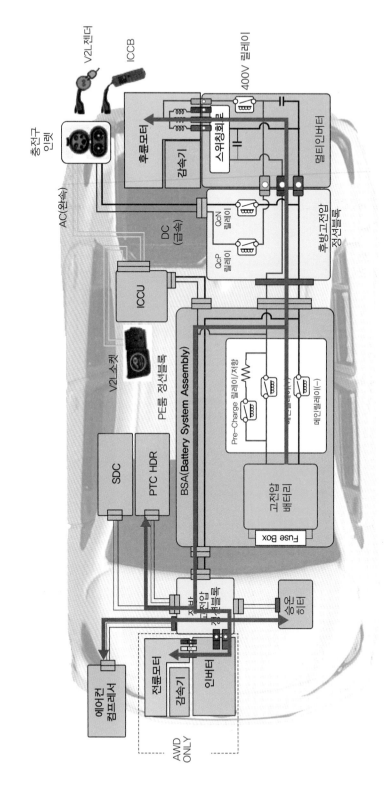

V2L 젠더

ICCB

충전구 인렛

AC(완속)

DC(급속)

V2L 소켓

ICU

후륜모터
감속기
스위칭회로
멀티인버터
400V 릴레이

QcP 릴레이
QcN 릴레이
후방고전압 정션블록

PE룸 정션블록

BSA(Battery System Assembly)
Pre-Charge 릴레이/저항
메인릴레이(+)
메인릴레이(-)
고전압 배터리
Fuse Box

SDC
PTC HDR

고전압 정션블록
승온 히터

전륜모터
감속기
인버터

AWD ONLY

에어컨 컴프레서

※ **구동(방전) 중 고전압 흐름도**
구동: 고전압 배터리 → PRA(메인 릴레이 +, −) → 전, 후방 고전압 정션 블록 → 전, 후륜 MCU(인버터) → 전, 후륜 모터
→ 전, 후륜 감속기 → 휠

■ 아이오닉 5, 6(NE EV, CE EV) 실내, 실외 V2L 작동 시 고전압 계통도

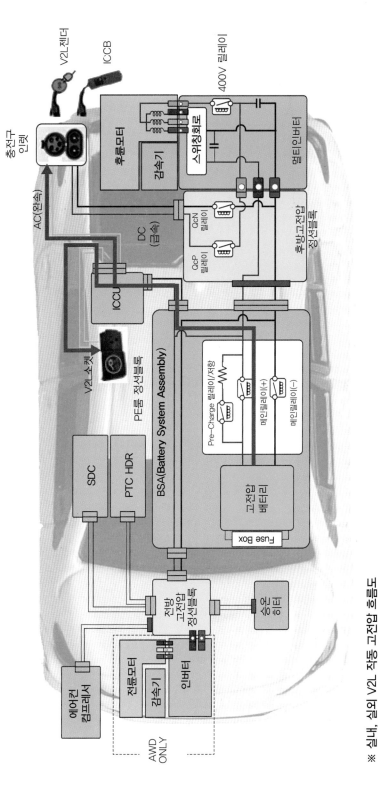

충전구
인렛

V2L젠더

ICCB

AC(완속)

400V 릴레이

후륜모터
감속기
스위칭회로

멀티인버터

DC
(급속)

QcN
릴레이

QcP
릴레이

후방고전압
정션블록

ICCU

V2L 소켓

PE룸 정션블록

BSA(Battery System Assembly)

SDC

PTC HDR

Pre-Charge 릴레이/저항

메인릴레이(+)

메인릴레이(-)

고전압
배터리

Fuse Box

전방
고전압
정션블록

승온
히터

에어컨
컴프레서

전륜모터
감속기
인버터

AWD
ONLY

※ 실내, 실외 V2L 작동 고전압 흐름도

실내, 실외 V2L : 고전압 배터리 → PRA(메인 릴레이 +, -) → ICCU(OBC(양방향 컨버터)) → 실내 V2L 소켓, 실외 V2L 소켓

■ 아이오닉 5, 6(NE EV, CE EV) 보조 배터리 충전 시 고전압 계통도

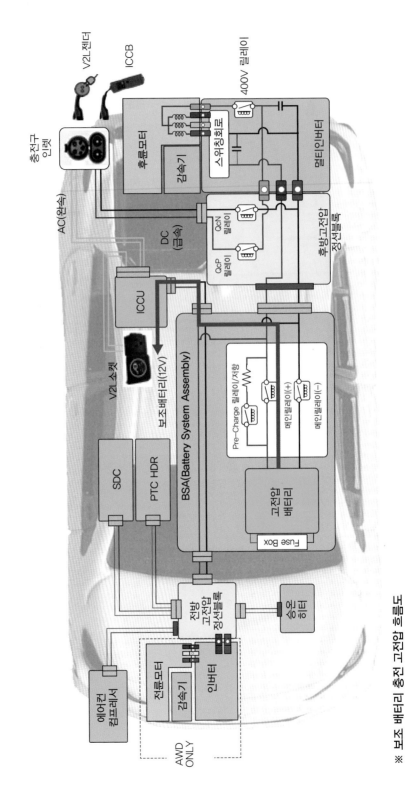

※ 보조 배터리 충전 고전압 흐름도
보조 배터리 충전 : 고전압 배터리 → PRA(메인 릴레이 +, -) → ICCU(LDC) → 보조 배터리 충전

■ G80 전기차(RG3 EV) 고전압 계통도

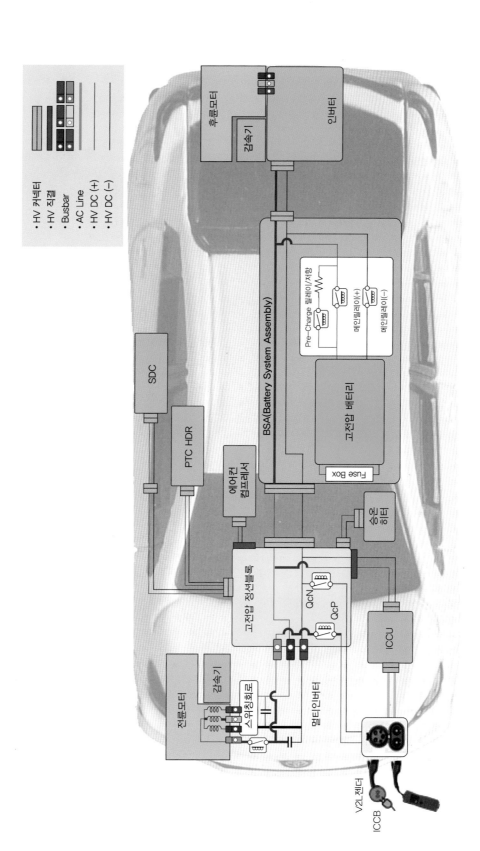

범례:
- HV 커넥터
- HV 직결
- Busbar
- AC Line
- HV DC (+)
- HV DC (−)

후륜모터 / 감속기 / 인버터

SDC

PTC HDR

에어컨 컴프레서

BSA(Battery System Assembly)

Pre-Charge 릴레이/저항
메인릴레이(+)
메인릴레이(−)
고전압 배터리
Fuse Box

승온 히터

고전압 정션블록
QcN
QcP

전륜모터 / 감속기 / 소용회로 / 멀티인버터

ICCU

V2L 젠더
ICCB

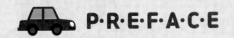 **P·R·E·F·A·C·E**

탄소 제로(0),
친환경 차량 전환이 분주하다!

2023. 2. 14 유럽연합(EU)의회는 2035년 내연기관 자동차 판매금지 법안을 공식 채택하였고 2050년 역내 온실가스 배출을 실제 제로(0)로 만들겠다고 표명했다.

앞서 현대·기아차는 배터리기반 전기차 생산에 박차를 가하면서 수소차 개발 및 상용화에 목표를 두고, 2035년 유럽 시장에 100% 전동화로 진출하겠다고 선언한 상태이다.

국내 전기차 산업의 국가 정책은 소재, 부품, 장비와 연구 개발 및 보급에 초점이 맞춰져 있다.

그에 비해 전기차를 정비할 수 있는 인프라 구축과 내연기관 위주의 자동차 정비 산업에 종사하는 약 9만 3천 여명(2022. 6. 기준)의 정비 인력에 대한 전기차로의 전환에 따른 신기술 교육과 업종 전환의 지원은 미미하다. 제조사는 회사별 전용 정비인력과 시설을 확보하는 등 자구책에 나서고 있지만 전기차 보급 속도에 비하면 턱없이 부족한 현실이다.

필자는 시대적 소명감으로 정비 현업에 종사자들과 전기차 전공 후학들을 위해 실무 이론과 실제 현장(Field)에서 발생된 고장사례를 유형별로 편성하였다. 특히 국내 전기차 제작사의 1~3세대까지 전기차 시스템을 알 수 있도록 각 구성 시스템의 소개와 고전압 계통도 및 외부충전기(EVES) 고장 코드의 물리적 의미 등 현장에서 필요한 정보를 함축하였다.

1장 : 전기차의 개요와 고전원 전기 장치 및 고전압 안전 장치의 소개와 차종별 고전원 차단 절차 및 감시 회로

2장 : 전기차의 고전압 배터리로 가장 많이 사용되는 리튬이온 배터리의 개요 및 구성 요소와 특징, 고전압 배터리 팩을 구성하는 시스템인 BMU, PRA 그리고 고전압 정선 박스의 특징 및 진단 방법

3장 : 전기차의 동력시스템인 구동 모터와 감속기의 구성과 특징 및 진단 방법

4장 : 전기차의 제어 및 전력 변환 시스템, 충전시스템으로 VCU, EPCU, MCU, LDC, OBC, 커패시터, 충전시스템의 특징 및 진단 방법

5장 : 전기차의 열관리 시스템

6장 : 전기차의 공조시스템

7장 : 전기차의 제동시스템과 회생제동

8장 : 전기차 정비사례와 함께 고장 현상과 진단 방법 및 원인 분석을 통한 조치 방법까지 기술

필자는 오랜 기간 자동차 제작사의 엔지니어로 근무하면서 연구 개발 조직과 품질 담당 조직, 부품 생산 업체와의 품질 조사 및 트러블 슈팅(Trouble Shooting)을 경험하였다.

이렇게 체득한 기술들을 현업의 종사자들과 현장 인력을 양성하는 교육 가이드 맵으로 집필하게 된 동기이다. 하지만 수준에 따라 독자들의 만족도에 미치지 못할 것이다. 앞으로 오류와 수정이 필요한 부분은 꾸준히 첨삭 보완할 것이다.

끝으로 본 교재가 출판되기까지 많은 도움을 주신 대학 및 산업체 관계자 분들과 지금 이 시간에도 국내 전기차 산업의 발전과 품질 개선을 위해 노력하고 있는 엔지니어들께 응원과 감사의 인사를 드리며, (주)골든벨 김길현 대표와 우병춘 본부장 이하 임직원 여러분께 진심으로 감사드린다.

2023년 10월

저자 일동

C·O·N·T·E·N·T·S

Intro

1. 고전압 회로 계통도

2. 포터(HR EV) 고전압 구성도

제1편 전기차 진단 및 정비 총론

1. 전기차 개념과 고전원 안전시스템   27

2. 고전압 배터리 시스템   43

3. 구동 모터 및 감속기   65

4. 전력 제어 및 변환 시스템   81

5. 열관리 시스템   115

6. 공조 시스템   131

7. 제동 시스템   141

제2편 전기차 점검 정비 성공사례20

1. 급속 · 완속 충전 포트 문제로 급속 충전 불가   159

2. 고전압 배터리 모듈 문제로 주행가능거리 낮게 표출   167

3. 고전압 배터리 케이스 파손으로 절연 파괴되어 EV 경고등 점등   190

4. PTC 히터 내부 단락으로 EV 경고등 점등 및 시동 불가   208

5. OBC 문제로 급속 및 완속 충전 불가   215

6. 구동 모터 절연 파괴로 EV 경고등 점등   233

7. 고전압 배터리 모듈 절연 파괴로 EV 경고등 점등   250

8. CMU 문제로 EV 경고등 점등   291

9. 리어 MCU 회로 문제로 EV 경고등 점등   323

10. ICCU 문제로 EV 경고등 점등   329

11. 전동식 컴프레서 인터록 회로 문제로 시동 불가   350

12. 고전압 정선 블록 인터록 회로 문제로 시동 불가   355

13. 구동 모터 절연 파괴로 P단 체결 후 주행 불가   361

14. 승온 히터 절연 파괴로 불규칙적으로 EV 경고등 점등   381

15. LDC 출력단 체결 불량으로 EV 경고등 점등 및 시동 꺼짐   397

16. MCU 온도센서 문제로 EV 경고등 점등   401

17. 충전 단자 도어 모듈 회로 문제로 불규칙적으로 충전 후 시동 불가   425

18. 고전압 배터리 온도센서 문제로 EV 경고등 점등   439

19. 전동식 컴프레서 인버터 회로 문제로 EV 경고등 점등 및 시동 불가   478

20. 전방 인버터 문제로 EV 경고등 점등 및 시동 불가   489

부록

1. 외부충전기(EVES) 코드별 고장 원인 점검 진단 가이드   527

2. 전기차 전용 약어 정리   534

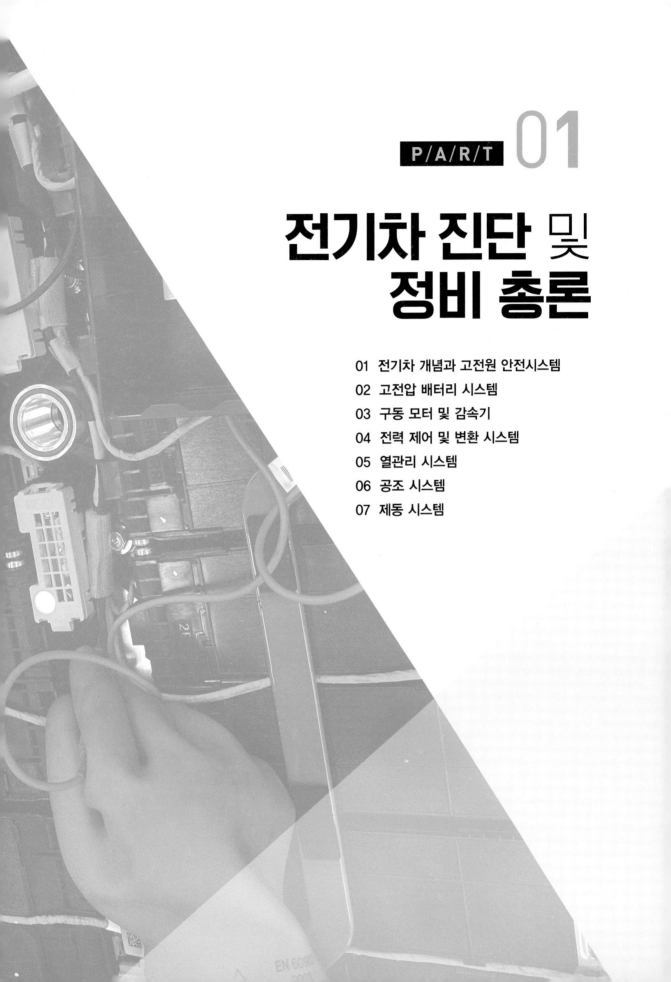

전기차 진단 및 정비 총론

01 전기차 개념과 고전원 안전시스템
02 고전압 배터리 시스템
03 구동 모터 및 감속기
04 전력 제어 및 변환 시스템
05 열관리 시스템
06 공조 시스템
07 제동 시스템

01 전기차 개념과 고전원 안전시스템

1 전기자동차(EV) 개요

(1) 개념 정리

전기자동차(EV)는 충전시스템을 통해 전기에너지를 고전압 배터리로 충전한다. 저장된 전기 에너지를 전력 변환 시스템과 제어 시스템을 이용해 전기 모터로 공급하여 **구동력을 발생시키** 는 자동차이다. 전기 동력원으로 운행되기 때문에 화석연료는 전혀 사용하지 않는다.

화석연료를 연소시켜 회전 운동의 동력을 발생시키는 내연기관 자동차(ICEV)와 달리 전기 자동차(EV)는 동력을 발생시키는 엔진이 없다. 고전압 배터리, 전력 변환 시스템, 전력 제어 시스템 그리고 전기 모터로 차량을 구동한다. 그러므로 내연기관처럼 동력이 생성될 때 발생 되는 대기오염 물질과 온실가스가 배출하지 않는다. 고전압 배터리에 충전된 전기 에너지로만 주행이 가능하기 때문에 배터리의 용량과 차량의 중량에 따라 주행 가능 거리가 결정된다.

그림 1.1 ● 내연기관(ICE) 자동차와 전기자동차(EV) 비교

기존 내연기관 자동차에서의 파워 트레인 구성 부품인 엔진에서 발생되는 동력을 주 동력 원으로 사용하는 자동차에 적용된 엔진이 전기 모터로 대체되었다. 전기차는 엔진에서 발생 되는 동력을 속도에 따라 필요한 회전력으로 변환시켜 동력을 전달하는 변속기를 대신할 수

있는 감속기가 적용된다.

또한 전기자동차(EV)는 고출력의 교류(AC) 전기 모터를 구동하기 위한 **고전압 배터리**와, 이를 제어하기 위한 각종 **제어 시스템**과 **전력 변환 시스템** 등이 주요 구성 부품으로 적용된다.

전기 모터는 고전압 배터리에 충전된 전기에너지를 활용하여 구동되며, 감속 시 회생 제동과 충전 시스템을 이용하여 전기자동차(EV)에 탑재된 고전압 배터리를 충전하는 메커니즘을 갖는다.

앞서 설명한 바와 같이 고전압 배터리의 전기에너지를 전력 변환 시스템과 전력 제어 시스템을 통해 전기 모터로 공급하여 구동력을 발생시키는 전기자동차(EV)의 특징을 살펴보면,

① 전기자동차(EV)는 대용량 고전압 배터리를 탑재하여 고전압 배터리의 용량에 따라 **1회 충전 후 주행 가능한 거리가 결정**된다.

② 전기 모터로 구동력을 발생시킨다. 즉, 고전압 배터리에 저장된 전기에너지를 이용하며 전기 모터를 구동하여 주행이 가능한 것이다.

③ **변속기가 필요 없으며** 단순한 감속기를 이용하여 **토크를 증대**시킨다. 구동 모터는 최대 20,000RPM 이상의 높은 회전수(RPM)를 갖는 특징이 있기 때문에 감속기를 적용하여 구동 모터의 높은 회전수를 낮추고 토크를 증대시킨다.

④ 전기자동차(EV)는 **충전 시스템을 이용하여** 외부 전력으로 전기자동차(EV)에 탑재된 고전압 배터리를 충전한다.

⑤ 전기에너지를 주 동력원으로 사용하기 때문에 주행 시 배출되는 **배기가스가 전혀 없다.**

⑥ 전기자동차는 고전압 배터리에 충전시스템으로 충전되어 저장된 전기에너지를 동력 에너지로 사용하기 때문에 고전압 배터리에 저장되는 에너지 밀도(wh/kg)에 따라 **주행거리가 제한적**이다.

이처럼 전기자동차(EV)는 기존 내연기관 자동차와 전혀 다른 동력원과 이를 제어하는 시스템으로 구성되며 기존 내연기관을 주동력원으로 사용하는 자동차와 전혀 다른 특징을 가지고 있다.

전기자동차(EV)의 주요 구성품을 살펴보면 EPCU(Electronic Power Control Unit)는 전력제어기이며 제어기 내부에 MCU(인버터), LDC(Low Voltage DC-DC Converter), VCU(Vehicle Control Unit)가 내장되는 통합된 전력 제어기이다.

OBC(On Board Charger)는 외부에서 공급된 교류(AC) 전력을 변환하여 직류(DC)형태로 저장되는 고전압 배터리를 충전하는 **차량용 완속 충전 시스템**이다. 감속기는 전기 모터의 회전수를 감속시켜 차량의 토크를 증대하는 기능을 하며, 전기 모터는 고전압 배터리에서 공급한 전기에너지로 구동력을 발생시킨다. 고전압 배터리는 **전기에너지를 직류(DC) 형태로 저장**하여 **구동 시**

저장된 전기에너지를 공급하고, 고전압 정션 블록은 고전압의 전력을 분배하는 역할을 한다.

끝으로 전기자동차(EV)의 주 동력원이 전기에너지이므로 고전원의 전기에너지로 작동되는 전기자동차 전용 히트 펌프 및 공조시스템, 통합형 전동 브레이크 시스템, 클러스터, 예약 및 원격 충전시스템 등이 적용된다.

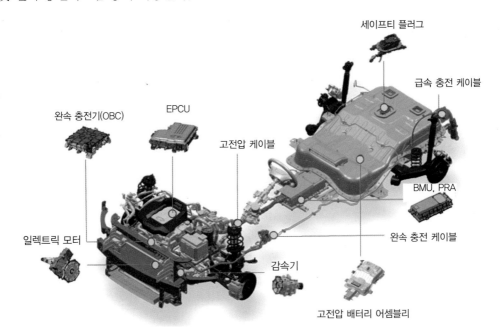

그림 1.2 ◉ 아이오닉 전기차(AE EV) 고전압시스템

명칭 설명

1. **OBC(On Board Charger)** : 외부에서 공급된 교류 220V 전력을 직류로 변환하여 고전압 배터리를 충전하는 차량용 완속 충전기
2. **EPCU(Electronic Power Control Unit)** : MCU(인버터), LDC, VCU가 하나의 패키지로 구성된 전력 제어 통합 제어기
   ① **MCU(인버터)** : 구동 모터를 구동시키기 위한 전력 변환 제어 장치로 고전압 배터리의 직류(DC) 전력을 전기 모터 구동을 위해 교류(AC) 전력으로 변환시켜 전기 모터 제어
   ② **LDC** : 고전압 배터리에 충전되어 저장된 고전압을 저전압으로 변환하여 전장품에 전원 공급 및 보조배터리 충전하는 저전압 전력 변환 장치
   ③ **VCU** : 전기자동차의 최상위 컨트롤러로 BMU, MCU(인버터), 클러스터 등의 제어기와 통신하며 차량 제어, 주행 상태 판단, 토크 제어 등 차량 주요 명령을 전송하는 제어기
3. **고전압 정션 블록** : 고전압 배터리에 저장된 고전원의 전력을 차량내 고전원 회로의 구성 부품으로 전력을 분배하는 장치
4. **구동 모터** : 고전압 배터리에서 공급받은 전기에너지를 이용하여 동력을 발생하는 장치로 높은 구동력과 출력으로 가속과 등판 및 고속 운전에 필요한 동력을 제공

5. **감속기** : 구동 모터의 고 회전 저 토크를 입력 받아 적절한 감속비로 속도를 줄이고 그 만큼 토크를 증대시키는 장치

6. **고전압 배터리팩** : 충전시스템을 이용하여 외부 전기에너지를 저장하는 이차전지로 구성된 배터리 시스템

7. **E-com'p(전동식 컴프레서)** : 공조시스템과 고전압 배터리 냉각을 위해 고전원을 이용하여 냉매을 고온 고압으로 압축시키는 전동식 에어컨 컴프레서

8. **PTC(Positive Temperature Coefficient) 히터** : 전기자동차의 난방을 위해 히터 내부의 다수의 PTC 써미스터에 고전압 배터리의 전원을 인가하여 써미스터의 발열을 이용해 난방의 열원으로 사용하는 공기 가열식 난방 장치

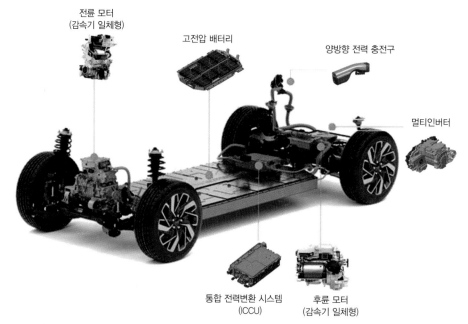

전륜 모터
(감속기 일체형)

고전압 배터리

양방향 전력 충전구

멀티인버터

통합 전력변환 시스템
(ICCU)

후륜 모터
(감속기 일체형)

그림 1.3 ● 현대자동차그룹 전기차 전용 플랫폼(E-GMP)이 적용된 아이오닉 5
전기차(NE EV) 고전압 시스템

명칭 설명

1. **ICCU(Integrated Charging Control Unit)** : 고전압 배터리 충전을 위한 차량용 완속 충전기(OBC) 기능과 저전압 회로 전원 공급과 보조배터리 충전을 위한 LDC(Low DC DC Converter), 차량 충전 관리 시스템을 통해 별도의 추가 장비 없이 외부로 전력을 공급할 수 있는 기능인 양방향 전력변환이 가능한 V2L(Vehicle To Load) 기능이 통합된 통합 충전 제어장치

2. **멀티인버터(Multi inverter)** : 모터 구동 시에는 고전압 배터리의 직류(DC) 전압을 구동 모터용 3상 교류(AC) 전압으로 변환하고, 400V급 급속 충전 시에는 모터와 함께 800V로 승압하여 고전압배터리로 충전하는 기능의 전력 변환 장치

3. **구동시스템** : 일체형하우징 내부에 구동 모터와 감속기가 일체형으로 구성되고 그 상단에 인버터(MCU)와 고전압 정션 블럭이 장착

2 전기자동차(EV) 특징

(1) 개념 정리

전기자동차(EV)는 이차전지로 구성된 고전압 배터리를 충전 시스템을 이용하여 충전하고 저장된 전기에너지로 전기 모터를 구동하여 주행한다. 이것이 화석 연료를 연소시켜 동력원을 발생시키는 내연기관 자동차와 가장 큰 차이점이다.

동력원은 수력, 전력, 화력, 원자력, 풍력 등과 같이 동력의 근원이 되는 에너지를 말한다. 이동의 수단이 되는 자동차의 경우 여기서 말하는 동력은 타이어가 도로의 노면을 밀면서 주행을 가능하게 운동에너지를 만들어내는 동력이 주 동력원이 되는 것이다.

따라서 전기자동차(EV)에는 기존 자동차에서 가장 중요한 요소였던 동력을 발생시키는 내연 기관인 엔진과 발생된 동력으로 차량의 속도를 가감속하는 변속기가 없으며, 그 기능을 수행하는 역할을 하는 전기에너지로 구동력을 발생시키는 전기 모터 및 전력 제어 시스템과 전력 변환 시스템이 적용된다.

구동 모터, 감속기, 고전압 배터리, 차량용 완속충전기(OBC), 통합전력제어장치(EPCU), 전력 변환장치 등이 전기자동차(EV)를 구성하는 시스템의 전부이다. 모두 고전압 배터리의 전력으로 전기 모터를 구동하기 위한 구성 시스템이 된다.

3 전기자동차(EV) 고전원 전기장치

(1) 개념 정리

기존 내연기관 자동차(ICEV)를 제어하는 각종 전장 및 엔진 제어 시스템인 마이크로 컨트롤 유닛(MCU) 또는 엔진 컨트롤 유닛(ECU)의 전원 전압은 12V 또는 24V의 저전압의 전원을 사용하고 있다.

그러나 전기자동차(EV)는 차종에 따라 약 400V 또는 800V의 고전원을 사용하여 구동하는 방식이기 때문에 고전원의 전기에너지를 변환 또는 제어하여 동력을 발생시키게 된다.

이처럼 고전원이 적용된 전기자동차(EV)를 점검, 정비하는 과정에서 고전압에 직접 노출되면 감전 등의 전기 상해를 입게 된다. 그리고 차체와 고전압이 서로 절연이 되어 있지 않으면 승객이 감전과 누전 등의 피해를 입을 수 있고, 충돌 등의 사고가 발생될 경우 차체에 고전압이 인가되어 승객의 인체에 큰 전류가 흐르게 되어 위험한 감전 사고가 발생될 수 있다.

따라서 이러한 전기자동차(EV)의 고전압 감전 등의 사고를 미연에 방지하고 안전하게 전기자동차(EV)를 이용하고 수리 및 점검하고자 국내외적으로 고전압 안전에 관한 기준 및 규칙을 강화하고 있다.

우리나라의 경우 「자동차 및 자동차 부품의 성능과 기준에 관한 규칙 제2조 제52항」에 따라 '고전원 전기장치란 자동차의 구동을 목적으로 하는 구동 축전지, 전력변환 장치, 구동 전동기, 연료전지 등 자동차의 작동 전압이 직류(DC) 60V 초과 1,500V 이하이거나 교류(AC) 30V 초과 1,000V 이하의 전기장치를 말한다'의 규칙과 「제18조 제2항의 고전원 전기장치를 사용하는 자동차의 고전원 전기장치 절연 안전성 등에 관한 기준」 등에 따라 자동차 및 자동차 부품의 성능과 기준에 관한 규칙이 정의되고 있다.

[표 1.1] 전기자동차(EV)의 고전원 전기장치 기준 전압

직류	교류
60V 초과 ~ 1,500V 이하	30V 초과 ~ 1,000V 이하

또한 고전원 전기장치의 절연 안정성에 관한 규칙을 살펴보면 '직류 회로 및 교류 회로가 독립적으로 구성된 경우 절연 저항은 각각 100Ω/V(DC), 500Ω/V(AC) 이상이어야 한다.'

그리고 '직류 회로 및 교류 회로가 전기적으로 조합되어 있는 경우 절연 저항은 500Ω/V 이상이어야 하며, 이중 이상의 절연체로 절연 처리를 한다거나 연결 커넥터 등이 기계적으로 견고하게 장착된 구조를 만족할 경우에는 100Ω/V 이상으로 할 수 있다.'라고 고전원 전기장치 자동차의 절연 안전성 기준이 정의되고 있다.

그림 1.4 ◈ 전기자동차(EV) 고전원 커넥터

앞서 설명한 바와 같이 전기자동차(EV)는 400V 또는 800V의 고전압이 사용 전압으로 적용되는 고전압 배터리에 충전되는 고전압을 사용하여 동력을 발생하게 된다.

이처럼 고전원이 적용된 이유를 살펴보면 전기자동차(EV)는 고전압 배터리에 충전된 고전원을 이용하여 전기 모터를 구동하는 상황에서 방전한다. 반대로 제동 상황에서는 모터를 통해 회생 제동 기능인 구동 모터의 운동에너지를 전기에너지로 변환하여 충전하거나 외부 전력을 이용하여 고전압 배터리가 충전됨으로써, 차량이 주행 상황에 맞게 최적의 전비와 주행 성능을 유지할 수 있도록 제어한다.

또한 전동식 컴프레서(Electric Aircon Compressor)와 PTC 히터, 보조배터리 충전 시스

템 등 고전압 배터리의 고전원을 이용하여 전기자동차(EV)의 **통합전력 제어 장치**와 **전력 변환 시스템** 등이 작동하게 된다. 이처럼 전기자동차(EV)에 고전압이 사용되는 이유는 동일한 전력을 공급하는데 있어서 전류를 높이는 것보다 전압을 높이는 것이 효율 면에서 훨씬 더 효율적이기 때문이다.

예를 들어, 72KW의 구동 모터에 전력을 공급한다고 가정했을 때, 12V의 전압으로는 6,000A의 대전류를 공급해주어야 하지만, 360V의 고전압으로는 200A의 전류만으로도 동일한 구동 모터의 토크를 낼 수 있다.

이러한 관계에서 전류값이 작은 만큼 전압이 높으니 효율은 동일할 수 있겠지만, 전류 값이 크게 되면 그 전류가 흐르는 도선과 코일에서 발생하는 열은 **전류의 제곱에 비례**하여 발생된다.

이러한 열손실은 전기의 흐름에서 불가피한 부분이지만 동일한 전력이라는 가정 하에 전류값을 낮추는 대신에 전압값을 올리면 손실되는 열에너지를 최대한 줄일 수 있다. 다시 말하면, 동일한 전기 모터의 구동을 위해 전류값이 높은 전력 보다는 **전압값이 높은 전력**이 보다 더 **효율적**이다.

뿐만 아니라 저전압을 사용하고 **전류값을 높게 할 경우**에는 전류가 흐르는 도선과 코일의 굵기가 커져야 하고, 전기자동차(EV)의 각 시스템을 구성하는 전장 부품 자체의 크기 또한 커져야 한다. 따라서 일정 전력을 사용하고자 했을 때는 **전압을 높이고 전류를 낮추는 전략**이 차량의 효율성, 경제성 면에서 도움을 주기 때문에 전기자동차(EV)에서는 **고전압을 적용**하여 사용하게 된다.

4 전기자동차(EV) 고전원 전기장치 안전 수칙

(1) 고전압 위험성

고전원이 사용되는 전기자동차(EV)는 안전한 사용과 취급을 위해 다양한 방식의 안전설계를 적용하였으나, 고전압 부품을 취급하거나 정비 시에는 반드시 안전수칙을 준수하고 보호장비를 착용하여야 한다.

전기 사고의 유형을 살펴보면 누전, 합선, 감전 등이 있다. 누전 현상은 절연이 불안전하여 전기의 일부가 전선 밖으로 새어 나와 주변의 도체에 흐르는 현상이다.

전기 합선은 전위차를 갖는 회로 상의 두 부분이 피복 손상 등의 이유로 전기적으로 접촉되는 현상으로 발열과 화재가 발생될 수 있다. 감전 현상은 사람의 인체에 전류가 흘러 화상을 입거나 충격을 느끼는 현상으로 심각한 경우에는 사망에 이를 수 있다. 이처럼 고전원이 적용되는 전기자동차(EV)는 고전원 전기장치의 위험성을 정확히 인지하여 감전 사고 등 안전사고가 발생되지 않도록 주의해야 한다.

전기자동차(EV)에 사용되는 고전압에 의한 감전이 가능한 상태는 고전압이 인가된 회로에 서로 다른 극성을 접촉하게 되면 인체의 저항 일부로 고전압이 인가되기 때문에 전류가 흐르게 된다. 즉, 같은 극성을 만지게 되면 회로의 저항보다 인체의 저항이 훨씬 크기 때문에 전류가 흐르지 않아 감전되지 않는다. 하지만 서로 다른 극성을 접촉하게 되면 인체에 고전압이 통전되어 심각한 감전 현상을 발생시키게 된다.

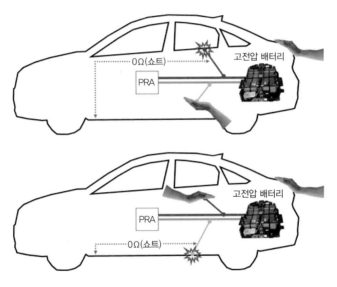

그림 1.5 ● 고전압 감전 사고 발생 예시

아래의 표는 인체의 감전 영향과 전류의 상관관계를 나타낸 것이다. 감전의 영향은 실제 감전 사고가 발생된 경우 인체에 미치는 영향을 단계적으로 나타낸 것이며 직류(DC)와 교류 (AC) 및 남자와 여자로 각각 구분하였다.

[표 1.2] 인체 감전의 영향과 전류의 상관관계

감전의 영향과 해당 전류치				
감전의 영향	직류(mA)		교류(mA) 60(Hz)	
	남	여	남	여
느낄 수 있음(최소 감지 전류)	5.2	3.5	1.1	0.7
고통이 없는 쇼크, 근육은 자유로움	9	6	1.8	1.2
고통이 있는 쇼크, 근육은 자유로움(가수 전류)	62	41	9	6
고통이 있는 쇼크, 이탈한계(불수 전류)	74	50	16	10.5
고통이 격렬한 쇼크, 근육경직, 호흡곤란	90	60	23	15
심실 세동의 가능성 · 통전시간 : 0.03초	1,300	1,300	1,000	1,000

일반적으로 사람의 신체는 전기가 흐르기 쉬운 도체(Conductor)에 해당한다. 인체를 전로(電路)의 일부로 하여 전류를 흘려주면 극히 미약한 전류는 느끼지 못하지만 전류를 증가시키면 차차 견딜 수 없게 되며, 이보다 더 큰 전류를 인체에 흐르게 되면 인체는 여러 가지 장해현상이 발생하게 된다.

이와 같이 인체에 전류가 흐름으로써 발생하는 **감전(Electric Shock) 현상**은 단순히 전류를 감지하는 정도의 가벼운 것에서부터 고통을 수반하는 **쇼크(Shock)** 또는 **근육의 경직, 심실 세동에 의한 사망**에 이르기까지 여러 증상을 보인다. 인체에 대한 통전 전류가 크고 인체의 중요한 부분에 장시간 흐를수록 위험하다.

전격의 위험성을 결정하는 가장 중요한 인자는 인체를 통하게 되는 전류인 통전 전류인데 이것은 인체에 걸린 인가 전압을 인체의 저항 등으로 나눈 값으로 충전부와 인체와의 접촉 위치, 접촉 상태, 남, 여, 어른, 어린이 등에 따라서 달라진다.

이 중 특히 인체의 저항이 어떤 값을 가지느냐에 따라 인가 전압 및 통전 전류에 의한 감전사고를 방지하는데 있어 중요한 문제로 대두된다. 보통 인체의 저항은 피부 저항이 $2,500\Omega$, 내부 조직 저항이 300Ω 발과 신발사이 $1,500\Omega$ 신발과 대지 사이 700Ω으로 전체 인체의 저항은 $5,000\Omega$으로 보고 있다. 하지만 인체 저항은 인가 전압이 클수록 약 500Ω까지 감소한다.

제시된 표는 인체 감전의 영향과 전류의 상관관계이다. 제시된 표와 같이 가수 전류는 통전전류에 의해 고통을 느끼게 되지만 그 고통은 참을 수 있으며 생명에 위험이 없는 한계 전류를 의미한다.

불수전류(不隨電流, freezing current)는 생명에 위험은 없지만 통전 경로의 근육이 경련을 일으키며 신경이 마비되어 스스로 전원에서 이탈할 수 없는 상황을 의미한다.

심실세동(心室細動, ventricular fibrillation)은 심장이 제대로 수축하지 못해 혈액을 전신으로 보내지 못하는 현상으로 사망의 위험성이 매우 높을 수 있음을 의미한다.

이처럼 전기자동차(EV)의 고전압 회로와 시스템을 구성하는 PE 부품은 고전원에 의한 위험성이 매우 높으므로 관련 고전압 전기장치 점검 작업은 항상 전기적 위험을 발생시키지 않도록 작업 전 주의하는 것이 매우 중요하며 개인 보호 장비를 착용하고 절연 공구 등을 사용하는 것도 중요하다.

(2) 취급 장비 및 개인 보호 장비

앞서 설명한 바와 같이 전기자동차(EV)의 고전원 전기장치 취급 시 안전을 위한 개인 보호 장비 착용과 절연 공구의 사용은 매우 중요하다. 아래의 표는 전기자동차(EV)의 고전원 전기 장치 점검 및 정비 시 사고 예방을 위한 개인 보호 장비에 대해 명칭과 용도를 설명하였다.

[표 1.3] 전기자동차 개인 보호 장비리스트(PPE)

명 칭	형 상	용 도
절연장갑		고전압 부품 점검 및 관련 작업시 착용 (절연성능: 1000V / 300A 이상)
절연화		고전압 부품 점검 및 관련 작업 시 착용
절연복		
절연 안전모		
보호안경		아래의 경우에 착용 • 스파크가 발생할 수 있는 고전압 배터리 단자나 와이어링을 탈장착 또는 점검 • 고전압 배터리 시스템 어셈블리(BSA) 작업
인면보호대		
절연매트		탈거한 고전압 부품에 의한 감전 사고 예방을 위해 절연 매트 위에 정리하여 보관
절연덮개		보호 장비 미착용자의 안전 사고 예방을 위해 고전압 부품을 절연 덮개로 차단
경고테이프		작업 중 사고 발생할 수 있으므로 사람들의 접근을 막기 위해 차량 주변에 설치

절연 공구는 고전압 회로와 작업자의 접촉을 통해 전류가 흐르지 않게 특수하게 설계된 공구들로 고전압이 적용된 차량에서 작업을 수행할 때 작업자의 안전을 확보할 수 있으므로 반드시 사용해야 한다.

일반 공구와 상이하게 절연 특성(성능 : AC 1,000V 이상)을 갖도록 설계되어 고전압 부품의 점검 및 정비 작업 시에는 반드시 사용해야 한다.

그림 1.6 ◉ 절연 공구 및 고전원 전기장치 취급 장비

5 전기자동차(EV) 고전원 안전장치

(1) 서비스 인터록 커넥터 및 안전 플러그

전기자동차(EV)는 고전원이 적용된 시스템으로 고전압 회로의 안전한 점검 및 정비를 위해 여러 안전장치가 적용되었다.

대표적인 안전장치는 서비스 인터록 커넥터와 안전 플러그, 메인 퓨즈가 있다. 고전압 배터리 팩은 고전압 배터리의 기준 단위인 셀과 여러 장의 셀을 묶어 구성되는 모듈을 직렬로 연결하여 하나의 고전압 배터리 팩 어셈블리(BSA)로 구성된다.

안전 플러그 또는 메인 퓨즈는 배터리 팩 회로 중간에 적용되어 차량 정비 시 안전 플러그 또는 메인 퓨즈를 탈거하여, 고전압 배터리 회로를 차단할 수 있어 가장 안전하게 고전압 회로 및 고전압 배터리 시스템의 점검, 정비를 할 수 있다.

최근 출시되는 전기자동차(EV)의 고전압 배터리 어셈블리(BSA)에는 안전 플러그가 삭제되고 메인 퓨즈로 고전압 배터리의 회로를 차단하는 방법으로 일원화되고 있다.

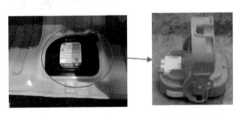

안전 플러그 커버　　　　　　안전 플러그(Male)

서비스 인터록 커넥터

퓨즈

안전 플러그 커버 Female
(400A Fuse 내장)

그림 1.7 ● 현대자동차 코나 전기차(OS EV) 서비스 인터록 커넥터 및 안전 플러그

서비스 인터록 커넥터

고전압 배터리 퓨즈 달거
(고전압 배터리)

그림 1.8 ◉ 서비스 인터록 커넥터 및 고전압 퓨즈(E-GMP 적용 차종)

　　서비스 인터록 커넥터는 전기자동차(EV)의 고전압 안전 장치로 PE(Power Electric) 룸 정션박스 내부에 위치하며, 커넥터를 상승시키면 BMU가 PRA 내부에 위치한 메인릴레이(+), (−)가 off 되도록 회로가 구성되어 있다.

　　전기자동차(EV)의 고전압 시스템 점검 및 수리 등의 작업 시 서비스 커넥터를 탈거 또는 해제하고 작업 완료 후 재체결하여 안전하게 작업할 수 있도록 해야 한다. 만약 인터록 커넥터를 체결하지 않을 경우 IG ON 상태에서 전기자동차(EV)가 시동이 걸린 상태인 READY 상태로 진입하지 못하게 된다.

　　또한 READY(시동) 상태와 차속이 0Km/h인 정지 조건에서 서비스 인터록 커넥터가 단선될 경우에는 BMU는 응급 상황이라고 인식하고, PRA 내부에 장착된 메인릴레이(+), (−)를 강제 OFF 하는 로직을 적용하고 있다.

　　이때 유의해야 할 점은 고전압 배터리 어셈블리 내부는 고전압이 측정 가능 상태이기 때문에 고전압 배터리 내부 작업 시에는 반드시 안전 플러그나 고전압 배터리 메인 퓨즈를 탈거하여, 고전압 배터리 내부에 구성되는 고전압 회로를 단선시킨 이후에 작업을 진행해야 한다.

주의 사항으로 인터록 커넥터 탈거 후에도 반드시 진단 장비를 이용하여 서비스 데이터 항목인 인버터 커패시터 전압값을 확인하거나 고전압 회로 전압을 직접 측정하여 고전압 회로에 전원이 차단됐는지 확인해야 한다.

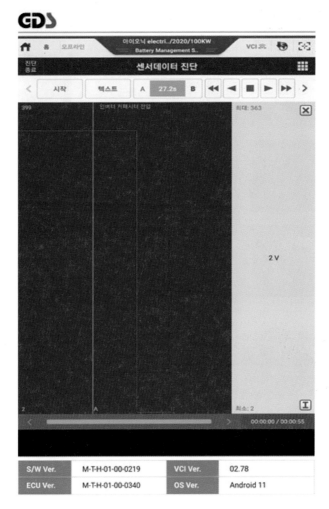

그림1.9 ✹ 안전 플러그 및 서비스 인터록 커넥터 탈거시 인버터 커패시터 전압 변화

또한 서비스 인터록 커넥터를 해제하였어도 BMU가 제어하는 PRA 내부 메인릴레이 (+),(−)의 내부 융착으로 고전압 배터리의 고전원이 상시 연결되는 상태가 되어 PE 부품으로 인가된다. 또한 차체 단락으로 인한 고전압 회로 점검 중 이를 인지하지 못하고 감전 사고가 발생될 수 있으므로 상기 절차를 준수하고 절연 공구 및 개인 보호 장비를 반드시 착용하여 전기자동차의 점검, 정비 작업을 진행해야 한다.

[표 1.4] 차종별 서비스 인터록 설치 위치

차 종	이미지	장착 위치	차 종	이미지	장착위치
아이오닉 EV		트렁크 커버 하단	니로 EV		PE 룸 내부
코나 EV		2열 시트 하단	스파크 EV		PE 룸 내부
포터 EV		PE 룸 내부	테슬라 모델 S		PE 룸 내부
아이오닉5 EV		PE 룸 정션 박스 내부	말리부 HEV		PE 룸 내부
G80 EV		PE 룸 정션 박스 내부	어코드 HEV		PE 룸 내부

(2) 인터록 회로

전기자동차(EV)의 고전압 회로에 적용된 인터록 회로는 고전압 커넥터의 연결 상태를 감시하는 회로이다. 전기자동차가 운행 중인 상태나 정비를 위해 점검하는 과정에서 고전압 회로의 케이블 또는 커넥터가 탈거된다면, 고전압이 외부에 바로 노출되는 상태가 되므로 매우 위험한 상태가 된다.

이와 같은 고전압이 노출되는 상태를 방지하기 위해 고전압 회로 각각의 커넥터에 별도의 회로를 구성하여, 커넥터의 탈거 여부를 감지할 수 있도록 구성된 별도의 회로가 인터록 회로이다.

고전압 배터리 제어기인 BMU 기준으로 인터록 단자 위치를 살펴보면, 고전압을 사용하는 구성 부품과 그와 연결되는 고전압 케이블은 전체 인터록 회로가 적용된다.

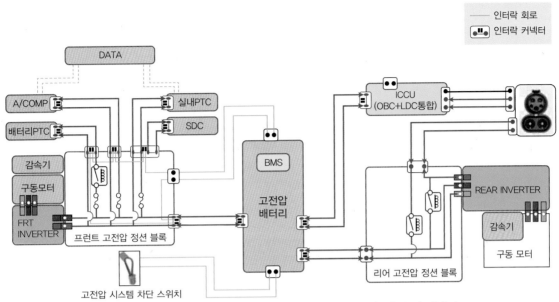

그림 1.10 ● E-GMP 적용 차량의 인터록 회로 적용 부품 및 커넥터

　인터록 회로의 원리는 고전압 회로를 구성하는 각각의 제어기에서 인터록 단자에 5V의 Pull-Up 전원을 인가한다. 이어서 고전압 회로의 커넥터가 체결되면 인터록 회로는 연결되고, 0V로 감지되어 제어기는 정상적으로 커넥터가 체결되었다고 판단한다. 커넥터가 탈거되면 인가된 Pull-Up 전원이 그대로 유지되므로 제어기는 커넥터가 미체결되었다고 판단한다.

　인터록 커넥터 체결 시 0V, 인터록 커넥터 미체결 시 5V가 입력되어 고전압 회로 또는 고전압 케이블의 커넥터가 체결되었는지의 상태를 감시할 수 있다. 만약 고전압 커넥터가 분리되었다면 고전압 회로를 구성하는 제어기는 BMU와 협조 제어를 통해 PRA의 메인 릴레이 (+), (−)를 제어하여 고전압을 차단시킨다. 고전압 회로의 커넥터가 체결되지 않으면 인터록 회로를 통해 고전압을 차단시키는 제어 원리를 적용한 것이다.

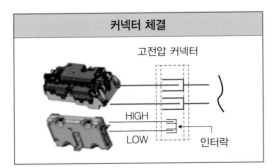

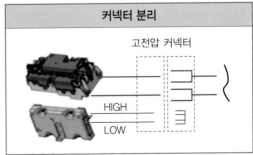

그림 1.11 ● 인터록 회로 감지 원리

앞서 설명한 바와 같이 인터록 회로가 구성된 고전압 회로와 고전압 케이블에 적용된 인터록 커넥터가 분리되어 있는 상태에서는, 전기자동차(EV)의 시동(READY)이 되지 않고 클러스터에 고전압 시스템 점검 문구가 출력되며 고장 코드가 발생된다.

아래의 그림은 고전압 회로의 인터록 커넥터가 체결되지 않았을 때 발생되는 고장코드의 예시이다.

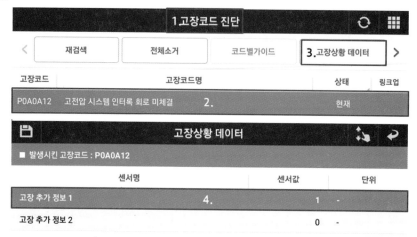

그림 1.12 ● 인터록 회로 미체결 시 고장코드 진단

진단 장비를 이용하여 고장 코드를 확인한 결과 "P0A0A12 고전압 시스템 인터록 회로 미체결_현재" 고장 코드의 발생이 확인되었다. 고장상황 데이터를 선택하여 고장 코드 추가 정보를 확인한 결과 센서명의 고장 추가 정보 1의 센서값이 1로 표출됨이 확인되었다. 아래의 표와 같이 DTC 매뉴얼을 확인한 결과 퓨즈박스 내의 서비스 인터록 커넥터 미체결로 인해 발생되는 고장 코드임을 확인할 수 있다.

제어기별 인터록 회로 미체결 고장 코드는 제작사의 정비지침서에서 확인할 수 있다.

[표 1.6] 제어기별 인터록 회로 미체결 고장 코드(E-GMP 적용 차종)

구 분	제어기	고장코드	고장추가정보	명 칭	위 치
1	BMU	P0A0A12	1	서비스 인터록	퓨즈박스 내
2			2	전방 고전압 커넥터 인터록	배터리 앞쪽
3			4	후방 고전압 커넥터 인터록	배터리 뒤쪽
4			8	전방 정션박스커넥터 인터록	전방정션박스
			16	ICCU 커넥터 인터록	배터리 뒤쪽
5	ICCU	P0D1812	–	ICCU 커넥터 인터록	실내 ICCU측
6	DATC	B247013	–	E–COMP 커넥터 인터록	A/C COMP
7		B181813	–	PTC 히터 커넥터 인터록	PTC 히터

02 고전압 배터리 시스템

1 리튬이온 배터리(Li-ion Battery) 개념 정리

리튬이온 배터리는 전기자동차(EV)에 적용되는 이차전지의 한 종류이며 가장 많은 전기자동차(EV) 제작사에서 고전압 배터리로 채택되어 사용되는 전지이다.

이온 전지는 양극과 음극 소재의 산화와 환원 반응(Oxidation – Reduction Reaction)을 이용하여 전지에서 발생되는 화학 에너지를 전기에너지로 변환시킨다.

리튬이온 전지의 반응은 반응물인 전자(e^-) 이동으로 일어나는 반응이며 전자(e^-)를 잃은 경우를 산화반응이라고 하고, 전자(e^-)를 얻는 반응을 환원반응이라고 한다. 해당 과정에서 리튬이온과 분리된 전자(e^-)가 도선을 따라 양극과 음극 사이를 움직이며 전자(e^-)가 발생된다.

방전 과정 시 리튬이온은 '음극에서 양극'으로 이동하며, 충전 과정 시 리튬이온은 '양극에서 음극'으로 이동하는 원리로 작동한다. 양극과 음극은 전자를 제공하고 저장하는 요소이기 때문에 중요도가 높은 리튬이온 전지의 구성 요소이다.

리튬이온 전지의 대표적인 구성품은 충·방전 전압이 높은 양극(cathode)과 충·방전 전압이 낮은 음극(anode) 그리고 리튬이온의 이동 매개체인 전해질(electrolyte)과 양극과 음극의 전기적 단락을 방지하는 분리막(separator), 전자(e^-)의 이용 경로가 되는 동박(銅薄, copper foil) 및 용기(container) 등으로 구성된다.

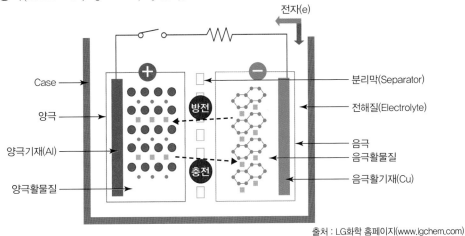

출처 : LG화학 홈페이지(www.lgchem.com)

그림 2.1 ● 리튬이온 이차전지의 구조

리튬이온 전지는 양극재, 음극재, 분리막을 적층으로 구성되고 두루마리 형태로 감아서 용기에 삽입한 후, 전해액을 주입하고 밀봉하여 제조한다.

양극재와 음극재는 충·방전 시 리튬이온을 제공하거나 저장하는 역할을 하며 배터리의 성능인 용량과 전압을 결정하고, 전해액과 분리막은 배터리의 안전성을 확보하는 기능을 하게 된다.

참고로 리튬이온 전지의 소재에 따른 가격 비중은 양극재가 40%, 음극재는 10%, 전해액은 10%, 분리막이 15%이고 기타 25%의 비중을 차지한다.

출처 : SNE 리서치

그림 2.2 ● 이차전지 소재 비중

(1) 양극재(Cathode)

리튬이온 전지의 양극은 리튬(Li)이 들어가는 공간으로 리튬(Li)은 원소 상태에서 반응이 불안정하기 때문에 산소(O)와 결합한 리튬산화물(Li+O)의 형태로 양극에 사용된다. 이 리튬산화물(Li+O)이 전극 반응에 관여하는 것이 **양극활물질**이다.

양극재는 알루미늄(Al) 기재에 활물질, 도전재, 바인더를 섞은 합제를 코딩한 후 건조, 압착하여 제작된다. 도전재는 리튬산화물의 전도성을 높이기 위해 첨가하고 바인더는 알루미늄 기재에 활물질과 도전재가 잘 정착하도록 도와주는 일종의 **접착제 역할**을 한다. 양극활물질이 전지의 용량과 전압을 결정하는데, 리튬을 많이 포함하면 용량이 커지고 양극과 음극의 전위차가 크면 전압도 커지게 된다.

양극활물질의 중요도가 전체 리튬이온 배터리 내에서 가장 크기에, 양극활물질 계열에 따라 리튬이온 전지를 분류한다. 리튬(Li)과 금속 성분의 조합으로 구성되며 금속 종류별로 니켈(Ni)은 고용량 특성, 망간(Mn)과 코발트(Co)는 안전성, 알루미늄(Al)은 출력을 향상시키는 역할을 한다.

양극재는 이차 전지 소재의 원가 중 40%를 차지하며 비용 절감과 고성능을 위해 니켈(Ni) 사용량을 증가시키는 추세이다.

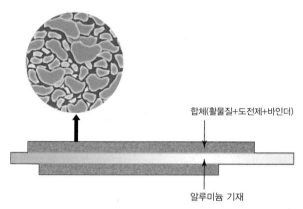

합체(활물질+도전제+바인더)

알루미늄 기재

출처 : 삼성 SDI 홈페이지(www.samsungsdi.co.kr)

그림 2.3 ◉ 양극재 구성

(2) 음극재(Anode)

음극 역시 양극처럼 음극 기재에 활물질이 입혀진 형태로 이루어져 있다. 음극 활물질은 양극에서 나온 리튬이온을 가역적으로 흡수와 방출하면서, 외부 회로를 통해 전류를 흐르게 하는 역할을 수행한다.

전지가 충전 상태일 때 리튬이온은 양극이 아닌 음극에 존재하는데, 이때 양극과 음극을 도선으로 이어주어 방전 과정 시에 리튬이온은 자연스럽게 전해액을 통해 다시 양극으로 이동하게 된다. 리튬이온과 분리된 전자(e^-)는 도선을 따라 이동하면서 전기를 발생시키게 된다.

음극은 구리 기재 위에 활물질, 도전재, 바인더가 입혀지는데, 음극에는 대부분 안정적인 구조를 지닌 흑연(Graphite)이 사용된다. 흑연은 음극 활물질이 지녀야 할 많은 조건들인 구조적 안정성과 낮은 전자 화학 반응성, 그리고 리튬이온을 많이 저장할 수 있는 조건과 가격 등을 갖춘 재료이다.

그림 2.4 음극재 구성

(3) 전해액

리튬이온은 전해액을 통해 양극재와 음극재를 이동하며 충전과 방전 과정이 이루어지고 이때 전자(e^-)는 도선을 통해 이동하게 된다.

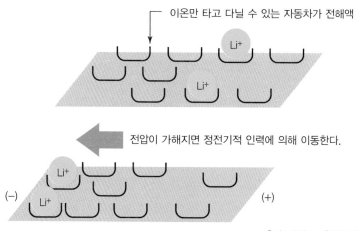

이온만 타고 다닐 수 있는 자동차가 전해액

전압이 가해지면 정전기적 인력에 의해 이동한다.

(−)　　　(+)

출처 : 삼성 SDI 홈페이지(www.samsungsdi.co.kr)

그림 2.5 ● 전해액의 역할

이온은 전해액으로 이동하고, 전자는 도선으로 이동하게 하는 것이 리튬이온 전지에서 전기를 사용할 수 있는 가장 중요한 사항이다. 만약 전자가 도선이 아니라 전해액을 통해 이동하게 되면 전기를 사용할 수 없는 것은 물론이고, 전지의 안전성까지 위험하게 된다.

전해액이 바로 그 역할을 수행하는 구성 요소로 양극과 음극 사이에서 리튬이온을 이동할 수 있도록 하는 매개체 역할을 한다. 전해액은 리튬이온이 잘 이동할 수 있도록 이온 전도도가 높은 물질이 주로 사용된다.

전해액은 염, 용매, 첨가제로 구성되어 있다. 염은 리튬이온이 이동할 수 있는 이동 통로이고 용매는 염을 용해시키기 위해 사용되는 유기 액체이며 첨가제는 특정 목적을 위해 소량으로 첨가하는 물질이다.

이렇게 만들어진 전해액은 이온들만 전극으로 이동시키고, 전자는 통과하지 못하게 하는데, 전해액의 종류에 따라 리튬이온의 움직임이 둔해지기도 하고 빨라지기도 한다. 그래서 전해액은 까다로운 조건들을 만족해야만 사용이 가능하다. 리튬이온 전지를 생산하는 최종 조립 공정 중에서 마지막 공정인 화성 공정에 전해액을 주입해 분리막과 전극에 스며들도록 함으로써 리튬이온이 전달되는 통로와 활물질과 전해액 계면을 형성한다.

(4) 분리막

양극과 음극이 배터리의 기본 성능을 결정한다면, 전해액과 분리막은 배터리의 안전성을 결정짓는 구성 요소이다. 분리막은 양극과 음극이 서로 접촉하지 않도록 물리적으로 막아주는 역할을 담당하고 있다.

전자가 전해액을 통해 직접 흐르지 않도록 하고, 내부의 미세한 구멍을 통해 원하는 이온만 이동할 수 있게 한다. 즉, 물리적인 조건과 전기 화학적인 조건을 모두 충족시킬 수 있어야 한다. 현재 상용화된 분리막으로는 **폴리에틸렌**(PE) 또는 **폴리프로필렌**(PP)과 같은 합성수지가 있다.

분리막은 배터리 소재 중 원가 비중이 두 번째로 높으며, 습식(set) 분리막의 품질과 강도가 우수하여 건식(dry)에 비해 가격이 높음에도 시장의 70% 이상을 차지한다.

(5) 동박(銅薄, copper foil)

동박은 6~8㎛의 얇은 구리 foil이며, 음극 활물질에서 발생되는 전자의 이동경로 및 전지 내부에서 발생하는 열을 외부로 방출시키는 역할을 한다.

(6) 리튬이온 배터리 형태

전기자동차(EV)에 사용되는 리튬이온 배터리의 형태는 일반적으로 3가지로 나누며 형태별로 파우치형, 각형, 원통형으로 나누어 볼 수 있다.

리튬이온 배터리는 앞서 서술한 바와 같이 용기에 배터리 4대 소재인 **양극**, **음극**, **분리막**, **전해액**을 채워 만드는데 용기가 각기둥 형태이면 **각형**, 파우치 형태이면 **파우치형**, 원통 형태이면 **원통형**으로 분류한다.

[표 2.1] 리튬이온 배터리 형태별 타입 구분

형 식	원통형	각형	파우치형
사 진			
장 점	• 표준화된 사이즈 • 대량생산 가능(낮은 원가)	• 원통형 대비 효율적인 공간 활용 • 원통형 대비 가벼움 • 원통형 대비 공간 활용도 높음	• 가벼움 • 패키징 활용도(90~95%)
단 점	• 공간 효율성 낮음 • 경량화 어려움 • BMS 효율 떨어짐	• 대량생산 원가 비교적 높음 • 상대적인 열관리 어려움	• 대량생산 원가 비교적 높음 • 상대적인 열관리 어려움
용 도	전동공구, 노트북, 전기자전거, 전기차	스마트폰, 전기차, ESS	스마트폰, 드론, 전기차, ESS
전기차 주요 고객	Tesla	Toyota, Honda, BMW, VW 등	Nissan, GM, VW, Hyundai 등

배터리 제조사는 자동차 회사들이 설계한 전기자동차(EV)의 형태와 제조방식에 따라 고전압 배터리를 다른 형태로 공급한다. 예를 들면 테슬라사가 주력으로 사용 중인 배터리 형태인 원통형은 노트북 PC를 중심으로 시장을 형성해온 가장 전통적인 방식의 배터리이다.

원통형 타입은 가격이 가장 싸고 안정성과 배터리의 수급에 문제가 없다는 것이 장점이다. 하지만 배터리 셀 하나당 높은 에너지를 낼 수 없다는 단점이 있다.

충·방전을 자주하면 다른 형태의 배터리에 비해 배터리 성능이 저하될 수 있다. 각형은 납작한 금속 캔 형태로 내구성이 뛰어나다. 대량 생산할 경우 공정 단계가 파우치 형보다 적어 원가 절감 폭이 크다는 장점이 있다.

반면 알루미늄 캔을 사용해 무게가 많이 나가고 열 방출이 어려워서 고가의 냉각시스템을 적용해야 하는 것이 단점이다. 파우치 형은 무게가 가볍고 에너지를 장시간 안정적으로 낼 수 있다. 또한 가공이 쉬워 배터리의 형태를 다양화할 수 있는 장점도 있다. 단점은 각형과 원통형에 비해 생산비용이 높다는 점을 들을 수 있다.

(7) 리튬이온 배터리 충·방전

전기자동차(EV)에 적용된 리튬이온 배터리의 충전은 외부 충전기에 의해 전기 에너지가 공급될 때 양극(+)의 전자(e^-)가 음극(−)으로 이동하는 것을 **충전**이라고 한다. 충전 시에는

양극에 전기에너지가 가해지면 리튬이 리튬이온과 전자(e^-)로 나누어진다. 리튬이온은 양이온의 형태로 전해질을 통해 음극(−)으로 이동하며, 이탈된 전자(e^-)는 도선을 따라서 음극(−)으로 이동해서 양이온과 결합한다.

배터리가 충전 상태일 때 리튬이온은 음극(−)에 존재한다. 방전 시에는 양극(+)과 음극(−)이 도선으로 회로를 구성하게 되면 리튬이온은 이온화되어 전자(e^-)는 전기가 필요한 모터쪽으로 이동하고 리튬이온은 양극쪽으로 전해질을 통해 다시 이동하게 되는데 이를 **방전 과정**이라고 한다.

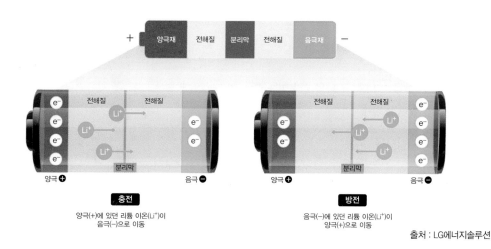

출처 : LG에너지솔루션

그림 2.6 리튬이온 배터리 충·방전 원리

충전과 방전 시 리튬이온이 양극(+)과 음극(−)으로 이동함에 따라 열이 발생되는데 발생되는 온도에 따라 리튬이온의 이동에 제한이 발생할 수 있어 고전압 배터리는 열 관리 시스템이 매우 중요하다.

리튬이온 배터리는 양극(+)과 음극(−) 물질의 산화 · 환원 반응으로 화학에너지를 전기에너지로 변환시키는 일종의 **에너지 변환 장치**이다. 산화 · 환원 반응이란 반응물간 전자(e^-)의 이동으로 일어나는 반응이며, 전자를 잃은 쪽을 '**산화되었다**'라고 하고 전자를 얻은 쪽은 '**환원되었다**'라고 한다.

리튬이온에서 분리된 전자가 양극에서 음극으로 이동하면 음극에서 환원이 일어나 전기에너지를 저장하는 **충전**이 되고, 반대로 전자가 음극에서 양극으로 이동하면 음극에서 산화반응을 하여 도선에 전자가 방출하여 **방전**되는 원리이다.

2 고전압 배터리 어셈블리(BSA, Battery System Assembly)

전기자동차(EV)에 적용된 고전압 배터리는 고전압의 전기 에너지를 저장하는 장치이다. 일정 수량의 고전압 배터리 셀(Cell)을 직·병렬로 조립하여 배터리 모듈(Module)을 이룬다. 모듈을 직렬 연결하여 고전압 배터리 팩(Pack) 또는 고전압 배터리 어셈블리(BSA, Battery System Assembly)로 구성된다.

[표 2.2] 전기자동차(EV)용 고전압 배터리 어셈블리(BSA) 구성

구 분	정 의	형 태
배터리 셀 (Cell)	• 전기에너지를 충·방전할 수 있는 전지의 기본 단위 • 양·음극 등을 알루미늄 Can 및 Pouch에 넣는 형태	
배터리 모듈 (Module)	• Cell을 외부 충격과 열, 진동 등으로부터 보호하기 위해 일정한 개수로 묶어 프레임에 넣는 조립체	
배터리 팩 (Pack)	• 전기자동차에 장착되는 배터리 시스템의 최종 형태 • 냉각시스템, 제어기 등 각종 제어 및 보호 시스템을 배터리 모듈과 통합하여 완성	

고전압 배터리는 전기자동차(EV)에 적용된 고전압 회로의 연결과 차단 기능 등을 제어하기 위해 적용된 파워 릴레이 어셈블리(PRA, Power Relay Assembly)와 고전압 배터리(Cell)의 전압과 온도를 측정하고 셀 간 전압 편차를 줄이기 위해 셀 밸런싱 기능을 수행하는 CMU(Cell Monotoring Unit)와 고전압 배터리 어셈블리를 최상의 상태로 관리하고 고전압 릴레이(PRA)를 제어하는 BMU(Battery Management Unit)로 구성된다.

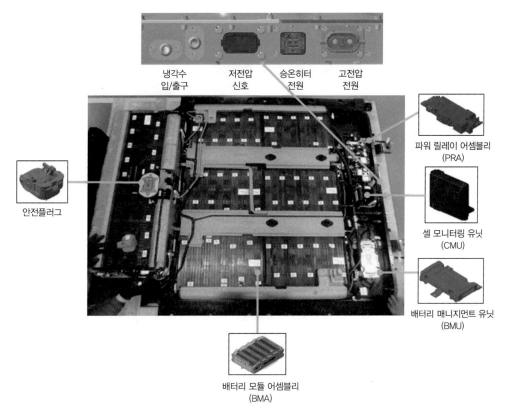

그림 2.7 ◉ 현대자동차 코나 전기차(EV) 고전압 배터리 구성 부품

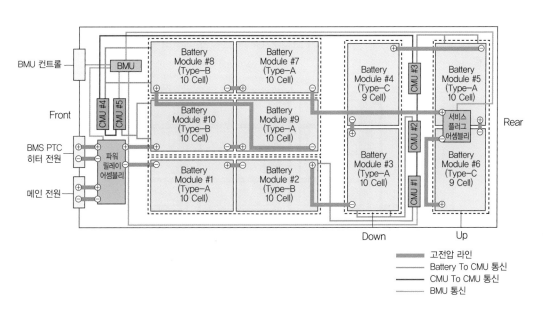

그림 2.8 ◉ 현대자동차 코나 전기차(EV) 고전압 배터리 모듈 번호 및 계통도

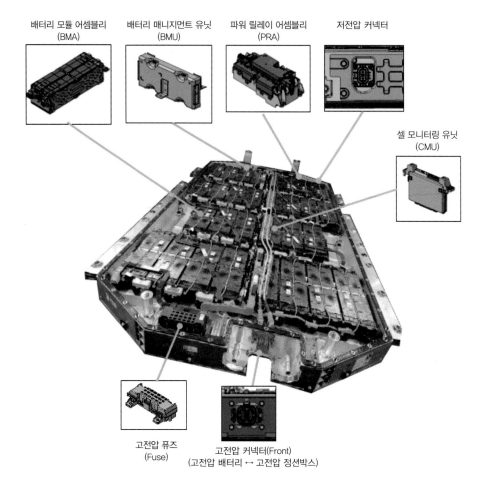

배터리 모듈 어셈블리
(BMA)

배터리 매니지먼트 유닛
(BMU)

파워 릴레이 어셈블리
(PRA)

저전압 커넥터

셀 모니터링 유닛
(CMU)

고전압 퓨즈
(Fuse)

고전압 커넥터(Front)
(고전압 배터리 ↔ 고전압 정션박스)

그림 2.9 ◉ 현대자동차 코나 E-GMP 고전압 배터리 구성도

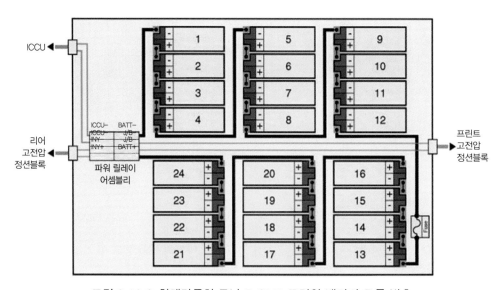

ICCU

리어
고전압
정션블록

ICCU−
ICCU
INY
INY+

BATT−
J/B
J/B
BATT+

파워 릴레이
어셈블리

프린트
고전압
정션블록

그림 2.10 ◉ 현대자동차 코나 E-GMP 고전압 배터리 모듈 번호

현대자동차에서 출시되는 전기자동차(EV)에 적용된 고전압 배터리는 NCM(Ni, Co, Mn) 계열인 니켈, 코발트, 망간의 금속 원소를 양극재로 사용하는 리튬 이온 폴리머(LIP) 사양의 고전압 배터리가 적용된다.

고전압 배터리의 정격 전압은 일반적으로 하이브리드 자동차(HEV)는 240V, 플러그 인 하이브리드 자동차(PHEV)는 270V, 전기자동차(EV)는 360V 또는 800V의 고전압이 적용된다.

리튬 이온 폴리머 배터리(Li-ion Polymer Battery)는 현재 전기자동차(EV) 시장에서 가장 관심 받는 배터리이다. 고전압 배터리의 에너지 밀도는 최대 200(Wh/kg) 이상이며, 향후 280(Wh/kg)까지 상승할 것으로 기대되며 배터리 셀 최적화를 통한 에너지 밀도를 향상시켜 전기자동차의 주행가능 거리를 증대시키는 연구가 활발히 진행 중에 있다.

3 BMU(Battery Management Unit)

BMU(Battery Management Unit)는 단위 셀로 구성된 고전압 배터리를 통합 제어하는 제어기로 기존 명칭은 BMS(Battery Management System)였으나 그 명칭이 변경되었다. 그 이유는 BMS의 기능을 두가지로 나눴기 때문인데, 각각의 모듈에서 직접 셀 밸런싱을 하는 제어기를 CMU(Cell Monitoring Unit)라고 부르고 통합 제어기를 BMS로 부른다.

그림 2.11 ◉ 현대자동차 코나 전기차(OS EV)에 탑재된 BMU(Battery Ma-nagement Unit)의 장착 위치

BMU의 주요 기능을 살펴보면,

① 고전압 배터리 팩을 종합 관리하는 기능을 담당한다. 고전압 배터리의 전압, 전류, 온도를 측정하여 고전압 배터리의 충전율(SOC, State Of Charge)를 계산하고 전기자동차

최상위 제어기인 VCU(Vehicle Control Unit)에 전송하여 적정한 충전율과 노화율 (SOH, State Of Health) 영역을 관리한다.

충전율은 고전압 배터리의 사용 가능한 에너지, 즉 고전압 배터리 정격용량 대비 방전 가능한 전류량을 백분율로 계산한 값으로 이 충전율은 대략 최소 2.5%~최대 95%로 유동성이 있으며, 이 범위를 벗어나면 안된다.

다음 기능은 **배터리 보호**를 위해 상황별 입·출력 에너지 제한값을 산출하여 VCU(Vehicle Control Unit)로 정보를 제공한다.

② 고전압 배터리의 가용 파워 예측과 배터리 과충·방전 방지, 내구성 확보, 배터리 충·방전 에너지 극대화 등 파워를 제한하는 기능을 담당한다.

③ 고전압 배터리 시스템의 고장 진단과 데이터 모니터링, 소프트웨어 업그레이드, Fail-Safe Level을 분류하여 출력 제한값을 규정한다.

④ 차량 측 제어 이상 및 전지 열화에 의한 **고전압 배터리에 의한 안전사고 발생을 방지하기** 위해 메인 릴레이(+), (−) 및 프리차지(Precharge) 릴레이, 승온 히터, 급속 충전 릴레이 (+), (−) 등 파워 릴레이 어셈블리(PRA, Power Relay Assembly)를 제어하고 고장을 진단하는 기능을 담당한다.

⑤ 최적의 고전압 배터리 작동 온도를 유지하기 위해 열관리 시스템을 적용하여 고전압 배터리의 온도를 약 25℃~45℃로 유지·관리한다.

⑥ 고전압 배터리 (+), (−)와 고전압을 사용하는 PE(Power Electric) 부품의 전원 공급과 전원을 차단하는 제어를 하여 고전압 시스템의 고장으로 인해 발생될 수 있는 안전사고 방지 기능을 한다.

그림2.12 ● 현대자동차 그룹의 E-GMP에 탑재된 BMU(Battery Management Unit)의 장착 위치

참고

E-GMP란?

E-GMP(Electric Global Modular Platform)는 국내 현대자동차그룹의 첫번째 전기차(EV) 전용 플랫폼이다. 모듈화 및 표준화된 통합 플랫폼 설계로 다양한 유형의 차량을 자유롭게 구성할 수 있으며, 배터리를 차체 중앙 하부에 낮게 설치한 저중심 설계로 차종에 관계없이 안정적인 주행 성능을 제공할 수 있다.

전용 전기차(EV) 플랫폼의 구조적 장점을 활용하여 넓은 휠 베이스를 확보하여 실내 공간의 극대화가 가능하다. 1회 충전으로 최대 500km 달하는 대용량 배터리를 탑재할 수 있으며, 800V 고전압 시스템을 통해 초급속 충전 설비 이용 시 5분 충전만으로 100km 주행이 가능한 편의성을 제공할 뿐만 아니라, 400V 기반의 급속 충전기로도 충전이 가능하여 사용자의 편의성을 극대화하였다.

고전압 배터리 전력을 다른 전기차(EV)나 외부 기기에 전력을 공급하는 V2L(Vehicle to Load) 기능도 적용되었으며 2020 이후부터 출시되는 전기자동차(EV) 전용 모델부터 적용되었다.

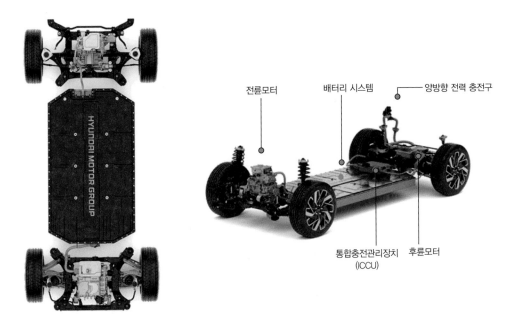

그림 2.13 ● 현대자동차그룹의 전기차 전용 플랫폼 E-GMP(Electric-Global Modular Platform)

[표 2.3] BMU(Battery Management Unit) 기능 설명

기능	설 명
SOC 연산	• 고전압 배터리의 전압, 전류, 온도를 측정하여 배터리의 SOC를 계산하고 차량제어기에 전송하여 적정 SOC 영역 관리 • SOC : 배터리의 사용 가능한 에너지(배터리 정격용량 대비 방전 가능한 전류량의 백분율) • SOC는 최소 2.5% ~ 최대 95%로 유동성이 있으며, 이 범위를 벗어나면 안됨
파워 제한	• 배터리 보호를 위해 상황별 입·출력 에너지 제한값을 산출하여 차량제어기로 정보 제공 • 배터리 가용파워 예측, 배터리 과충(방)전 방지, 내구 확보, 배터리 충(방)전 에너지 극대화
고장 진단	• 배터리 시스템 고장 진단, 데이터 모니터링 • 페일세이프 레벨을 분류하여 출력 제한값을 규정 (예 절연 저항, 전압 편차 등) • 차량측 제어 이상 및 전지 열화에 의한 배터리의 안전사고를 방지하기 위해 릴레이를 제어
냉각 제어	• 최적의 배터리 동작 온도를 유지하기 위해 냉각수를 이용하여 배터리 온도 유지·관리
PRA 제어	• 고전압 배터리 전원단과 고전압을 사용하는 PE 부품 전원공급 및 전원 차단 • 고전압계 고장으로 인한 안전사고 방지

4 CMU(Cell Monitoring Unit)

CMU(Cell Monitoring Unit)는 고전압 배터리의 팩(Pack)을 구성하는 각 모듈(Module)의 리튬이온 전지의 최소 단위인 셀(Cell)을 관리하는 제어기로 해당 모듈의 셀(Cell)만을 관리하는 제어기이다.

그림 2.14 ● 현대자동차 코나 전기차(EV)에 탑재된 CMU(Cell Monitoring Unit) 장착 위치

CMU의 장착 수량은 1개의 모듈(Module)당 1개씩 적용되어 고전압 배터리 팩(Pack)을 구성하는 모듈(Module)이 5개이면 총 5개의 CMU가 적용된다.

주요 기능은 셀(Cell) 밸런싱 기능으로 모듈을 구성하는 각각의 셀 전압을 측정한 후 밸런싱이 필요한 경우 밸런싱 소자를 구동한다. 이때 BMU와의 모니터링을 통해 고전압 배터리 팩 전체의 셀(Cell) 전압을 측정하고 내장된 밸런싱 릴레이 및 저항을 이용하여 각 셀(Cell)별 전압을 조정한다. 그리고 각각의 고전압 배터리 모듈에 장착된 온도 센서를 이용하여 배터리 온도를 측정한 후 BMU로 전송하게 된다.

전기자동차(EV)의 고전압 배터리 보호 기능 중 하나인 고전압 배터리의 셀(Cell) 밸런싱은 리튬이온 계열 배터리를 직렬로 연결 할 경우 고전압 배터리의 수명과 직결되는 매우 중요한 기능이다.

배터리 셀(Cell) 상태의 균일화를 이루기 위해서 수동소자 및 능동소자를 연결하는 회로를 구성하여 고전압 배터리 셀(Cell)의 평형 상태를 유지시켜, 고전압 배터리의 효율성 향상과 수명을 유지시킨다.

그림 2.15 ● E-GMP에 탑재된 CMU(Cell Monitoring Unit) 장착 위치

CMU(Cell Monitoring Unit)의 주요 기능인 셀 밸런싱 방법을 살펴보면 **패시브 셀 밸런싱**(Passive cell balance) 방식과 **액티브 셀 밸런싱**(Active cell balance) 방식으로 나눠진다. 패시브 셀 밸런싱 방식은 용량이 작은 셀이 완충된 후에도 용량이 큰 나머지 셀이 완충될 때까지 충전을 계속할 수 있도록 용량이 작은 셀의 충전 전류를 저항을 통해 열로 버리는 방식이다.

또한 고전압 배터리 팩(Pack)에서 부하 회로에 전력을 공급하는 방전 시에는 먼저 방전을 끝낸 용량이 작은 셀이 과방전이 발생되지 않도록 용량이 큰 셀에 전력이 아직 남아있는 상태로 방전을 정지하도록 제어한다. 즉, 패시브 방식은 고전압 배터리 팩(Pack)의 충전 효율과 가용 용량은 용량이 작은 셀을 기준으로 정해진다.

이 방식은 신뢰성이 높고 간단한 구조의 셀 전압 시뮬레이터로 대응이 가능하여 비용이 적게 드는 방법이지만, 방전 저항 내에서 에너지가 열로 손실되기 때문에 효율이 떨어진다. 셀 밸런싱 기능의 두 번째 방식은 액티브 셀 밸런싱(Active cell balance) 방식이다.

액티브 셀 밸런싱은 패시브 방식에서 열로 버려졌던 용량이 작은 셀의 충전 전류를 완충되지 않은 나머지 셀을 충전하는 데 사용할 수 있다. 방전 시에도 용량이 작은 셀에 다른 셀에서 전력을 옮길 수 있으므로 배터리 팩(Pack) 전체로 봤을 때 어느 정도의 전력이 셀에 남게 되는 패시브 방식과 달리 전력을 다 사용할 수 있다. 액티브 셀 밸런싱(Active cell balance) 방식은 효율은 높으나, 복잡한 구조의 셀 전압 시뮬레이터 회로가 필요한 구조를 갖는다.

셀 밸런싱 미적용   수동형 셀 밸런싱   능동형 셀 밸런싱

출처 : LG에너지솔루션

그림 2.16 ✹ 배터리 셀 밸런싱 구성도

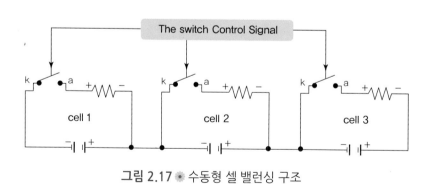

그림 2.17 ✹ 수동형 셀 밸런싱 구조

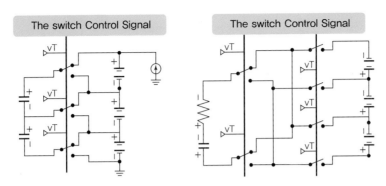

그림 2.18 ◉ 능동형 셀 밸런싱(Swithched Capacitor) 구조

5 PRA(Power Relay Assembly)

PRA(Power Relay Assembly)는 고전압 배터리의 전원을 PE(Power Electric) 시스템으로 연결 또는 차단하는 역할을 하며 BMU 제어로 작동된다. 고전압 배터리 전원을 공급 및 차단하는 기능과 전류 측정, 고전압 릴레이 및 고전압 회로에 적용된 커패시터를 보호하는 기능과 메인 릴레이 구동 전 먼저 구동되어 고전압을 프리차징 저항을 통해 인버터로 공급하여 고전압 회로와 연결된 구성 부품을 보호하는 역할을 한다.

고전압 배터리 내부 절연 파괴 등의 고장이 발생 될 경우 전원 공급 차단을 위해 메인 릴레이를 Off 시키며 감전 사고가 발생되지 않도록 고전압 배터리의 고전원을 차단하는 역할을 한다.

PRA(Power Relay Assembly)를 구성하는 부품을 살펴보면 메인 릴레이(+), (−)에 버스바가 연결되어 있어 고전압 배터리와 고전압 회로가 구성되게 연결해주고 고전압 (−)극 버스바에 장착된 온도 센서로 BMU는 PRA 내부 온도를 모니터링 한다.

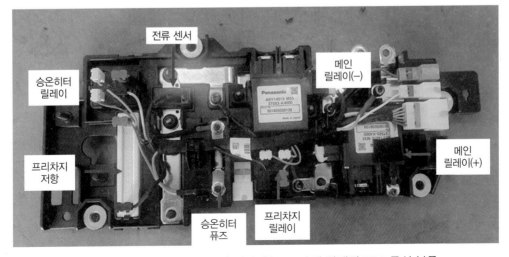

그림 2.19 ◉ 현대자동차 코나 전기차(OS EV)에 탑재된 PRA 구성 부품

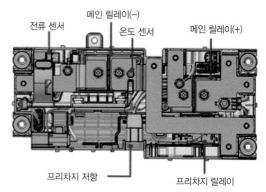

그림 2.20 ● E-GMP 탑재 PRA((Power Relay Assembly) 구성 부품

이외에도 BMU는 PRA 내부 (+)와 (−)의 전압을 고전압 센싱부를 통해 측정하여 절연저항을 연산한 후 진단 장비의 서비스데이터 항목으로 출력한다. PRA에 적용되는 릴레이는 보통 일반 코일 타입 기계식 릴레이가 적용되나 차종에 따라 반도체 타입의 전자식 릴레이가 적용되었다. 일반 코일 타입의 기계식 릴레이는 내부 코일의 저항을 측정하거나 진단 장비를 이용하여 부가 기능 항목의 강제 구동을 통해 작동 유무를 소리로 확인하여 고장 유무를 점검 할 수 있으나 전자식 릴레이는 단품 점검이 불가하므로 유의해야 한다. 코나 전기차의 경우 PRA 내부에 승온 히터 릴레이 및 승온 히터 퓨즈 회로도 구성된다.

[표 2.4] PRA(Power Relay Assembly) 구성 부품 역할

구성품	역 할
메인 릴레이 (+, −)	• 전압 배터리에서 공급되는 전원을 MCU(인버터)에 공급 또는 차단 • (+) 릴레이에서 출력된 전원은 (−) 릴레이를 통해 고전압 배터리로 접지 고전압배터리 ─── (+) 릴레이 ─── 고전압 부하 및 충전 회로 (ex 인버터) 고전압배터리 ─── (−) 릴레이 ─── 고전압 부하 및 충전 회로 (ex 인버터)
프리차지 릴레이 프리차지 저항	• 메인 릴레이 구동 전, 먼저 구동되어 고전압을 프리차지 저항을 통해 MCU(인버터)로 공급, 급격한 고전압 입력에 따른 돌입 전류방지 • 프리차지 릴레이는 (+) 전원만 릴레이를 통해 공급하며, 공급된 전원은 (−) 메인 릴레이를 통해 고전압 배터리로 접지
전류 센서	• 배터리를 통해 공급되는 전류량 검출

다음의 표에 제시된 PRA 구성 부품의 역할과 같이 메인 릴리이(+), (−)는 고전압 배터리에서 공급되는 전원을 MCU(인버터) 또는 고전압 시스템에 공급 또는 차단하는 역할을 하며

메인 릴레이 (+)에서 출력된 전원은 메인 릴레이(−)를 통해 고전압 배터리로 접지된다. 또한 PRA 구성 부품인 프리차지 릴레이는 메인 릴레이 구동 전, 먼저 구동되어 고전압을 프리차지 저항을 통해 MCU(인버터)로 공급하여 급격한 고전압 입력에 따른 돌입전류를 방지하고 프리차지 릴레이는 (+) 전원만 릴레이를 통해 공급하며 공급된 전원은 메인 릴레이(−)를 통해 고전압 배터리로 접지된다.

PRA 릴레이 정상 구동 시 프리차지 릴레이와 메인 릴레이(−)가 동작된 이후 MCU(인버터) 및 각종 고전압 장치의 커패시터가 충전되며 전기자동차(EV)에 충전되어 있는 고전압 배터리의 전압으로 커패시터가 충전 완료되면 프리차지 릴레이는 차단되고 메인 릴레이(+)가 작동되어 고전압 배터리의 고전원을 사용하는 고전압 회로에 공급된다.

만약 PRA 작동 불량 상태에서는 메인 릴레이(−)와 프리차지 릴레이가 동작되지 않고 MCU(인버터) 및 각종 고전압 시스템의 커패시터로 고전압 배터리의 고전원이 인가되지 않아 충전 불가 현상이 발생되어 결과적으로 고전압 회로 전압이 상승되지 못하여 "P1B77 인버터 커패시터 프리차지 실패" 고장 코드가 발생된다.

P1B77 인버터 커패시터 프리차징 실패 고장 코드는 기준 시간 이내인 메인 릴레이(+)가 연결되기 이전에 고전압 배터리 팩 전압의 90% 이상 커패시터가 충전되어야 하나 충전되지 못하여 고전압 회로의 전압이 상승하지 않았을 때 발생되는 고장 코드이다.

PRA 작동 불량 시에는 고전압 배터리 전압이 인가되지 않기 때문에 MCU(인버터) 커패시터가 충전되지 않아 고장 코드가 발생되며 그 외에도 비정상적으로 충전이 이루어져 전압은 상승하지만 커패시터 충전 시간이 길어지는 경우에도 "P1B77 인버터 커패시터 프리차지 실패" 고장 코드가 발생할 수 있다.

그림 2.21 ● 인버터 커패시터 전압 낮음으로 P1B77 고장코드 출력

PRA의 제어는 VCU로 부터 CAN 신호를 입력 받아 BMU에서 제어된다.

급속 충전 릴레이는 급속 충전을 위해 BMU에 의해 작동되며 완속 충전 시에는 OBC에 의해 메인 릴레이가 작동된 이후 고전압 배터리가 충전된다. 급속 충전 조건에서도 메인 릴레이도 작동되어 고전압 배터리가 충전된다.

승온 히터 릴레이는 겨울철 혹한의 날씨에 고전압 배터리를 충전하는 조건에서 고전압 배터리의 냉각수 온도를 상승시켜 충전 시간을 단축하기 위해 승온 히터로 고전압 전원을 공급하는 릴레이로 고전압 배터리의 온도를 관리하는 열관리 냉각수의 온도를 승온시킨다.

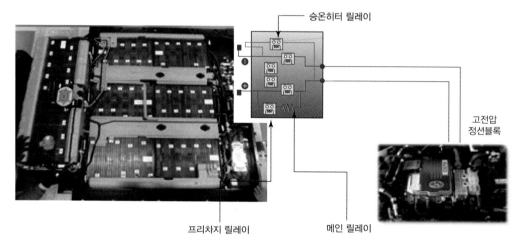

그림 2.22 ● 현대자동차 코나 전기차(OS EV)의 PRA 제어도

PE(Power Electric) 시스템이란?

Power Electric, 즉 전기자동차(EV)의 고전압 회로와 관련된 시스템의 부품 등을 총칭할 때 사용하는 용어이다.

전기자동차(EV)는 고전압 배터리에서 발생되는 전력을 고전압 정선 블록에서 분배해 구동 모터, 전동 컴프레서, PTC 히터등 고전압 시스템으로 보낸다.

이 가운데 구동 모터로 공급되는 전원은 3상 교류(AC)로 변환해야 하기 때문에 인버터를 거쳐서 보내지고, 차량 내에 전장품이나 일반 제어기, 그리고 12V 배터리를 충전하기 위해서는 LDC라는 전력 변환기를 통해서 저전압 상태로 보내진다.

구동에 연관된 PE 시스템 부품을 보면, 고전압 배터리의 직류(DC) 전기 에너지를 인버터에서 교류(AC) 전기 에너지로 변환하여 모터를 구동시킨다. 모터는 MCU에 의해 제어되며 운전자의 가감속 의지 및 주행 상태에 맞는 토크를 발생시켜 바퀴를 회전시킨다.

VCU는 전기자동차(EV)의 최상위 제어기로써 주행과 관계된 모든 요소 뿐만 아니라 전력의 적절한 분배를 위해 각 제어기들로부터 필요한 파워를 요청받고 이에 따른 허용 파워 또는 토크를 지령한다.

VCU로부터 신호를 주고 받는 제어기는 BMU, MCU, LDC, IEB, FATC이며 차량 주행에 필요한 입력 요소로는 APS, 브레이크 S/W, 변속레버 정보 등이 해당된다.

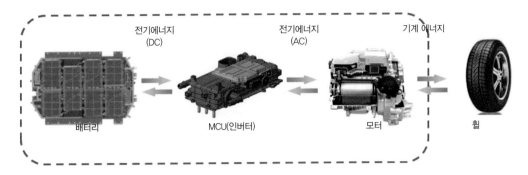

그림 2.23 ● E-GMP 탑재 PE 시스템 구성 부품 개략도

6 고전압 정션 블록

고전압 정션 블록은 고전압 배터리에 저장되어 있는 고전압을 PE 시스템에 연결하는 전원 분배기의 역할을 하며 차종에 따라 EPCU와 OBC 측면에 장착된다. 고전압 정션 블록 내부에는 고전압이 흐르는 버스바와 BMU가 제어하는 급속 충전 릴레이 및 OBC, 전동식 컴프레서와 PTC 히터 퓨즈가 내장되어 있다. 해당 시스템 작동 불가 시 퓨즈를 점검하고 문제가 있을 경우 정션 블록 커버를 탈거한 후에 퓨즈만 별도로 점검 후 교체가 가능하다.

그림 2.24 ● 고전압 정션 블록

[표 2.5] 고전압 정션 블록 구성 명칭

No	구성품	비 고
1	고전압배터리(+) 단자	고전압 배터리 (+),(−) 공급 전원
2	고전압배터리(−) 단자	
3	퓨즈 없음	SDC(SOLAR DC–DC CONVERTER) 퓨즈
4	PTC히터 퓨즈	–
5	배터리 승온히터 퓨즈	–
6	에어컨 컴프레서 퓨즈	–
7	배터리 승온히터 릴레이	–

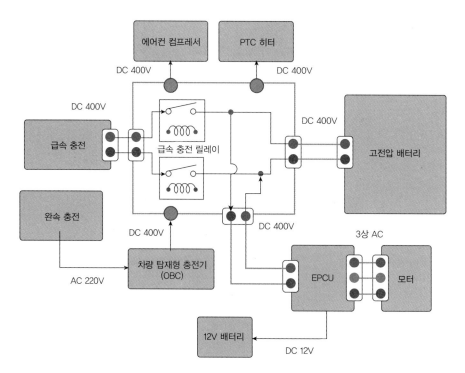

그림2.25 ● 고전압 정션 블록 회로 구성도

03 구동 모터 및 감속기

1 전기자동차(EV) 구동 모터

(1) 개념 정리

전기 자동차는 대용량의 고전압 배터리를 이용하여 교류 전동기를 구동시켜 동력을 발생시킨다. 이런 이유로 전기 자동차용 구동 모터는 높은 동력 성능과 가감속에 따른 빠른 응답성과 높은 출력 및 고전압 배터리의 에너지 밀도 향상으로 주행거리 최대화의 성능을 만족해야 하고 저속 고토크와 경량화, 냉각 성능 향상, 넓은 운전 영역에서 정출력 특성이 요구된다. 전기 자동차용 구동 모터는 넓은 속도 범위에서 운행 상황에 적합한 토크를 발생할 수 있는 것이 중요한 요소이고 전 운전 영역에서의 고효율화가 요구 된다. 이러한 성능을 만족하는 구동 모터로는 영구자석 동기전동기와 유도전동기 두 가지가 있다.

영구자석 동기 모터(IPMSM, Interior Permanent Magnet Synchronous Motor)는 소형화와 고효율화, 넓은 속도 범위에서 주행 상황에 따라 필요한 토크를 발생하기 때문에 전기자동차에 많이 적용되고 있는 추세이다. 또한 영구자석 동기 모터(IPMSM)는 영구 자석을 회전자 내에 매입하기 때문에 고속 회전이 가능하며 자석의 형상이나 자속이 통과하는 자로에 의해 큰 릴럭턴스 토크를 발생하는 것이 중요한 장점이다. 릴럭턴스 토크란 자기 인덕턴스의 위

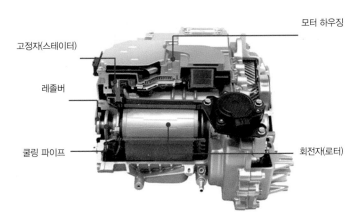

그림 3.1 ◉ E-GMP 전용 전기차(EV) 구동 모터

치에 의한 자기 에너지 변화에 의해 생기는 회전력 이며 영구자석에 의해 발생하는 마그네틱 토크와 더해져 타 구동 모터에 비해 더 많은 토크를 낼 수 있기 때문에 고출력 고효율인 영구 자석 동기 모터(IPMSM)가 전기 자동차에 많이 적용되고 있다.

영구자석 동기 모터(IPMSM)의 구성 부품을 살펴보면 크게 고정자와 회전자로 구분 할 수 있다. 구동 모터 내부의 고정자에는 코일이 감겨 있고 이 코일은 U, V, W 3상 Y결선으로 구성되어 MCU(인버터)에 의해 제어되며 동기 모터 회전자 내부에는 영구 자석이 매립되어 MCU(인버터) 제어에 의해 고정자의 코일인 U, V, W 3상으로 전류가 공급되면 전자석이 되어 회전자는 회전하게 되어 동력이 발생된다. 고정자의 코일에는 온도센서가 설치되어 모터의 온도를 측정하고 회전자에는 레졸버 로터와 엔드 커버에 위치 센서인 레졸버 스테이터가 회전자의 위치를 감지하여 회전자의 위치에 따라 고정자의 코일에 전류를 공급하여 구동 모터의 동력을 제어하며 최상의 성능을 구현한다.

영구자석 동기 모터(IPMSM)는 회전자가 공급 전류의 주파수(Hz)와 동기화되어 회전하는 모터로 희토류가 영구자석으로 적용된 구동모터의 회전자는 내부 발열로 인해 자력이 감소하는 현상이 발생하므로 온도 관리가 매우 중요하다. 구동 모터에서 발생한 동력은 회전자(Rotor) 축과 연결된 감속기와 드라이브 샤프트를 통해 바퀴에 전달된다.

구동 모터에 공급되는 전력의 극성을 변화시키면 모터는 회전 방향을 정회전과 역회전으로 변경할 수 있으므로 별도의 후진 장치가 필요하지 않다. 또한 구동 모터는 발전기 역할을 한다. 내리막길 등 탄력 주행 및 감속 등에서 발생되는 운동 에너지를 전기 에너지로 전환해 고전압 배터리로 충전하여 저장할 수 있는 회생제동(Regeneration Brake) 기능을 구현할 수 있다. 다음의 표는 전기자동차를 생산하는 제작사별 구동 모터의 사양과 특징이다.

[표 3.1] 제작사별 구동 모터 사양 및 특징

구 분	아이오닉 5	i3 EV(BMW)	프리우스(Toyota)	모델S(Tesla)
모 터				
종 류	영구자석 동기모터	영구자석 동기모터	영구자석 동기모터	유도모터
출력/토크	225kw/605Nm	125kw/250Nm	60KW/207Nm	225kw/430Nm
출력 밀도	–	2.5kw/kg	1.6kw/kg	2.6kw/kg
효 율	–	97%	96%	90%
속 도	15,000rpm	11,400rpm	13,500rpm	16,000rpm

냉 각	유냉식	수냉식	수냉식	수냉식
특 징	전륜 및 후륜 모터 별도 구성	최적화 고출력, 토크 밀도 고효율	고출력, 토크 밀도 고효율 결량화	회전자 축 냉각

앞서 설명드린 바와 같이 영구자석 동기모터(IPMSM)는 구동 모터 회전자의 내부에 영구 자석을 매립한 방식이다. 이와는 반대의 형식을 SPM(Surface Permanent Magnet) 방식이라고 부르며 SPM 방식은 영구 자석을 매립하지 않고 표면에 부착한 형태로 IPM 방식과 차이가 있다. 전기자동차(EV)의 경우 운전자의 가속 의지에 대응하기 위해 IPM 방식의 회전자가 적용되게 되는데 그 이유는 SPM 방식의 경우 고속에서 자석이 이탈되는 문제가 발생되어 매립형 영구 자석 방식으로 적용하여 이와 같은 이탈 문제를 대응하였다고 볼 수 있다.

구동 모터의 고정자는 여러 개의 슬롯으로 구성되어 코일이 감겨져 있으며 이 슬롯의 코일에 흐르는 전류를 적절히 제어하여 구동 모터의 속도와 토크를 조절한다. 이렇게 구동 모터의 속도와 토크를 조절하는 제어기를 MCU(인버터)라고 명칭 한다. MCU(인버터)는 구동 모터 코일 표면부에 온도센서를 장착하여 구동 모터 내부의 온도가 약 170℃ 이상 상승하였을 경우 구동 모터는 열손실에 의한 기능이 상실되므로 그 이하의 온도로 제어한다.

구동 모터의 레졸버 센서, 즉 위치 센서는 회전자인 로터의 회전 위치를 감지하기 위해 장착된 센서로 MCU(인버터)는 이 신호를 통해 구동 모터를 정밀한 속도 제어를 하게 된다.

구동 모터의 레졸버 센서는 회전자의 위치 인식 및 학습이 필요하므로 구동 모터를 교환한 경우 또는 MCU(인버터)가 일체로 구성된 EPCU를 교환하였을 경우 진단 장비를 이용하여 레졸버 옵셋 자동 보정 기능 초기화와 주행 학습을 실시해야 한다.

 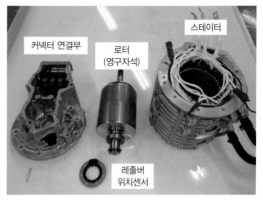

그림 3.2 ◉ E-GMP 전용 구동 모터 고정자(우), 아이오닉 전기차(EV) 구동 모터(좌)

2 구동 모터 제어

(1) 개념 정리

전기자동차(EV) 구동 모터의 동작은 3상(U, V, W) 교류(AC) 전류가 고정자인 스테이터 코어에 삽입된 코일에 인가되면, 회전 자계가 발생되어 회전자인 로터(Rotor) 코어 내부의 영구 자석을 끌어당겨 회전력을 발생시킨다.

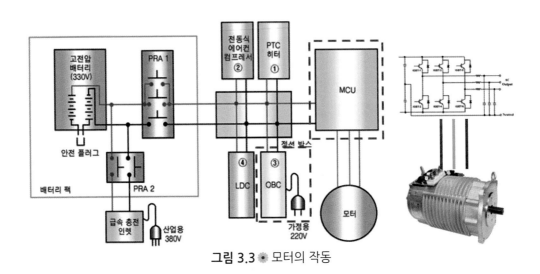

그림 3.3 ◎ 모터의 작동

동기 모터의 회전 원리는 3상 Y결선 방식의 교류(AC) 모터에서 U, V, W상에 120°위상을 갖는 전류를 공급하면 자력에 따라 회전자(Rotor)가 회전하는 방식으로 회전수와 토크를 제어하기 위해 MCU(인버터)를 이용한다. 고전압 배터리에 충전된 직류(DC) 고전압을 교류(AC)로 전력 변환 후에 이를 이용하여 전류 커브를 생성하고 모터를 구동한다.

전기자동차(EV)의 구동모터 제어 프로세스를 살펴보면 MCU(인버터)가 고정자인 스테이터에 감겨진 권선 코일에 교류(AC) 전류를 공급해주어 회전 자계가 형성되면 회전자인 로터에 형성된 자계와 상호 작용을 하게 된다. 이로 인해 회

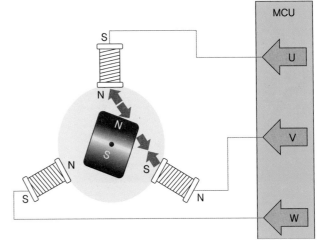

그림 3.4 ◎ 구동 모터의 작동 원리

전 토크가 발생하여 구동 모터가 회전하게 된다.

영구자석은 같은 극성일 경우에는 밀어내는 성질이 있지만, 다른 극성일 경우에는 서로 당기는 성질이 있다. 위의 그림에서 U상의 전원이 인가된 권선 코일 내측이 N극일 때 비스듬히 마주보고 있는 회전자는 N극이므로 회전자를 밀게 될 것이다. 이때 V상에 전원을 인가하면 마주보고 있는 로터의 극성이 S극이므로 서로 당기게 되어 회전자가 회전하게 된다.

전기의 흐름을 제어하면 회전수를 빠르게 변화시킬 수 있어 전기자동차(EV)와 같이 속도를 조절하는 것에 적합한 방식이다. 또한, 모터의 감속 또는 제동 시에는 회전자에 내장된 자석의 회전에 의해 코일에 전기가 유도되고 이 전력은 다시 고전압 배터리를 충전하게 된다.

이렇듯 차량의 운동에너지를 전기에너지로 전환하는 회생 제동에서 발전기의 역할을 모터가 수행하는 것이다. 전기자동차(EV) 구동 모터의 속도 및 토크 제어는 PWM(Pulse Width Modulation) 방식의 전압과 주파수를 동시에 가변 제어하는 방식으로 제어된다.

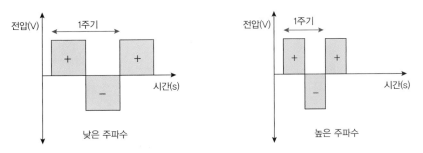

그림 3.5 ✹ 구동 모터 속도 및 토크 제어 PWM 방식

PWM 제어는 IGBT 스위칭을 통해 고전압 배터리에 저장되어 있는 직류 전압으로 U, V, W 3상 각각의 전류 커브를 생성한다. Duty를 낮추면 낮은 전류가, Duty를 높이면 높은 전류 값이 생성된다.

IGBT 스위칭 주파수는 통상 10,000Hz에서 최대 15,000Hz까지 스위칭 가능하다. IGBT 스위칭 주파수는 고정이지만 이 PWM 제어를 가지고 아래의 출력 파형과 같이 가감속시 전류 커브를 생성한다.

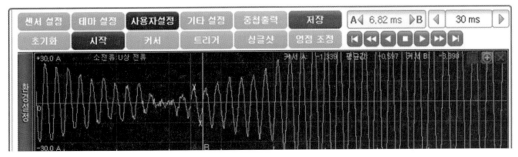

그림 3.6 ✹ 감속 후 가속 시 U상의 전류 파형 변화

앞서 설명한 바와 같이 구동 모터의 속도 제어는 스위칭 ON, OFF 시간 제어에 따라 펄스폭의 변화로 주파수를 제어하여 구동 모터의 속도를 제어하게 된다. 즉, 주파수가 커질수록 모터의 속도는 증속된다. 또한 구동 모터의 토크 제어는 스위칭 ON, OFF 전류 인가 시간 제어를 통해 전류 통전 시간의 변화로 전류량을 제어하여 구동 모터의 토크를 제어한다.

전류량이 커질수록 토크가 증가한다는 의미이다. ON 구간을 작게 하고 OFF 구간을 길게 제어하여 평균 전압이 낮아지고, 평균 전류 또한 낮아져 토크도 낮아지게 된다. ON 구간을 길게 하고 OFF 구간을 짧게 함으로써 평균 전압은 높아지고 평균 전류 또한 높아지며 구동 모터의 토크도 높아지게 된다.

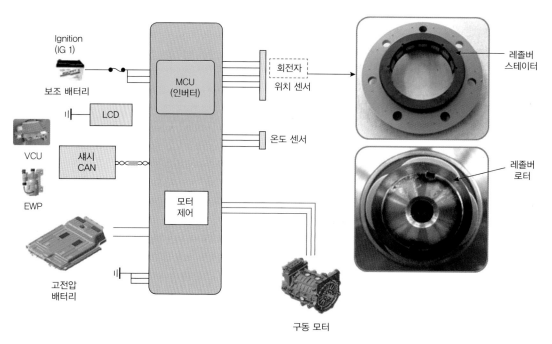

그림 3.7 ◉ 구동 모터의 제어도 및 구성부품

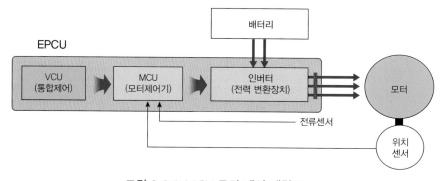

그림 3.8 ◉ MCU 모터 제어 개략도

앞서 설명한 바와 같이 구동 모터의 형식은 영구 자석형 동기 모터로서 고정자와 회전자 (Rotor)의 위치를 인식하고 학습하는 레졸버(Resolver) 센서가 장착되어 있다. 구동 모터의 속도와 토크 제어는 PWM 방식으로 전압과 주파수를 동시에 가변 제어한다.

구동 모터 컨트롤 유닛(MCU)은 고전압 배터리에 저장된 직류(DC) 전원을 교류(AC) 전원으로 전력 변환하여 구동 모터를 제어하는 기능과 감속 시에는 차량 제어 유닛(VCU)과 연계하여 구동 모터를 발전기의 기능을 활용하여 전기를 회생 발전하여 고전압 배터리를 충전함으로써 주행거리를 증대시킨다.

(2) 구동 모터 위치 센서

전기자동차(EV)는 운전자의 주행 의지에 따라 정밀하게 제어되는 구동 모터을 이용하여 동력을 제어하기 위해서는 정확한 구동 모터 회전자의 절대 위치 파악이 필요하다. 이런 필요성 때문에 전기자동차(EV)의 구동 모터에 장착된 레졸버 센서로 구동 모터 회전자의 위치 및 회전 속도 정보를 이용하여 모터 컨트롤 유닛(MCU)은 구동 모터의 속도를 최적화하여 제어할 수 있게 된다.

구동 모터의 레졸버 센서는 구동 모터 측면 리어 플레이트에 장착되며 구동 모터의 회전자와 연결된 레졸버 센서의 회전자는 하우징이 연결된 레졸버 센서 고정자로 구성되어 홀 센서 방식으로 구동 모터 내부의 회전자 위치를 파악하게 된다.

그림 3.9 ◈ 구동 모터 위치 센서

레졸버 센서는 구동 모터 회전자의 위치를 감지하는 센서이다. 구동 모터를 효율적으로 제어하기 위해서 회전자의 위치를 정확하게 검출하여야 하는데 회전자의 위치를 검출하는 센서가 레졸버 센서이며 쉽게 회전자 위치 센서라고 명칭된다. 전동 모터로 구동되는 모든 친환경자동차는 구동 모터 내부의 회전자 축에 센서와 톤휠로 구성되는 레졸버가 장착되어 있다.

MCU가 일체형으로 내장된 EPCU(Electric Power Control Unit) 또는 구동 모터를 교체한 후 레졸버 센서를 보정 초기화하지 않으면 고장 코드와 경고등이 점등되며, 회전자의 위치를 정밀하게 인식 못하기 때문에 주행은 가능하지만 구동 모터의 출력이 감소되며 충격 또는 울컥거림 등의 비정상적인 현상이 발생되어 주행성능이 떨어진다.

※ 진단 장비를 이용한 레졸버 옵셋 자동 보정 초기화 방법은 아래와 같다.

① 진단 장비의 부가기능 항목에서 레졸버 옵셋 자동 보정 초기화 선택

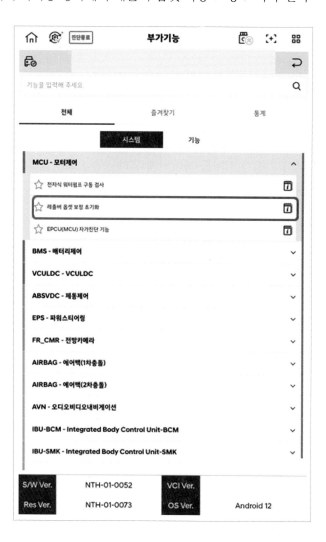

② 검사 조건과 차량 상태 확인 후 "확인" 선택(검사 조건 : 점화 스위치 on)

③ 검사 조건 확인 후 "확인" 선택(조건 : IG ON)

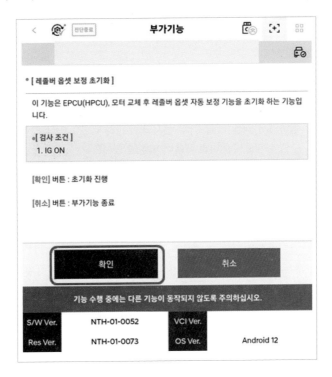

④ 최종 초기화 완료 후 "확인" 선택

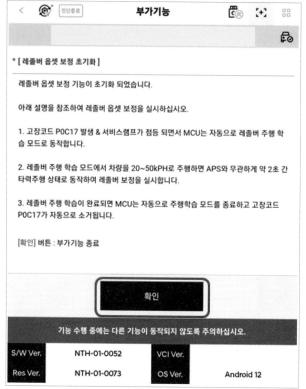

① 진단 장비로 레졸버 옵셋 자동 보정 기능이 초기화된 후에도 "P0C17 구동 모터 위치센서 미보정" 고장 코드가 출력되며 서비스 램프가 점등된다. 반드시 레졸버 주행 학습을 실행해야 경고등이 소등된다.

② 레졸버 주행 학습 모드는 차량을 약 20~50kph 속도로 주행하면서 액셀 페달 위치 센서와 무관하게 2초 이상 타력 주행 상태로 주행하면 레졸버 보정을 실시한다.

③ 레졸버 주행 학습이 완료되면 MCU는 자동으로 주행 학습 모드를 종료하고 고장 코드도 자동으로 소거된다.

(3) 구동 모터 온도 센서

전기자동차(EV)의 구동 모터는 내부 온도가 구동 모터의 출력에 가장 큰 영향을 준다. 구동 모터의 내부가 과열된 경우 구동 모터의 회전자와 고정자에 해당되는 매입형 영구자석(IPM) 및 스테이터 코일에 변형이 발생되거나 그 성능이 현저히 저하될 수 있다.

구동 모터의 과열로 인한 성능 저하 현상을 방지하기 위해서 적용된 것이 구동 모터의 온도 센서이다. 이 온도 센서는 구동 모터의 온도에 따라 구동 모터 토크를 제어하는 역할을 수행하기 위해 구동 모터 내부에 장착된다.

차종마다 상이하지만 보통 구동 모터의 온도가 약 170℃ 이하의 작동 영역에서 제어된다. 약 170℃ 이상 상승되면 구동 모터의 출력이 제한되고 클러스터에 구동 모터의 과열에 의한 출력저하 경고 문구가 출력된다.

그림 3.10 ● 구동 모터 온도센서

2 전기자동차(EV) 감속기

(1) 개념 정리

전기자동차(EV)에 적용된 감속기는 일반 내연기관 차량의 변속기와 같은 역할을 한다. 그러나 여러 단이 적용된 변속기와 달리 구동 모터에서 입력된 동력을 일정한 감속비로 속도는 감속되지만, 구동 토크는 증대시켜 구동축으로 전달하는 역할을 한다. 따라서 변속기 대신 감속기라고 불린다.

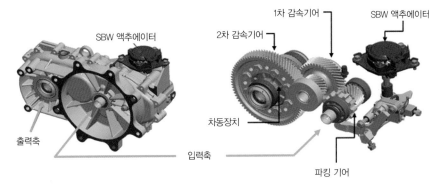

그림 3.11 ● 구동 모터와 분리된 감속기 내부 구조

감속기의 역할은 구동 모터의 '고회전-저토크'의 회전력(최대 20,000RPM 이상)을 입력받아 적절한 감속비(7~11 : 1)로 속도를 줄이고 토크를 증대시키는 역할을 한다.

전기자동차(EV)에 적용된 감속기의 역할을 구체적으로 기술하면 전기자동차 (EV)전용 구동 모터의 고회전-저토크 특성을 전기자동차(EV)의 요구 특성에 맞게 감속 및 토크를 증대시킨다.

감속 기능의 경우 구동 모터의 회전 속도를 감속하여 토크를 약 7~11배 증대시키는 기능을 한다. 또한 여러 운행 조건에서 차량 선회 시 좌우 바퀴의 회전 속도 차이를 이용하여 차동기능 역할을 하는 차동장치가 적용되어 차동 기능 역할을 수행한다. 정차 시 감속기의 회전을 구속하여 차량의 파킹 기능을 구현한다. 또한 모터와 일체형 감속기의 경우 구동 모터 냉각 기능을 수행하는데 감속기에 주입된 오일 순환을 통한 구동 모터 유냉 시스템을 적용하여 냉각 기능을 수행한다.

전 · 후륜 구동 모터가 적용된 4WD의 경우 2WD 운행 조건에서 구동 드래그 저감을 위한 비구동륜의 동력 단속을 위해 프런트 보조 구동의 감속기에 적용된 디스커넥터 시스템(DAS) 기능을 이용하여 전 · 후륜의 동력을 배분하는 기능을 구현하게 된다.

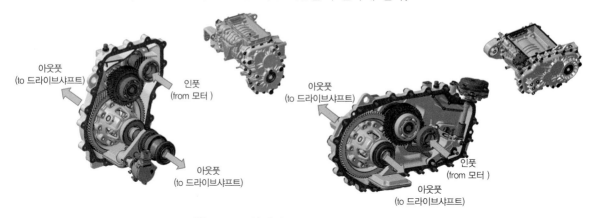

그림 3.12 ◉ 일체형 구동 모터 및 감속기 구조

내연 기관 자동차는 최대 토크 발생 지점이 일정 회전수 이상이고, 낮은 RPM에서는 변속기를 이용하여 출발 드래그 토크를 발생시킨다. 그에 반해 전기자동차(EV)의 구동 모터는 내연기관 자동차의 파워트레인 시스템 보다 효율이 높아 출발 시작부터 최대 토크가 발생된다.

자동차는 보통 높은 가속력을 필요로 하는 구간은 저속 구간, 특히 정차 후 출발할 때인데, 내연 기관은 낮은 회전수에서 제대로 힘을 내지 못하기 때문에 변속기를 적용하여 저단 기어비를 이용해 엔진 토크를 높이는 역할을 한다.

전기자동차(EV)의 경우 구동 모터의 효율이 좋아 정지 상태에서 출발부터 최대 토크 발생이 가능하기 때문에 대부분의 전기자동차(EV)에는 변속기가 없다. 하지만 전기자동차(EV)에도 변속기가 적용되면 가속력을 높여 더 빠르고, 효율을 높게 하여 주행 가능 거리가 더 길어질 수도 있다.

현재까지 전 세계적으로 전기자동차(EV)에 다단화된 감속기가 적용된 유일한 차량은 '포르쉐 타이칸'이다. 일반적인 전기자동차(EV) 제조사의 경우 구동 모터 효율이 워낙 좋기에 대부분 1단 감속기가 적용 중이다.

 참고

DAS(Disconnect Actuator System) 시스템이란?

전기자동차(EV)에서 4륜 구동 시스템은 전륜과 후륜에 각각의 구동 모터를 적용하여 4WD 시스템을 구현한다. DAS(Disconnect Actuator System)는 4WD 구동의 경우 운전자의 가·감속 의지와 노면 상황, 경사로 등의 주행 조건에 따라 Active하게 전·후륜의 동력 분배를 수행하는데, 고속도로 정속 주행 등 굳이 4WD를 사용할 필요가 없는 상황에서 주 구동력만을 이용한 주행이 필요하다. 이는 5% 이상 연비를 향상시킬 수 있다.

DAS(Disconnect Actuator System)는 이런 2WD 주행으로도 가능한 주행 상황에서 발생하는 불필요한 연비 손실을 제거하고자 전륜 감속기에 원하는 시점에 구동 모터, 감속기와 바퀴 사이의 기계적 연결을 끊어주는 기술이다. 물론 가속이 필요하거나 빗길 노면 등에서 전륜 구동이 필요하면 순간적으로 이질감 없이 끊어졌던 동력을 연결하여 전륜 모터를 사용할 수 있도록 기술을 구현하는 시스템을 의미한다.

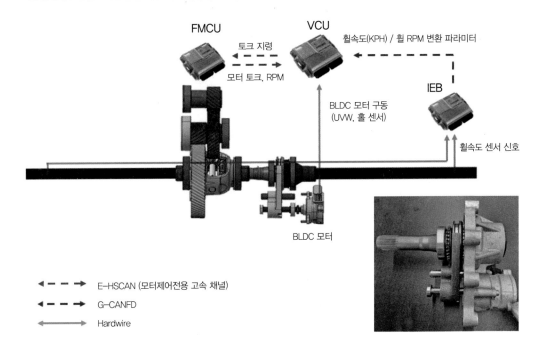

그림 3.13 ● DAS(Disconnect Actuator System) 제어도

4 SBW(Shift-by-Wire)

(1) 개념 정리

SBW(Shift-by-Wire) 시스템은 변속 선택 레버와 차량의 변속기 사이의 기구적 연결 없이 전기적인 신호로 운전자의 변속 의지를 전달하여 제어하는 **전기 신호식 변속 제어 시스템**이다.

기계적 연결구조 대신 전자식 변속 레버와 전동 모터로 구성된 전기적 연결 구조를 띄며 제어기의 각종 알고리즘을 통해 모터를 구동하여 포지션(P/R/N/D) 제어 및 매뉴얼 변속 모드 지원 등의 기능을 수행하는 시스템으로 **자율주행 및 자동 주차 시스템 등의 기능**을 구현하기 위해 개발되었다.

전기자동차(EV)의 경우 감속기 상단에 **파킹 액추에이터**가 적용되는데, 일반적인 변속기의 인히비터 스위치처럼 P,R,N,D를 인식하는 것이 아니라, 운전자의 변속 레버 선택에 의한 액추에이터가 구동되어 P와 Not P 제어(전/후진은 모터에 의해 작동)가 실행되면 내부 홀 센서를 이용하여 P와 Not P 위치를 감지한다.

파킹 액추에이터는 다음과 같이 단자별 저항값을 측정하여 점검하고, 단품에 문제가 발생될 경우 교체 후 인히비터 스위치처럼 N단 셋팅 등의 별도 작업 필요 없이 장착만하면 된다.

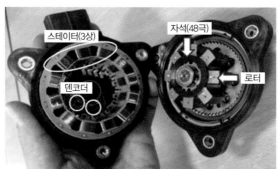

그림 3.14 ● SBW 파킹 액츄에이터

[표 2.2] 파킹 액추에이터 단자별 저항값

단자번호	단자명	측정단자	규정값
1	인코더A	3-1	10MΩ 이상
2	인코더B	3-2	10MΩ 이상
3	전원	3-41	630Ω ±10%
4	접지	4-1	10MΩ 이상
5	모터전원	1-2	무한대
6	U상	5-6	1.25Ω ±10%
7	V상	5-7	1.25Ω ±10%
8	W상	5-2	1.25Ω ±10%

또한 진단 장비의 VCU/LDC 시스템에서 강제 구동 기능인 SCU 파킹 체결 및 해제 검사 기능을 실행하여 P와 Not P 체결 및 해제 테스트를 할 수 있다.

① 진단 장비의 부가기능 항목에서 SCU 파킹 체결 또는 해제 검사 선택

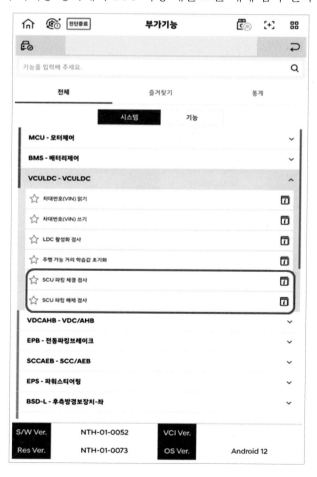

② 검사 조건과 차량 상태 확인 후 "확인" 선택

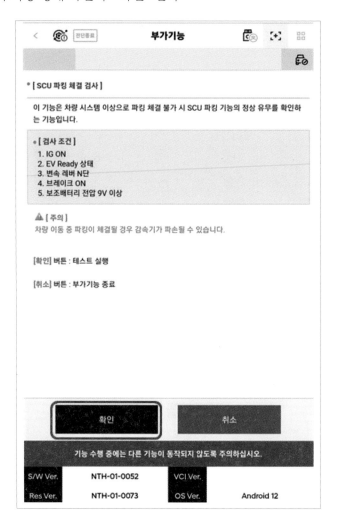

04 전력 제어 및 변환 시스템

1 전기자동차(EV) 제어 시스템

(1) 개념 정리

전기자동차(EV)는 고전압 배터리에 저장된 직류(DC) 고전압을 전력 변환 시스템을 이용하여 교류(AC)로 전력 변환하여 **전기 모터를 구동하는 방법**으로 동력을 얻는 자동차이다. 전기 모터를 통해 차량이 구동하게 되므로 주행 중 구동 모터 제어를 통해 주행 상태를 변경하고, 운전자의 주행 의지에 따라 가속하거나 감속되도록 제어한다.

이러한 전기자동차(EV)는 엑셀레이터의 조작에 의해 가감속이 제어되고 브레이크에 의해 감속 또는 정지되는데, 엑셀레이터와 브레이크 페달 조작 정도에 따라 일정 비율로 가속하거나 감속하도록 제어된다.

전기자동차(EV)는 주행을 위해 운전자가 시동키를 ON하면 BMS가 고전압 배터리 팩(BSA) 내부 또는 외부에 장착된 PRA(Power Relay Assembly)의 메인 릴레이(+), (−) 제어에 의해 고전압 배터리에 저장된 직류(DC) 전기에너지를 고전압 정선 블록으로 공급한다. 이후 MCU(인버터)로 공급되어 교류(AC) 전력으로 변환되어 전기 모터가 구동에 필요한 전기에너지를 공급한다.

운전자의 가속 의지에 따라 엑셀레이터를 밟으면 구동 모터는 MCU(인버터)의 주파수 변환에 따라 더 빠르게 회전하여 차속이 높아지고, 큰 구동력이 필요한 주행 조건인 언덕길 주행과 출발 및 가속 주행 조건 등 고부하 주행 모드에서는 구동 모터의 회전 속도는 낮아지고 구동 토크를 증대시켜 고부하 주행 조건에서도 속도 및 토크를 제어한다.

또한 차량 속도가 운전자의 요구 속도보다 높아 엑셀레이터에서 발을 떼거나 브레이크를 조작하는 감속 및 제동 조건에서는 구동 모터의 구동력이 필요하지 않기 때문에 차량 주행 관성의 운동에너지를 이용하여 구동 모터는 발전기의 역할을 수행하게 되며 구동 모터를 통해 발전된 교류(AC)의 전기 에너지는 MCU(인버터)를 통해 직류(DC)로 전력 변환되어 고전압 배터리로 충전되게 된다.

2 VCU(Vehicle Control Unit)의 주요 기능

(1) 개념 정리

VCU(Vehicle Control Unit)는 전기자동차(EV)에서 고전압 배터리를 사용하는 PE 시스템을 **통합 제어하는 제어기**이다. VCU, MCU(인버터), LDC가 하나의 전력제어 통합 패키지로 구성되어 차종에 따라 EPCU(Electronic Power Control Unit) 또는 ICCU(Integrated Charging Control Unit)라고 명칭된다.

EPCU는 E-GMP 이전 전기차에 적용되는 **통합형 전력 변환 제어기**이고 ICCU는 OBC, LDC, V2L 기능을 통합시킨 **통합형 전력 변환 시스템 제어기**이다.

전기자동차(EV)에서 차량을 구성하는 제어기는 전기자동차(EV)를 직접적인 제어에 관련된 제어기와 일반 전장(스마트 키, BCM등)에 관련된 제어기로 구분된다. 일반 전장 제어기는 저전압을 사용하며 주로 편의 및 안전에 관련된 제어를 독립적으로 수행하지만, 고전압을 사용하는 **전기자동차(EV)**의 제어기는 효율적인 고전압 배터리의 전력 분배가 필요하다. 따라서 전기자동차의 통합 제어기인 VCU의 통합 제어로 각자의 역할을 수행한다.

구동 모터, 공조 시스템의 전동식 컴프레서와 PTC 히터, LDC, 고전압 배터리, 제동제어 등이 여기에 해당된다. VCU를 포함하는 EPCU는 구동모터와 OBC 사이에 장착되어 있으며, 내부 인버터의 온도 상승을 막기 위해 수냉식 냉각 시스템이 적용된다.

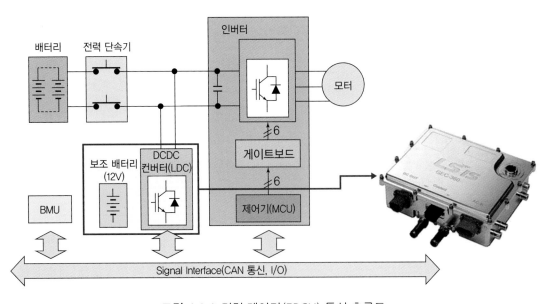

그림 4.1 ● 전력 제어기(EPCU) 통신 흐름도

VCU의 주요 기능을 살펴보면 전기 모터의 구동제어, 회생제동 제어, Paddle Shift 제어, 기어 위치제어, Drive mode제어, 공조부하제어, 전장부하 전원 공급제어, Cluster 표시, 주행 가능거리, 예약, 원격 충전 및 공조제어, 저 SOC 제어 등의 기능을 수행한다.

(2) 모터 구동 제어(VCU-MCU-BMU)

전기자동차(EV)는 전기 모터로만 차량을 구동하므로 VCU의 가장 중요한 제어가 바로 모터 구동 제어라 할 수 있다. 이를 위해서 VCU는 BMU로부터 고전압 배터리의 충전 상태 (SOC) 정보를 받고 운전자의 가감속 의지를 고려하여 **모터 토크**를 제어하게 된다. 또한, VCU 는 모터 토크 제어와 함께 MCU(인버터)의 온도를 항상 **모니터링** 한다. 만일 냉각수온 대비 인버터 온도가 비정상적으로 상승하면 구동 모터의 토크를 제한하거나 토크 출력을 금지한다.

제어기별 기능을 살펴보면 VCU는 배터리 가용 파워와 구동 모터의 가용 토크, 운전자의 가감속 요구 센서 신호인 APS, Brake S/W, 변속 버튼의 입력 신호를 고려하고 구동 모터의 토크를 계산하여 제어한다. BMU는 VCU의 모터 제어 계산을 위한 고전압 배터리 가용 파워와 충전율(SOC) 정보를 제공한다.

마지막으로 MCU는 구동 모터의 가용 토크를 VCU로 입력하고 VCU로부터 수신된 토크 명령을 실행하기 위해 MCU(인버터)를 **구동**하는 기능을 담당한다.

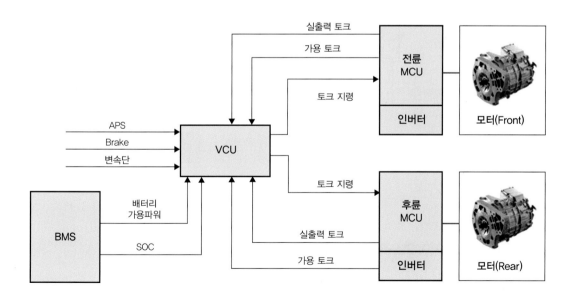

그림 4.2 ● 모터 구동 제어(VCU-MCU-BMU)

(3) 회생 제동 제어(VCU-IEB-MCU-BMU)

전기자동차(EV)는 감속 또는 제동 시에 전기 모터를 발전기로 활용해서 **차량의 운동에너지를 전기에너지로 변환시켜 고전압 배터리를 충전할 수 있다.** 이를 통해 에너지 손실을 최소화하여 주행 가능 거리를 향상시킬 수 있다. 이를 위해 VCU는 전동식 브레이크 시스템(IEB)의 회생 제동 요청량과 BMU의 고전압 배터리 가용 파워와 구동 모터 가용 토크를 고려하여 회생 제동을 위한 구동 모터의 가용 토크 및 충전 토크 지령을 연산한다.

전동식 브레이크 시스템(IEB)은 브레이크 페달 센서인 BPS(Brake Pedal Sensor) 신호에 따른 총 제동량을 연산하여 이를 유압 제동량과 회생 제동 요청량으로 분배한다. BMU는 고전압 배터리의 가용 파워와 충전량(SOC) 정보를 제공하고 MCU는 구동 모터 가용 토크 및 실제 토크를 VCU로 송부하여 VCU로부터 수신된 토크 명령을 실행하기 위한 인버터를 구동하는 기능을 한다.

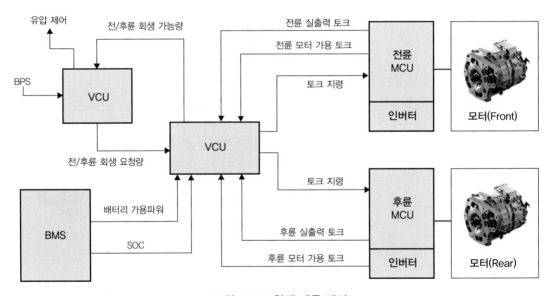

그림 4.3 ● 회생 제동 제어

(4) 기어 위치 제어(VCU-SCU-LVR)

전기자동차(EV)에 적용된 SBW(Shift By Wire)는 자동변속기 기능을 구동 모터의 회전수와 토크에 의해 결정되기 때문에 전기적인 시스템에 의해 변속이 이루어진다. 따라서 운전자의 전진과 후진 등의 변속 의지가 전기적인 신호에 의해 VCU로 전달되며 VCU는 SCU(Shift Control Unit)를 통해 파킹 액츄에이터를 제어한다.

각 제어기의 기능을 살펴보면 변속 버튼은 운전자의 주행 요구를 파악하고 VCU는 변속 다이얼 위치 신호를 입력 받아 SBW 시스템을 제어하며, P 또는 Not P 2가지 위치로만 SCU에게 신호를 송신한다.

SCU는 P 또는 Not P 신호를 받아 파킹 액츄에이터 모터를 구동하여 파킹 기어가 체결된다. 이때 D/R/N단은 SCU입장에서 Not P로 동일하게 인식하며, SCU는 상위 제어기인 VCU의 명령에 의해 동작된다. **파킹 액츄에이터는 감속기 상단에 장착되어 파킹 기어와 기계적으로 연결되어 있다. 액츄에이터 내부 모터 구동 시, 파킹 기어가 체결 혹은 해제된다.**

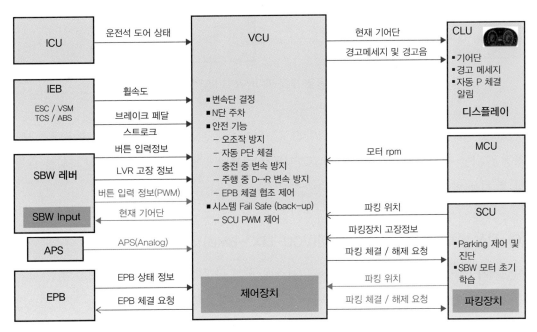

그림 4.4 ● 기어 위치 제어(VCU-SCU-LVR)

(5) 공조 부하 제어

공조 부하 제어는 FATC에 운전자가 냉방을 작동시키기 위해 A/C ON S/W를 누르거나 난방을 작동시키기 위해 히터 작동 신호가 입력되면, VCU는 A/C 컴프레서와 PTC 히터의 작동에 필요한 요청 파워 신호를 받는다.

이때, VCU는 고전압 배터리의 가용 파워와 충전량(SOC)을 고려하여, A/C 컴프레서와 PTC 히터의 허용 파워를 FATC로 송출하고, FATC는 허용 범위 내에서 공조 시스템을 제어한다. 제어기별 기능을 살펴보면 VCU는 고전압 배터리 정보 및 FATC 요청 파워를 이용하여 최종 FATC 허용파워를 송신한다.

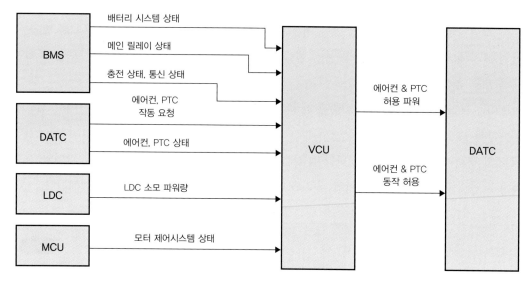

그림 4.5 ● 공조 부하 제어(VCU-FATC-BMU)

BMU는 고전압 배터리의 가용 파워와 SOC 정보를 제공한다. FATC는 운전자의 냉·난방 작동을 위한 작동 신호 입력시에 VCU로 전동식 컴프레서 및 PTC 히터의 허용 파워를 요청한 후 허용 범위 내에서 공조 부하를 제어한다.

(6) 전장 부하(12V) 전원 공급 제어(VCU-LDC-BMU)

전기자동차(EV)에는 내연기관의 전장 시스템 전원 공급과 보조 배터리 충전을 위한 발전기가 없고 LDC가 VCU의 연산에 의해 고전압을 변환하여 각종 제어기 및 일반 전장 시스템

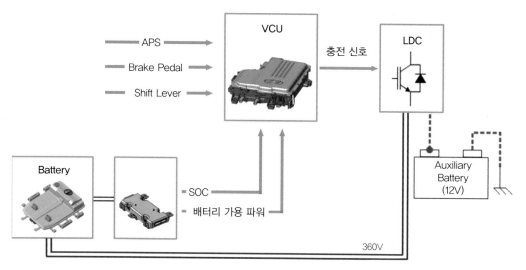

그림 4.6 ● 전장 부하(12V) 전원 공급 제어(VCU-LDC-BMU)

에 저전압의 전원을 공급한다.

VCU는 BMU로부터 고전압 배터리의 **충전량**(SOC)과 온도 등 내부 모니터링 정보 및 저전압 배터리에 장착된 **저전압 배터리 센서의 충전량**(SOC)과 **노화율**(SOH) 정보를 BCM으로부터 입력받아 LDC로 필요한 전력 변환량을 보내 저전압 회로에 전원을 공급하고 보조배터리를 충전한다. 또한 고전압 배터리를 충전한 후 자동 보충전 기능으로 20분 동안 10회 간격으로 저전압 보조 배터리를 충전하여 배터리 방전을 예방한다.

제어기별 기능을 살펴보면 VCU는 배터리 센서를 이용한 저전압 배터리 정보와 BMU를 통해 고전압 배터리 상태 및 차량 상태에 따른 LDC On/Off 및 동작 모드를 결정한다.

BMU는 고전압 배터리 가용 파워와 SOC 정보를 제공하고 LDC는 최종 VCU의 명령에 따라 **고전압을 저전압으로 변환**하여 차량 전장에 전원공급을 한다. 내연기관의 Alternator와 동일 기능을 수행한다.

(7) 보조배터리 충전 제어

전기자동차(EV)의 보조 배터리 충전 기능은 고전압 배터리 충전량이 약 20% 이상인 조건과 보조 배터리가 저전압인 SOC 70% 이하일 때 충전하여 보조 배터리 방전을 예방한다.

KEY OFF 조건에서 작동되며 만약 IG ON 상태에서 고전압 배터리 충전을 위해 충전 커넥터에 충전 케이블이 연결된 상태에서 충전이 완료된 후 방전 방지를 위해 자동 보충전 기능이 작동된다.

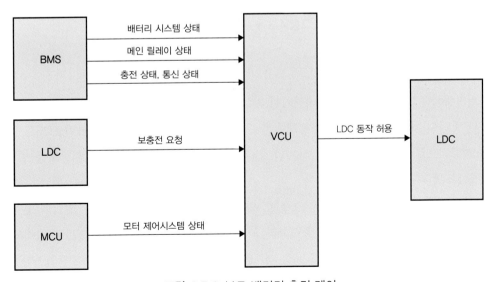

그림 4.7 ● 보조 배터리 충전 제어

(8) 고전압 배터리 저 SOC 제어

전기자동차(EV)의 고전압 배터리가 방전되어 SOC가 부족할 경우, VCU는 경고등 점등 및 파워 제한 등을 통해 배터리 충전을 유도한다. 고전압 배터리 충전량(SOC)이 18%이하이면 클러스터에 고전압 배터리 잔량 부족 경고등이 점등되고 고전압 배터리 충전량(SOC)이 약 8% 이하에서는 고전압 배터리 충전 유도 경고등이 점등되며 차량의 파워 제한이 시작된다.

고전압 배터리 충전량(SOC) 약 3% 이하에서는 파워 다운 경고 문구와 공조 장치 미작동, 차량 파워제한 제어가 작동된다.

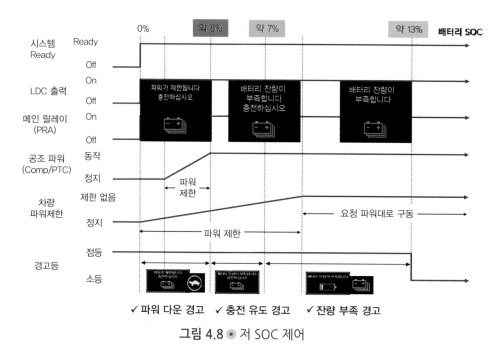

그림 4.8 ● 저 SOC 제어

(9) 차량 시동 제어(Ready)

전기자동차(EV)의 시동 제어는 내연기관 자동차의 시동 제어 회로와 많은 차이가 있다. 내연기관 방식의 차량은 SMK가 시동 릴레이를 구동하면 시동 전원(12V)이 스타팅 모터로 공급되어 기계적으로 엔진을 구동한다. 하지만, 전기자동차에서는 SMK가 스타팅 신호를 보내어 시동을 완료한다.

SMK는 스마트 키 인증 후 브레이크 신호 및 변속 버튼 P위치가 정상으로 입력되면, SSB를 누르는 순간 시동 전원(12V)을 출력한다. 이 전원은 시동 퓨즈를 지나 VCU로 입력되고, VCU는 PE 회로에 문제가 없다면 Ready 램프를 점등시키고 주행 대기 상태로 진입한다.

만일 시동 회로에 문제가 생겨 Start Feedback 신호가 입력되지 않으면 즉시 시동 출력을 중지한다. 시동은 안전을 위해 변속레버 P단에서만 진행된다.

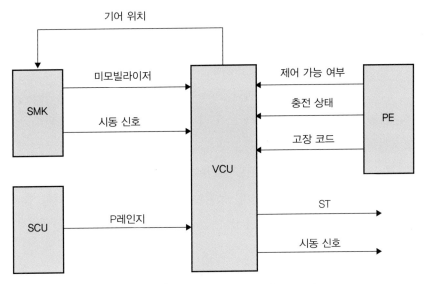

그림 4.9 ● 차량 시동 회로 제어(Ready)

(10) 주행가능거리 표시 제어

전기자동차(EV)의 주행가능 거리 표출은 현재의 충전된 고전압 배터리 에너지로 주행할 수 있는 거리의 추정치이다. 과거 20개 주행 사이클의 평균 연비를 바탕으로 주행가능거리를 산출하며, AVN(Audio Video Navigation)을 통한 경로 설정 시 도로 종류에 따라(국도/고속도로) 예측되는 연비와 과거 연비를 계산하여 산출한다.

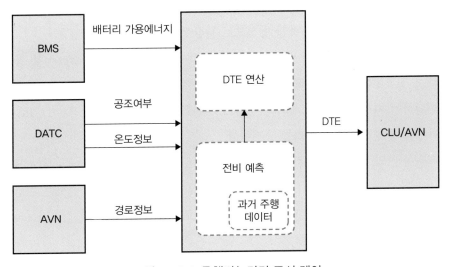

그림 4.10 ● 주행가능거리 표시 제어

또한 공조 시스템 작동(on/off)에 따라 예측된 주행가능거리는 즉시 증감되어 현재 배터리 용량으로 사용 가능한 범위를 안내한다. 주행가능거리 오 발생 요소는 과거 주행 연비 학습치 이력을 바탕으로 계산되므로, 갑작스런 주행패턴 변경 시 추정 오차가 발생될 수 있다.

예를 들면 주로 도심의 저속 주행을 하다가 고속도로로 진입하는 경우나 사용자의 주행 패턴과 교통 상황, 날씨, 승차 인원, 배터리 노화 상태 등에 따라 오차가 발생된다. 또한 고전압 배터리의 고전원을 사용하여 구동되는 공조장치 작동 시 주행가능거리는 줄어들게 된다.

제어기별 기능을 살펴보면 VCU는 BMU로부터 입력받은 고전압 배터리 가용에너지와 AVN(Audio Video Navigation)에 설정된 목적지까지의 도로 정보를 고려한 후에 클러스터와 AVN에 주행가능거리(DTE, Distance to Empty)를 연산하여 표출한다.

3 전기자동차(EV) 전력 변환시스템

(1) 개념 정리

전기자동차(EV)는 기존 내연기관 자동차와 다르게 고전압 배터리를 전원으로 사용하는 하나의 전력 시스템이다. 따라서 고전압 배터리 전압을 각 시스템에 필요한 전압으로 변환시키기 위한 전력 변환 시스템을 필요로 하며, 이를 효율적으로 제어하는 전력 관리 및 고전압 배터리 관리를 위한 제어 시스템으로 이루어져 있다.

전기자동차의 고전압 배터리를 충전하기 위한 방법은 외부 완속 충전기 또는 휴대용 충전기를 통해 교류(AC)를 입력으로 받는 완속 충전 방식과 외부충격기(EVES)를 통해 직류(DC)로 전력 변환되어 충전되는 급속 충전 방식으로 분류할 수 있다.

완속 충전은 차량 내부의 차량용 완속충전기인 OBC(On-Board Charger)를 통한 교류(AC) 전력을 직류(DC) 전력으로 전력 변환을 수행하며, **급속 충전**은 충전기에서 직류(DC) 전압으로 변환하여 차량의 고전압 배터리 전압으로 변환하는 직류(DC)를 직류(DC)로 전력 변환하는 과정을 통해 고전압 배터리를 충전한다.

앞서 서술한 바와 같이 **차량용 완속충전기인 OBC**(On-Board-Chager)는 교류(AC) 전원 플러그에 연결되어 차량의 모터를 구동시켜주는 고전압 배터리를 완속 충전하는 차량 탑재형 완속충전기로서, 교류(AC) 전원을 직류(DC) 전원으로 승압 및 변환하여 전기자동차의 배터리를 충전시킨다.

OBC는 입력된 교류(AC)를 정류하는 **정류기**(rectifier), 역률을 개선하는 **역률개선회로** (PFC, Power Factor Correction), **컨버터**(DC-DC converter)로 구성되어 있다. 또한 전기자동차(EV)는 3상 교류(AC) 전동기를 통해 구동된다.

따라서 운전자가 원하는 속도 및 토크를 조절하기 위해 직류(DC)를 교류(AC)로 전력을 변환하여 전압 및 주파수 가변이 이루어져야 하며 이를 인버터가 담당하게 된다. 그리고 전기자동차(EV) 내부에는 공조장치, 내비게이션과 같은 인포테이션시스템 등 수많은 전장 시스템 및 제어기 들이 존재하며 이를 통해 운전자는 각종 운전 편의를 누릴 수 있다.

이 전장 시스템들의 전원 역시 고전압 배터리를 통해 공급된다. 이는 고전압 배터리의 고전압을 직류(DC) 12V 저전압으로, 전력 변환시키는 LDC(Low DC-DC Converter)를 통해 전력 변환이 이루어진다. 이처럼 전기자동차의 전력 변환 시스템은 전압, 전류 주파수(Hz), 상(Phase) 가운데 하나 이상을 전력 손실 없이 변환하여 전력의 형태를 사용하는 용도에 따라 변환시켜주는 시스템이다.

전기자동차에 적용된 전력 변환 시스템은 다음의 표와 같다.

[표 4.1] 전력 변환시스템의 종류

입력 → 출력	관련 부품	제어내용
교류(AC) → 직류(DC)	OBC	완속 충전기(AC 220V) → 고전압 배터리 충전(DC 250 ~ 450V로 승압)
직류(DC) → 교류(AC)	MCU (인버터)	고전압 배터리(DC 360V) → 구동 모터 구동(3상 AC) / 회생 제동 시 반대로 작동
직류(DC) → 직류(DC)	LDC	고전압 배터리(DC 360V) → 저전압 배터리 전력 공급(DC 12V)

전기자동차(EV)에서 전력 변환시스템을 통합 제어하는 모듈을 EPCU(Electric Power Control Unit)라고 명칭한다. 변환된 전력으로 차량의 각 시스템에 필요한 전력을 공급하고 공급된 전력으로 차량의 운행을 최적화하는 통합제어기를 VCU(Vehicle Control Unit)라고 명칭한다.

VCU는 차량의 최상위 제어기로써 주행과 관계된 모든 요소 뿐만 아니라 전력의 적절한 분배를 위해 각 제어기들로부터 필요한 파워를 요청받고 이에 따른 허용 파워 또는 토크를 지령한다.

VCU로부터 신호를 주고받는 제어기는 BMU, MCU, LDC, IEB, FATC이며 차량 주행에 필요한 입력 요소로는 APS, 브레이크S/W, 변속레버 정보 등이 해당된다.

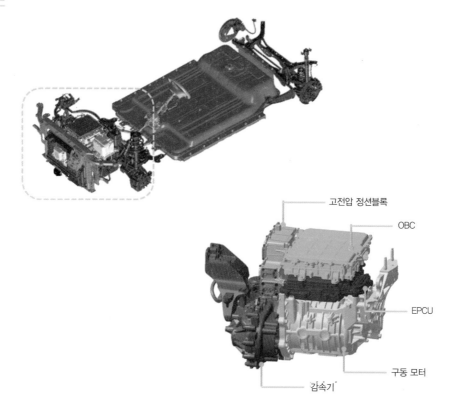

고전압 정선블록

OBC

EPCU

구동 모터

감속기

그림 4.11 ● 현대자동차 코나 전기차(OS EV) PE 전용 부품

전기자동차(EV)의 고전압을 사용하는 각 시스템의 연결 구조는 각각의 시스템이 고전압 케이블로 연결되는 구조였다. 그러나 아래의 그림처럼 각 부품은 내부의 버스바를 통해 연결되며 각 부분은 볼트로 고정되어 있다.

초기에 개발된 전기자동차(EV)와 비교해보면 이러한 제어기 단자별 볼트 체결 방식으로 변경되어 외부에 보였던 고전압 케이블의 수가 감소되었다.

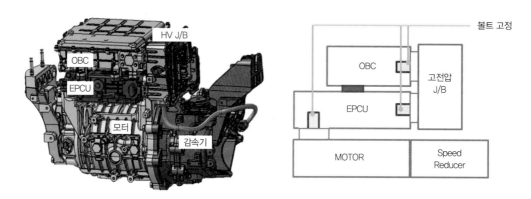

HV J/B

OBC

EPCU

모터

감속기

볼트 고정

OBC

고전압 J/B

EPCU

MOTOR

Speed Reducer

그림 4.12 ● 전기차 PE 전용 부품의 버스바 연결

명칭 설명

1. **OBC(On Board Charger)** : 차량 탑재형 완속 충전기로 고전압 배터리 충전을 위해 외부 완속 충전기에서 공급되는 교류(AC) 220V의 전력을 전기자동차의 고전압 배터리 충전을 위해 직류(DC)로 변경하며 고전압으로 승압(DC 400V~800V)하는 역할을 한다. 참고로 급속 충전은 직류(DC)의 고전압을 직접 외부 충전기에서 공급하기 때문에 OBC의 전력 변환이 불필요하다.

2. **MCU(Motor Control Unit)** : 구동 모터 제어기로 고전압 배터리에 저장된 직류(DC) 전력을 교류(AC)로 변환하고 운전자의 가속 의지에 따라 공급 전력의 전류량과 주파수(Hz)을 제어하여 구동 모터의 속도와 토크를 제어한다. 반대로 감속 시 구동 모터의 운동 에너지를 전기에너지로 변환하는 회생 제동 기능으로 구동 모터에서 발생된 교류(AC)를 직류(DC)로 변환하여 고전압 배터리를 충전하는 역할을 한다.

3. **LDC(Low DC-DC Converter)** : 직류 변환 장치로 고전압 배터리의 고전압 직류(DC)를 저전압 직류(DC)로 전력 변환하는 역할을 한다. 내연기관의 발전기와 같은 역할을 하며 고전압 배터리의 고전압 직류를 12V의 저전압 직류로 변환하여 전장 시스템의 전원 공급과 보조 배터리를 충전하는 역할을 한다.

4. **EPCU(Electric Power Control Unit)** : 전기자동차의 전력 제어 장치로 EPCU 내부에 전기자동차 총합 제어기인 VCU(Vehicle Control Unit), MCU 및 LDC가 일체로 구성되어 있으며, 3개의 제어기 중 하나의 회로가 고장나면 별도 교체 불가능하여 EPCU를 어셈블리로 교체해야 한다.

5. EPCU와 OBC는 냉각수에 의해 냉각된다.

(2) EPCU(Electric Power Control Unit)

전기자동차(EV)의 대표적인 전력 변환 제어 장치인 EPCU는 내부에 전기자동차 최상위 제어기인 VCU(Vehicle Control Unit)와 전기 모터를 구동하기 위해 고전압 배터리에 저장된 직류(DC)를 교류(AC)로 전력 변환하고 제어하여 구동 모터의 속도와 토크를 제어하는 기능의 MCU(인버터) 및 고전압 배터리의 고전압 직류(DC)를 저전압 직류(DC)로 전력 변환시키는 역할하는 LDC가 일체로 구성되어 있는 전기자동차의 통합 제어 모듈로 EPCU 내부에는 제어 보드와 반도체 소자들로 구성되어 있다. 전력 변환과 제어 기능이 통합된 전력 통합 제어기인 EPCU는 내부 구성 부품을 별도로 교체가 불가능하다.

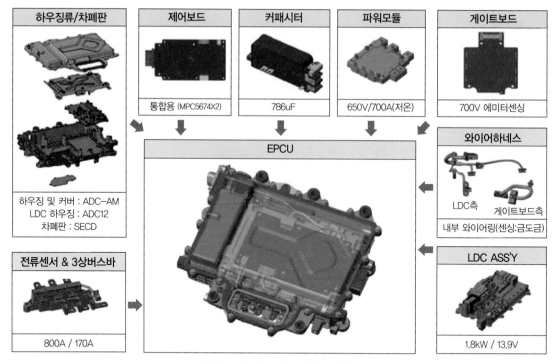

그림 4.13 ● EPCU 구성 부품

전기자동차에서 고전압 기준은 자동차 및 자동차 부품의 성능과 기준에 관한 규칙에 따라 교류(AC) 30V, 직류(DC) 60V 이상을 고전압으로 정의하고 있다. 고전압 관련 국내 및 유럽 법규로 고전압의 단선 유무를 확인하는 인터 락 회로를 통해 고전압 케이블의 분리되었을 경우 PRA의 메인릴레이 (+) (−) 제어로 고전압을 차단하고, 1초 이내에 인버터 커패시터에 충전춴 고전압을 방전되도록 제어하여 만약의 감전 사고를 방지하도록 하고 있다.

전기자동차 각각의 고전압 부품에 장착된 커패시터는 고전압를 전원 전압으로 사용되는 각각의 전장품을 보호하거나 전압 안정화를 위해 고전원 입력단에 구성된 부품이다.

법규의 기능을 활용해서 정상적 차량에서 Key를 Off만 해도 1초 이내에 커패시터에 저장된 고전압을 구동 모터의 코일로 흘려 열로써 방전하도록 제어한다. 이는 전류의 3대 작용인 발열, 화학, 자기 작용 중 발열 작용으로 방전시킨다. 그래서 일반적인 상황에서는 Key Off만 해도 차량 내의 고전압은 사라지게 된다. 그러나 정비 현장에서는 차량 사고 또는 진단 장비의 사용이 불가능한 고장 상태로 점검 정비할 경우 이러한 정상적인 제어가 되지 않을 수 있기 때문에 반드시 고전압이 완전히 제거되었는지 인버터 커패시터의 전압을 확인한 후에 작업해야 한다.

고전압의 방전 유무를 확인하기 위해서는 먼저 제어기 전원을 차단하는 절차인 보조 배터리 (−) 케이블을 탈거한다. 그리고 안전 플러그를 탈거하고, 리프트 업 상태에서 언더 커버 탈거 및 고전압 배터리 측의 고전압 케이블을 탈거한다. 이때 고전압 배터리 측의 고전압은 차단되었다.

이후 EPCU 내부의 커패시터의 고전압이 자연 방전되는 3~5분 정도 대기하고, 고전압이 모두 방전되었는지 탈거한 고전압 케이블의 모터 룸 측의 방향에서 커패시터 전압 확인하여 잔류 전압을 체크 후에 정비하는 것이 가장 안전하다. 측정된 전압이 30V 이하 검출 시 고전압 완전 방전 상태로 안심하고 작업하면 된다.

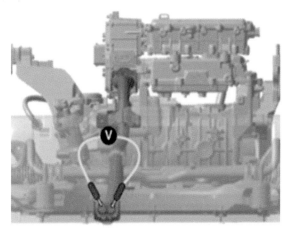

그림 4.14 ✷ 진단 장비와 통신 불가능 시 고전압 방전 점검 방법

만약 진단 장비의 통신이 가능하고, 단순히 고전압을 방전시켜야 할 상황이라면 간단하게 모터 룸에 있는 서비스 인터락을 탈거하여 고전압을 차단할 수 있다.

서비스 인터락 탈거 후 BMS 고장 판정으로 PRA 작동 불가 상태인 경우 고전압 배터리 시스템의 센서 출력에서 인버터 커패시터의 전압 확인 시 30V 이하인지 확인 후 작업을 한다면 훨씬 안전하게 작업할 수 있고 기본적으로 고전압은 Ready에서만 출력된다. 만약 Key Off 시에도 30V 이하로 방전되지 않는다면, 고전압 배터리 내부의 PRA 메인 릴레이 또는 프리차지 릴레이의 내부 융착 고장을 의심할 수 있다. 이럴 경우, 반드시 서비스 플러그 탈거 후에 멀티 미터를 이용하여 직접 커패시터 전압이 30V 이하로 떨어졌는지 확인한 다음 고전압 시스템을 점검해야 한다.

인터락 차단 또는 안전 플러그 탈거 후 커패시터 전압 확인을 하지 않고 모터 룸에서 고전압 관련 정비 시 BMU는 릴레이를 OFF 했지만, PRA 융착에 의한 고장 등에 의해 계속적으로 고전압이 출력되면 감전 사고 등의 위험한 상황이 발생할 수 있으므로 꼭 전압을 확인해야 하는 것이다.

참고

EPCU(Electric Power Control Unit) 교체 후 진단 장비를 이용한 초기화 방법

EPCU는 교환 전 EPCU 자기진단 진단 및 고장 코드 확인 후 계속적인 문제가 있다면 EPCU 교폐 후 아래의 작업을 순서대로 진행해야 한다.

① EPCU 교체 전 자기진단 DTC 확인

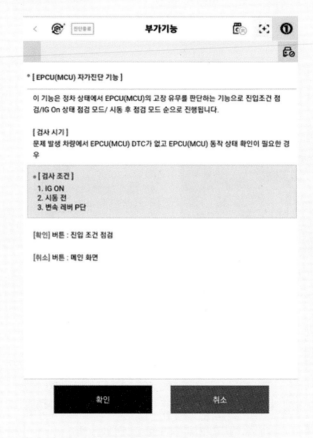

② EPCU 교체 후 차대번호 쓰기

③ LDC 활성화 테스트

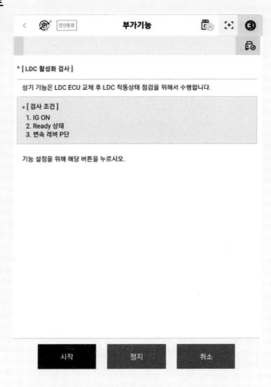

④ 전자식 워터 펌프(EWP) 구동

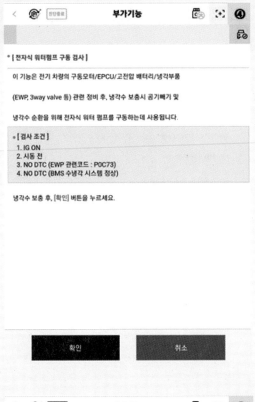

⑤ 레졸버 보정

※ EPCU 교환 후 작업 순서
  ① 교체 전 EPCU 자기진단: DTC 확인
  ② 차대번호 쓰기
  ③ LDC 활성화 테스트
  ④ EWP 구동
  ⑤ EPCU 자기진단(정상 확인)

(3) MCU(Motor Control Unit)

구동 모터 제어기인 MCU(인버터)는 전기자동차(EV)의 통합 제어기인 VCU에서 CAN 통신으로, 전기 모터의 구동 명령을 입력 받는다. 이때 고전압 배터리의 직류(DC) 전력을 전기 모터 구동을 위한 교류(AC) 전력으로 변환시키는 내부 인버터 회로를 통해 **구동 모터**를 최적으로 제어하는 제어기이다.

전기자동차(EV)에서 구동용 전기 모터의 토크 제어를 위한 인버터는 직류(DC) 전력을 교류(AC) 3상(U, V, W) 전력으로 변환시킨 후 제어 보드를 통해 제어 연산 및 고장 진단 기능을 수행한다.

MCU(인버터)는 전기자동차(EV)의 최상위 제어 유닛인 VCU에게 현재 모터의 회전수 및 온도, 인버터의 상태를 주기적으로 전달하고, 현재 차량의 주행에 적합한 토크 지령을 입력 받아 토크 제어를 수행하게 된다.

이를 위해 MCU(인버터)는 전류, 전압 및 구동 모터에 장착된 레졸버 센서를 통해 회전자의 위치 센서의 입력값을 기준으로 제어를 수행하게 되며, 제어의 결과값으로 PWM(Pulse Width Modulation)을 생성하여 전기 모터에 교류(AC) 전압, 전류를 공급하게 된다.

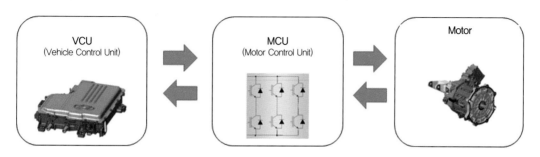

그림 4.15 ◉ MCU 구동 모터 제어

MCU(인버터)는 VCU의 토크 구동 명령에 따라 모터로 공급되는 **전류량을** 제어하고 고전압 배터리의 직류(DC) 전원을 교류(AC) 전원으로 변환시키는 **인버터**(Inverter)의 **기능을** 지니고 있다. 배터리 충전을 위해 구동 모터에서 회생 제동 기능을 통해 발생된 **교류**(AC) 전원을 **직류** (DC)로 **변환시키는 컨버터**(Converter)의 기능도 동시에 수행하게 된다.

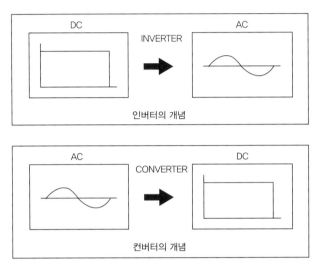

그림 4.16 ◉ 직류 교류 변환 개념

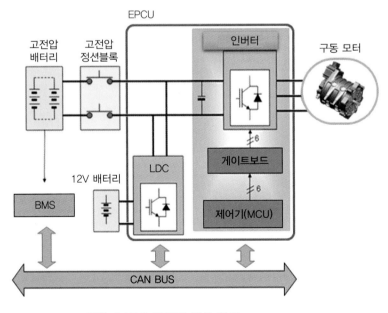

그림 4.17 ◉ 인버터 작동 원리

(4) LDC(Low DC-DC Converter)

전기자동차(EV)는 주행에 필요한 동력을 발생시키기 위해 고전압 배터리에 저장된 직류 (DC)의 고전원을 사용한다. 고전압 회로를 제어하는 제어기와 전장 시스템 및 각 제어 유닛 의 전원 전압을 공급하기 위한 저전압(DC 12V) 회로가 동시에 적용된다.

고전압 회로는 안전 법규 사항에 따라 고전압을 사용하는 전원 전기장치간 케이블의 절연 피복을 주황색으로 식별되게 적용하고 있다. 고전원의 (+), (−) 극성이 바뀌지 않도록 단자 또 는 커넥터를 적용하여 구동 모터와 전동식 컴프레서, PTC 히터 등 고전압 회로에 적용된다.

그 외 저전압 회로는 전기자동차 시스템과 제어 유닛 등 차량에 필요한 모든 전장 시스템 과 제어기들의 12V 저전압 회로의 전원 전압으로 사용된다.

LDC(Low Voltage DC-DC Converter)는 이러한 전장 부품 및 제어기 등 12V 저전압 회로 의 전원 **전압을 공급해주고 보조 배터리를 충전해주는** 역할을 하는 **전력 변환 장치**이다.

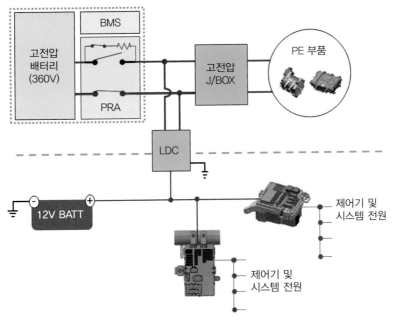

그림 4.18 ● 전기자동차에 적용된 저전압 고전압 회로

LDC는 고전압 배터리에 저장된 직류(DC)의 고전압을 차량 전장 부하에 사용 가능한 수준 인 12V로 변환하는 기능을 수행한다. LDC(Low voltage DC-DC Converter) 회로는 통합 전력 변환 제어기인 EPCU에 포함되어 있으며, 고전압 배터리의 전압을 저전압의 직류(DC 12V)로 변환하여 내연기관에 적용된 알터네이터와 같이 보조 배터리를 충전하는 역할을 하 며, 전기자동차(EV)의 12V의 저전압을 사용하는 전장 시스템의 전원을 공급하는 장치이다.

12V 배터리는 배터리 센서를 통해 EPCU 내부 구성 부품인 LDC로 LIN 통신을 통해 보조 배터리의 충전량 등의 정보를 보내면 이 신호를 가지고 VCU가 12V 저전압 보조 배터리의 충전상태를 연산하여 LDC는 출력 전압을 조절한다.

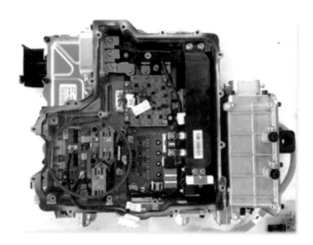

그림 4.19 ● EPCU 내부 LDC 회로 구성 위치

[표 4.2] LDC 입·출력 전압 및 역할

구 분	LDC
입 력	고전압 배터리 / 회생 제동(전기적 연결)
출 력	12V 배터리 / 전장부하
역 할	전장 부품 전원 공급 및 12V 보조배터리 충전
파워 흐름	구동모터/인버터 or 고전압 배터리-LDC-12V 부하

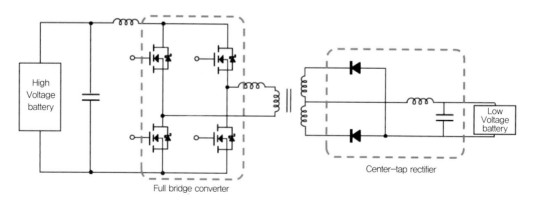

그림 4.20 ● LDC 회로

LDC 회로는 고전압 배터리에 저장된 직류(DC)의 고전압을 풀브릿지 회로를 통해 고주파의 교류(AC)로 변환하고, 트랜스포머 회로를 통해 저전압으로 변환시킨다. 이후 교류(AC)를 정류시킨 뒤 LC 회로를 통해 평활하여 저전압 배터리를 충전하는 회로를 구성해서 충전되게 된다.

(5) OBC(On Board Charger)

전기자동차(EV)의 차량 내 완속 충전기인 OBC는 외부 충전기(EVES)의 완속 충전 케이블을 충전 단자에 연결했을때 교류(AC) 220V를 내부의 필터회로, 정류회로, PFC(Power Factor Correction) boost converter 회로, bridge 회로, 정류기 및 컨버터 등을 통해 직류(DC)의 고전압으로 전력 변환 및 승압하는 역할을 한다.

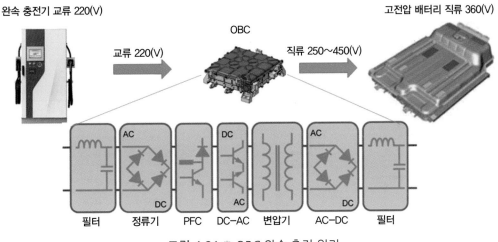

그림 4.21 ● OBC 완속 충전 원리

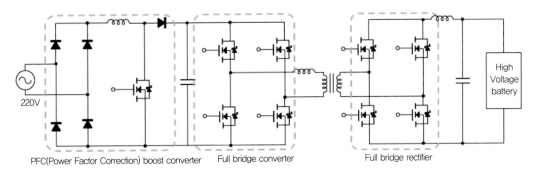

그림 4.22 ● OBC 회로도

OBC의 회로는 크게 3부분으로 나눌 수 있다. 완속 충전을 위해 외부 완속 충전기의 충전 케이블이 차량의 충전구에 체결되면 220V 교류(AC)가 OBC에 입력되면 PFC(Power Factor Correction) boost converter 회로의 브릿지 다이오드를 통해 전파 정류된다. 정류된 전압은 부스트 컨버터 회로를 통해 power factor를 높이고 전압을 승압시킨다.

승압된 전압은 풀브릿지 회로를 통해 고주파의 교류(AC)로 변환되고, 고주파의 교류 전압은 트랜스포머를 통해 높은 전압으로 변환된다. 변압기를 사용함으로써 220V 교류(AC)와 고전압 배터리를 물리적으로 절연시킬 수 있다.

이후 고전압의 교류는 풀브릿지 회로를 통해 정류되며, 정류된 파형은 LC 필터 회로를 통해 직류(DC) 전압으로 변환되어 고전압 배터리를 충전하게 된다.

차량의 충전구에 외부 충전기의 연결 및 충전 상태 확인을 위한 Power Detection (PD) 신호와 Control Pilot (CP) 신호 및 좌측 상단에 교류(AC) 220V +, − 입력부가 있음을 아래의 회로도를 통해 확인할 수 있다.

추가적으로 OBC는 Key Off 상태에서 충전 케이블 연결 시 충전에 필요한 제어기인 VCU, LDC, BMU 및 계기판 등을 Wake up 시키는 역할을 한다.

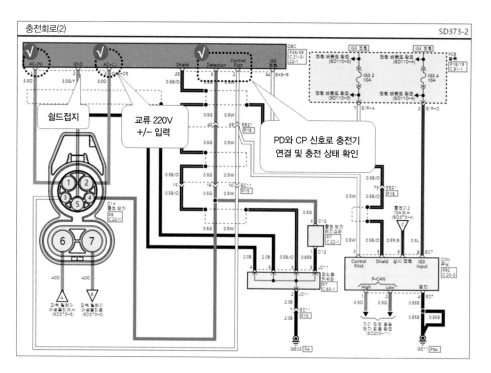

그림 4.23 ● 현대자동차 코나 전기차(OS EV)의 충전 회로

대부분의 충전은 Key Off 상태에서 진행되며, 이 조건에서 충전 케이블이 연결되면 BMU 가 깨어나 현재의 고전압 배터리 충전율(SOC)을 파악한다. VCU가 종합적으로 판단하여 계기 판에 충전 상태를 알려 줘야하는 등 시동 키는 Off 상태지만 충전에 필요한 제어기들은 깨어 나야 한다. 이 제어를 OBC가 IG3 릴레이 1번을 제어하여 각 제어기에 전원을 공급한다.

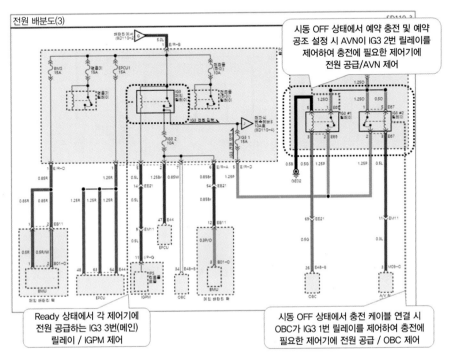

그림 4.23 ◉ 현대자동차 코나 전기차(OS EV)의 전원 배분도

IG3 릴레이는 총 3개가 구성되어 있으며 릴레이 1번은 OBC가, 2번은 AVN이 제어하며 릴레 이 3번은 IG3 메인 릴레이로 Key On 및 Ready 상태에서 IGPM이 제어하여 각 제어기에 전 원을 공급한다.

OBC 내부 고장이라면 대부분 완속 충전은 불가능하고, 급속 충전은 가능할 수 있다. 하지 만 충전 케이블 연결 및 충전 상태를 확인하는 PD 또는 CP 신호 관련 고장이라면 완속 및 급 속 모두 충전 불가능할 수 있다.

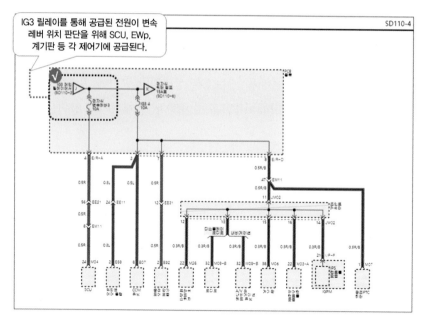

그림 4.24 ◈ 현대자동차 코나 전기차(OS EV)의 전원 배분도

(6) 커패시터(Capacitor)

커패시터는 콘덴서라고도 부른다. 두 개의 도체 사이에 절연체가 있는 구조로 전압을 통해 전기에너지를 저장한다.

커패시터 외부에 전압이 인가되면 내부 절연체가 반대 극성의 전하가 있는 쪽으로 위치가 정렬되어, 각 판쪽에 있는 절연체의 전하들이 반대 극성의 전하들을 당겨 금속판에는 전하들이 쌓이게 된다.

금속판에 동일한 극성의 전하가 쌓이면 쌓일수록 금속판 속의 전하간의 거리는 점점 작아져서 서로 미는 힘이 강해져 반대방향으로 전압이 증가하게 되는데, 외부에서 인가되는 전압과 같아질 때까지 서서히 증가하게 된다.

커패시터 외부의 전압이 내부 전압보다 작아지게 되면 커패시터 내부 전하간 미는 힘에 의해 전하들이 커패시터 외부로 이동하여 커패시터의 전압과 외부 전압이 같아질 때까지 커패시터는 외부로 전류를 흐르게 하는 전원이 된다.

전기자동차(EV)에서 고전압 배터리로부터 공급받은 고전원이 커패시터를 거쳐 인버터로 공급되며 고전압회로의 안정화 및 평활 기능, 구동 모터의 원활한 응답성 향상을 위해 전기자동차 고전압 회로에 장착되었다.

그림 4.25 ● EPCU 내부 커패시터

전기자동차(EV)는 Key off 조건인 PRA off 또는 안전플러그 차단 시 MCU 제어에 의해 커패시터에 저장된 고전압을 구동 모터 코일의 열로 1초 이내에 방전되도록 제어된다. 하지만 고전압 회로를 점검 및 정비하는 경우 안전을 위해 커패시터 내부에 저장된 고전압이 방전되는 약 5~10분정도의 대기 시간이 필요하다.

고전압이 차단되지만, 커패시터 내부에는 고전압 에너지가 저장되어 커패시터 에너지가 방전되기까지에는 약간의 시간이 필요한 의미이다. 과거 전기자동차에서는 커패시터의 에너지가 완전히 방전될 때까지 최대 5분~10분간 기다린 후 관련 작업을 해야 했다. 그러나 코나 전기차 이후 Key off 후 1초 이내에 60V 이하로 커패시터의 고전압 에너지를 방전되도록 법규로 지정되어 있다.

4 전기자동차(EV) 충전 시스템

(1) 개념 정리

전기자동차(EV)는 이차전지로 구성된 고전압 배터리를 충전하여 저장된 전기 에너지로 전기 모터를 구동하여 주행하는 자동차이다. 고전압 배터리에 저장된 전기에너지를 모두 사용하게 되면 주행이 불가능하므로 고전압 배터리가 완전 방전되기 전에 전기 에너지를 다시 충전하여 사용해야 한다.

전기자동차(EV)의 충전 방식은 완속 충전과 급속 충전 그리고 회생 제동 충전 방법으로 나눌

수 있다. 회생 제동을 통한 충전은 전기자동차가 주행 중 감속 시에 발생하는 운동에너지를 이용하여 전기 구동 모터를 발전기로 사용하여 고전압 배터리를 충전하는 기능을 말한다. 이외에 전기자동차를 충전하는 방법은 급속 충전과 완속 충전 방식으로 분류되며 고전압 배터리을 충전하는 흐름은 다음과 같다.

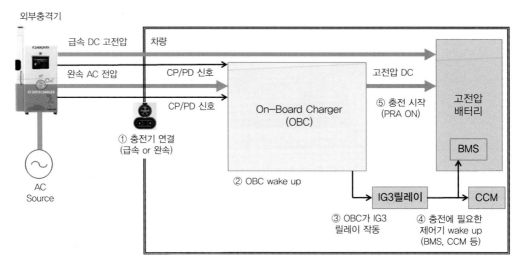

그림 4.26 ● 충전 전류 흐름도

외부 충전기를 이용해 전기자동차를 충전하는 충전시스템의 작동 흐름을 살펴보자. 외부 충전기의 충전 케이블을 차량의 충전 단자에 체결하면 차량으로 고전압 및 CP(Control Pilot), PD(Proximity Detection) 신호가 OBC로 전달된다. 이후 IG3 릴레이가 IG off 상태에서도 충전 회로 시스템에 작동 전원이 공급되어 충전이 시작된다.

CP(Control Pilot) 신호는 OBC와 외부 충전기간 통신을 주고 받는 신호 라인으로 출력되는 규정 전압은 충전기가 차량의 충전 단자에 연결되지 않으면 0V, 충전기가 연결 또는 충전 중이면 6V가 출력되고, 충전기를 차량의 충전 단자에 연결된 후 충전 준비 조건에서는 9V가 출력된다.

PD(Proximity Detection) 신호는 근접 감지 신호라고도 하며, OBC와 충전 케이블의 연결 유무를 확인하는 신호 라인이다.

규정 전압은 충전 케이블이 연결되면 1.5V가 출력되고, 충전 케이블을 탈거하면 4.5V가 출력된다. 또한 충전 케이블 해제를 위해 케이블 언락 버튼을 누르면 2.5V가 출력된다.

[표 4.3] 충전구 각 단자 구성 및 역할

구 분	콤보 1 충전구
이미지	단상(5핀+2핀), 내수/북미 적용
특 징	단상(5핀+2핀), 내수/북미 적용

구 분	콤보 1
1	AC 220V
2	AC 220V
3	PD 신호선
4	CP 신호선
5	접지
6	DC(+) 고전압(급속 전용)
7	DC(−) 고전압(급속 전용)

참고

- **CP(Control Pilot)** : 전기자동차와 외부 충전기(EVSE) 사이에 상호 모니터링 하는 역할을 하며 충전 커넥터의 연결 상태와 충전기 준비 상태 등을 전압과 PWM 신호로 확인하는 기능을 한다.

- **PD(Proximity Detection)** : 전기자동차의 근접 감지 신호로 충전구에 충전 케이블 커넥터가 체결 되었는지의 여부를 확인하는 신호 라인이다.

전기자동차(EV)의 고전압 배터리 충전은 IG off 상태에서 고전압 배터리 충전과 공조 장치 제어를 위해 각 제어기로 전원 공급이 필요하다. 이러한 IG off 상태에서 고전압 배터리 충전과 관련된 제어기인 OBC, AVN, VCU, 클러스터, FATC, IGPM 등 제어기 전원을 공급하는 역할을 하는 전기자동차에만 적용되는 IG3 릴레이가 적용되었다.

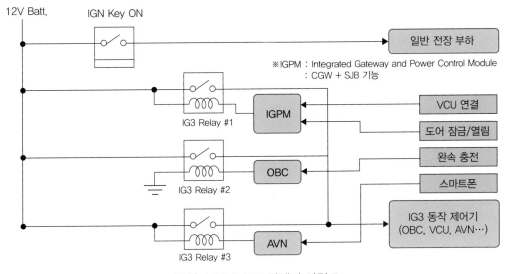

그림 4.27 ☀ IG3 릴레이 연결도

IG3 릴레이는 총 3개의 릴레이가 적용되었으며 각 릴레이는 병렬회로로 구성되어 어느 하나의 릴레이가 구동되면 각 제어기로 전원이 공급된다. 각 릴레이의 역할은 다음과 같다.

① IG3 1번 릴레이는 IGPM에 전원을 공급하는 목적으로 IG on 또는 도어 락, 언락 조건에서 AVN에 의한 예약 공조 및 예약 충전을 위해 전원을 공급하는 역할을 한다.

② IG3 2번 릴레이는 완속 또는 급속 충전기 연결 시 OBC에 전원을 공급하는 역할을 한다.

③ IG3 3번 릴레이는 커넥티드 서비스에 의한 원격 예약 공조 및 예약 충전 제어를 위해 AVN의 제어 전원을 공급해 준다.

모든 IG3 릴레이는 회로가 병렬로 연결되어 1개의 IG3 릴레이만 작동하여도 연관 제어기는 모두 Wake-Up되어 충전에 필요한 제어기에 전원을 공급하여 각 제어기를 활성화시킨다.

(2) 완속 충전

전기자동차(EV)의 완속 충전 방식은 외부 충전 전원인 교류(AC) 220V를 이용하여 충전 케이블을 차량의 충전 단자에 체결하여 전원을 공급한다. 차량 내 OBC를 통해 직류(DC) 전력으로 변환하고 약 800V 이상의 고전압으로 승압하여 고전압 배터리를 충전한다.

완속 충전 케이블은 Type 1 (단상) 충전구 커넥터을 사용하며 시간당 3~11kW를 충전할 수 있다.

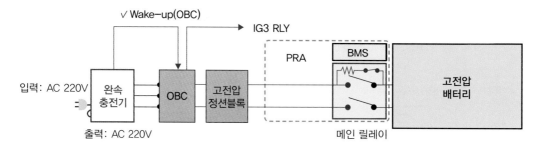

그림 4.28 ● 완속 충전 제어도

완속 충전 시 전원의 흐름을 살펴보면 완속 충전 케이블을 통해 공급되는 교류(AC) 220V 전원을 차량 내에 전력변환시스템으로 분류되는 OBC를 통해 충전하는 방식이다. 충전 시 IG3 릴레이가 작동해 충전에 필요한 제어기인 BMU, VCU 클러스터 등에 전원을 공급한다.

완속 충전은 BMS가 (+,−)메인 릴레이만 작동하며 충전은 충전율(SOC) 97%까지 표시가 된다.

충전 시간은 고전압 배터리 상태 및 외기 온도에 따라 상이하다. 코나 전기차 기준 SOC 0~100%까지 충전이 완료되는 시간은 고전압 배터리의 사양이 기본형을 기준으로 약 6시간에서 최대 10시간까지 소요된다.

[표 4.4] 완속 충전 방식 충전구 종류

구 분	Type 1 (단상)	Type 2 (3상)
이미지		
적용국가	북미, 내수	유럽
충전조건	AC 120V 12A AC 240V 16/32A	AC 230V 16/32,63A
충전용량 (입력기준)	최대 7.7 KW	최소 11 KW 최대 43 KW
통신방법	CP(Control Pilot)	
특 징	유럽을 제외하고 세계적으로 널리 사용	3상 교류를 이용하면 충전속도 증가

완속 충전에는 컨덕티브 방식과 인덕티브 방식으로 구분한다. 컨덕티브 완속 충전 방식은 입력 전압을 교류(AC)전압으로, 정류부에서 교류(AC) 전압을 직류(DC)전압으로 변환하는 회로를 구성하며 역률개선 회로를 구성하는 PFC(Power Factor Correction)부에서 액티브 필터로 역률을 조정한다.

이후 인버터로 고주파 교류로 변경한 후에 직류(DC)를 교류(AC)로 변환하여 출력하게 된다. 이는 스위칭 회로가 직렬로 이중으로 접속되어 있어 회로가 복잡하고 가격이 비싼 단점을 가지고 있다.

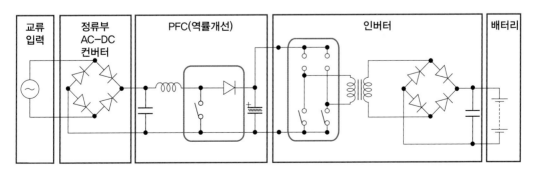

그림 4-29 ✸ 컨덕티브 방식 완속 충전 회로

(3) 급속 충전

전기자동차(EV)의 급속 충전은 외부 급속 충전기에서 **직류(DC) 고전압을 직접 고전압 배터리로 공급**하는 방식이다. 고전압 정선 블록 내부에 장착되어 있는 급속 충전 전용 (+), (−) 릴레이가 작동하여 고전압 배터리로 고전원이 공급된다.

이때 OBC는 관여하지 않으며 IG3 릴레이가 작동해 충전에 필요한 제어기들에 전원을 공급하여, 각 제어기는 wake up되어 급속 충전기를 이용하여 고전압 배터리로 급속 충전이 시작된다.

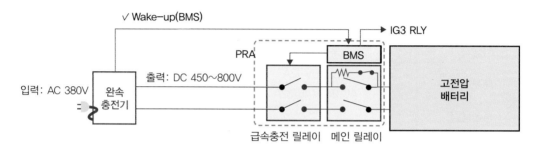

그림 4.30 ◉ 급속 충전 제어도

급속 충전 방식은 외부 급속 충전기에서 전력 변환된 직류(DC) 고전압을 전기자동차의 고전압 배터리가 직접 공급받는 방식으로 충전 커넥터는 콤보1 타입이 2017년도에 국내 표준으로 정해졌다.

급속 충전 방식의 전원 흐름을 살펴보면 급속 충전기의 충전 케이블을 차량의 충전 단자에 연결하면 PRA 내부 급속 충전 릴레이가 작동하여 전원을 공급하며 이때 완속 충전 시와 마찬가지로 CP, PD 신호가 OBC로 전달된다.

OBC가 Wake up되는 동시에 IG3 릴레이가 작동되며 충전에 필요한 제어기들에 전원을 공급한다. 충전은 충전율(SOC) 97%(AVN 100% 표시)까지 가능하며 AVN에서 충전량 설정이 가능하고 충전 시간은 고전압 배터리 온도, 전압 등의 상태 정보와 외기 온도 등에 따라 상이하게 된다.

급속 충전기는 완속 충전기 대비 높은 전력으로 충전하며 대부분 50KW 또는 100kW급 충전기가 설치되어 있고, 최근에는 350kW급 초고속 충전기(E_pit)도 설치되고 있다. 우리나라에서 생산된 초기의 전기자동차는 차데모 타입 급속 충전 규격을 사용했지만, 최대 충전 전력이 50kW로 DC 콤보 1타입에 비해 낮고, 완속 충전구와 급속 충전구를 별도로 적용하여 충전시 충전 방식에 따라 충전구를 다르게 사용해야하는 불편한 점과 디자인적으로도 단점도 있었다.

이러한 이유로 한국 국가 표준원에서는 2017년 DC 콤보 1타입을 대한민국 표준 충전 타입으로 결정하였고, 아이오닉 EV(AE 17MY) 이후 국내에서 출시되는 모든 전기자동차(EV)의 충전 단자는 DC 콤보 1 타입을 적용하고 있다.

다음의 표는 충전 단자별 사양과 적용 국가와 특징을 기술하였다.

[표 4.5] 급속 충전 방식 충전구 종류

구 분	DC Combo (Type 1)	DC Combo (Type 2)	CHAdeMO
이미지			
사용국가	한국/북미	유럽	구 사양
충전조건	120A(50kw) 172A(100kw)		
충전용량 (입력기준)	50 / 100kw		
통신방법	PLC(Power Line Communication)		CAN (Controller Area Network)
특 징	• Type 1 / Type 2를 그대로 사용할 수 있음 • 완속 충전 가능		• 인프라 구축 높음 • 완속 충전 인렛 별도 필요

급속 충전 방식은 정전류 충전 방식과 정전압 충전 방식으로 두가지 충전 방식을 복합하는 정전류–정전압 방식으로 고전압 배터리를 충전하게 된다.

주로 리튬–이온계 고전압 배터리를 충전 때 적용되는 충전 방식으로 초기 정전류(CC) 충전 방식으로 충전이 이루어지고 고전압 배터리의 SOC가 약 80%에서 정전압(CV) 충전 방식으로 고전압 배터리를 충전하게 되는 방식이다. 전기자동차에서는 충전 속도가 빠르고, 안정적인 충전이 가능하여야 하므로 정전류(CC), 정전류(CV) 혼합 방식을 적용하여 충전에 사용된다.

정전류 충전 방식은 충전 전류를 일정하게 설정하여 충전하는 방식으로 충전하며 전류를 상승시키며 충전하는 방식이고, 정전압 충전 방식은 충전 전압을 일정하게 설정하여 충전하는 방식으로 충전하며 충전 전류량을 감소시키는 방식이다.

앞서 설명한 바와같이 전기자동차의 고전압 배터리를 충전하는 방식인 정전류(CC), 정전압(CV) 충전 방식은 충전 초기 정전류(CC) 충전 방법으로 충전하다가 일정 SOC에 도달하면 정전압 충전으로 변경한다.

이처럼 정전류 정전압 충전 방식이 적용된 이유를 예를 들어 살펴보면 물통에 물을 빠르게 채우기 위해 초기에는 수도 꼭지의 물을 강하게 틀고(정전류 CC 충전 구간), 물통의 물이 거의 다 찼을 경우 수도 꼭지를 서서히 잠궈(정전압 CV 충전 구간) 넘치지 않게 물을 가득 담을 수 있다. 즉, 정전류(CC) 충전 구간은 빠르게 충전하여 충전 시간을 단축하고, 정전압(CV) 충전 구간에서는 충전량 제어를 원활하게 하기 해 전기자동차 뿐만 아니라 대부분의 리튬이온계 고전압 배터리 충전은 정전류(CC)-정전압(CV) 복합 충전 방식을 채택하고 있다.

정전류(CC)-정전압(CV) 충전은 기본적인 개념으로 실차에서는 정전류(CC) 구간이지만 고전압 배터리의 현재 온도와 충전율(SOC) 및 배터리 노화율(SOH) 등에 따라 고전압 배터리로 충전되는 전류는 변화될 수 있다. 그리고 급속 충전 중 고전압 배터리 충전율(SOC) 약 80%에 충전 속도가 감소되는 것도 정전류(CC)-정전압(CV) 구간 변경에 의한 충전 방식이 변경되기 때문이다.

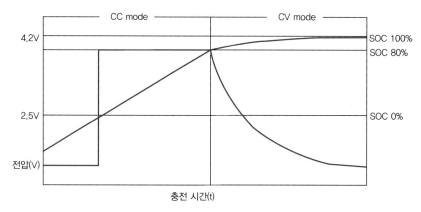

그림 4.31 ● 정전압 정전류 충전 방식 그래프

참 고 ......

- **CC(Constant Current) 충전** : 정전류 충전 방식이며 고전압 배터리 충전 시 일전한 전류를 공급하는 충전모드이며 지정한 전류(A)로 충전

- **CV(Constant Voltage) 충전** : 정전압 충전 방식이며 고전압 배터리 충전 시 일정한 전압을 공급하는 충전모드이며 지정한 전압(V)으로 충전

05 열관리 시스템

1 전기자동차(EV) 열관리 시스템

(1) 개념 정리

전기자동차(EV)는 내연 기관인 엔진 대신 고전압 배터리와 구동 모터, 차량용 완속 충전기(OBC) , MCU(인버터), LDC, 통합충전제어장치(ICCU) 등 전력 변환 시스템과 전력 제어 시스템이 적용되어 주행하는 자동차이다.

내연기관 자동차는 엔진을 이용해 동력을 발생시키므로 동력 발생 시 연료를 연소시켜 생긴 많은 열이 발생되므로 냉각 장치가 필수적으로 적용되지만, 전기자동차의 경우 고전압 배터리, 구동 모터, 인버터 등에서 내연기관의 엔진에 비해 많은 열이 발생되지 않는다. 그러나 열관리 및 냉각 제어를 하지 않으면 열손실이 발생되고 이는 동력 손실 또는 효율 저하의 원인이 될 수 있다.

구동 모터를 예로 들어보면 현대자동차에서 출시되고 있는 아이오닉6 전기자동차의 후륜 구동 모터의 출력은 168kw이다. 구동 모터 효율이 약 90%라고 가정하였을 때 구동 모터로 입력되는 전력은 188.4kw이고 나머지 16.8kw는 대부분 열로 인해 발생되는 효율 저하이다.

전기자동차(EV)에서 열관리 시스템은 이러한 열로 발생되는 손실을 최소화하기 위해 발생되는 열을 냉각하여 고전압 배터리 및 구동 모터와 전력 변환 시스템이 안정적으로 작동할 수 있도록 제어한다.

전기자동차(EV)의 열관리 시스템을 분류해 보면 PE(Power Electric) 시스템의 전력 변환 시스템의 구성 부품의 냉각 제어와 고전압 배터리 온도 제어 및 실내 공조 시스템의 온도 제어 목적의 3가지 열관리 제어 시스템으로 구분할 수 있다.

① PE 시스템의 구성 부품의 열관리 시스템은 전기자동차(EV)의 각종 전력변환 장치 및 구동 모터의 냉각을 담당하고 냉각수를 열교환 매개체로 사용한다. PE 냉각수가 전력 변환 시스템의 구성 부품에서 발생되는 열을 흡수하여 라디에이터를 이용해 외부로 방열시킨다.

116

② 고전압 배터리 열관리 시스템으로 고전압 배터리가 최상의 효율을 발휘할 수 있는 적정 온도 구간인 약 25~35℃를 유지하기 위해 승온 및 냉각을 담당하는 시스템을 구성하고 있다. 고전압 배터리 전용 절연 냉각수를 적용하여 냉각을 위한 열을 흡수한다. 승온을 위한 승온 히터의 발열을 이용하여 온도가 상승된 냉각수를 고전압 배터리의 냉각 라인으로 전달하고 고전압 배터리의 온도를 상승시킨다. 또한 충전 또는 방전 시 고전압 배터리에서 발생되는 열을 배터리 칠러(battery chiller)가 흡수하여 냉매로 방열시켜 고전압 배터리의 온도를 유지시킨다.

③ 실내 공조 시스템은 사용자가 원하는 실내 온도에 맞춰 실내 난방 및 냉방 시스템을 구성한다. 열교환 방법으로 냉방 시에는 냉매의 액상에서 기상으로 변환하는 상 변환에 의해 열을 흡수한다. 난방 작동 시에는 PTC 히터의 작동에 의해 열을 방출하고 히트 펌프 시스템을 적용한다. 냉매는 압축과 응축 과정을 거쳐 온도가 높아지면 뜨거워진 냉매는 실외기를 통해 열을 배출하여 실내 공조 시스템을 구성하면서 실내 온도를 제어한다.

[표 5.1] 전기자동차(EV) 열 관리 시스템 분류

구 분	PE 열관리 시스템	고전압 배터리 열관리 시스템	실내 공조 시스템
열관리 대상	[인버터,구동모터, 전력변환 장치]	[고전압 배터리]	[실 내]
열 관리 목적	전력변환 및 구동 모터의 효율 증대를 위한 적정 온도 유지	고전압 배터리 효율 증대를 위한 적정 온도 유지	전기자동차 실내 쾌적한 환경을 위한 적정 온도 유지
목표 온도	약 65 ℃	약 25 ℃	사용자 설정 온도

현대자동차에서 출시되는 전기자동차(EV)의 열관리 시스템을 살펴보면 전기자동차 전용 플랫폼(E-GMP)이 적용되기 이전의 전기자동차(EV)는 전력변환 시스템 냉각과 고전압 배터리의 냉각 회로를 공용으로 사용하였다. 그러나 전력변환 장치에 비해 고전압 배터리는 최적

으로 성능을 발휘하는 제어 온도 구간이 더 낮기 때문에 전기자동차(EV) 전용 플랫폼 (E-GMP)이 적용된 이후부터는 전기자동차에서 고전압을 사용하는 PE 부품 냉각회로와 고전압 배터리 냉각회로를 분리시켜 각 시스템별로 열관리를 한다.

그에 따라 냉매 회로는 두개의 컨덴서가 장착되어 있다. 에어컨 작동 시에는 수냉식 컨덴서와 공랭식 컨덴서 모두 열교환을 하여 냉매가 방열하게 되며, 히트펌프 작동 시에는 수냉식 컨덴서가 증발기 역할을 하게 된다.

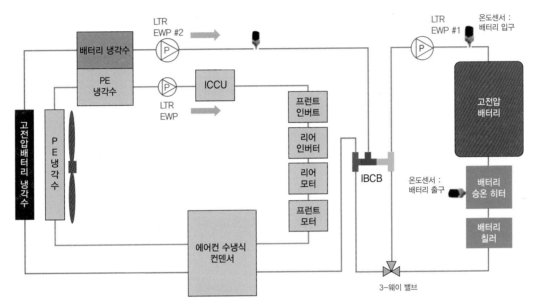

그림 5.1 ● 전기차 전용 플랫폼 E-GMP 적용 이후 차종의 열관리 시스템 구성도

2 전기자동차(EV) 고전압 PE(Power Electric) 열관리 시스템

(2) 개념 정리

고전압 PE(Power Electric) 열관리 시스템은 전기자동차(EV)의 열관리 시스템에서 고전압을 사용하는 시스템으로 구성된 PE(Power Electric)시스템의 열관리 시스템으로 현대자동차의 전기자동차 전용 플랫폼인 E-GMP에 적용되었다. 인버터, ICCU와 구동 모터 오일 쿨러는 냉각수에 의해 냉각되고, 일체형인 구동 모터와 감속기는 내부 감속기 오일에 의해 구동 중에 발생되는 열을 냉각하게 된다.

내연 기관처럼 엔진의 동력에 의해 회전하는 냉각수 펌프 대신에 전동식 냉각수 펌프 (EWP)가 적용되었다. PE 냉각수의 온도 제어는 전륜, 후륜 모터의 온도 센서의 신호에 의해 MCU가 최적의 온도로 제어하게 된다.

PE 열관리 시스템의 냉각수 흐름을 살펴보면 히트펌프 작동 시 PE 부품에서 발생된 열을 에어컨 컨덴서의 열교환기에서 에어컨 냉매에 전달되어 차량의 실내 난방 열원으로 활용된다. 차량 실내 난방을 위해 열이 필요하므로 라디에이터를 거쳐서 냉각시키지 않고 3WAY 밸브에 의해 바이 패스되어 바로 PE 리저버로 순환시킨다.

히트펌프 미작동 조건에서는 PE부품에서 발생된 열을 냉각시켜야 하므로, 라디에이터로 냉각수를 순환시켜 라디에이터에 의해 뜨거워진 냉각수를 냉각시킨다.

이때 쿨링 팬이 작동되고 액티브 에어 플랩(AAF)이 오픈되어 외부 공기와 라디에이터에서 순환되며 냉각되는 냉각수의 열교환이 원활하게 이루어질 수 있도록 해준다.

리저버 전단에 위치한 3WAY밸브는 DATC 제어로 작동된다. 각 제어기들의 온도값은 통신을 통해 받기 때문에 별도의 냉각수온 센서가 장착되지 않는다.

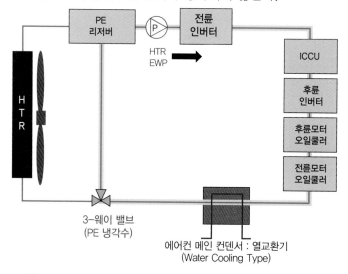

그림 5.2 ◉ E-GMP 적용 차종 고전압 PE 열관리 시스템 구성도

PE 열관리 시스템의 구성 부품들을 살펴보면 **냉각팬, 액티브에어플랩(AAF), 전동식 워터펌프 (EWP),** 구동 모터에 장착된 **전동식 오일펌프(EOP)**로 구성된다.

① 라디에이터 냉각 팬은 라디에이터 쿨링 모듈 뒤에 설치되어 풍량을 조절하여 PE 전력변환 시스템의 냉각용 라디에이터와 고전압 배터리 냉각용 라디에이터에서 냉각수를 냉각시키며, 공랭식 컨덴서의 냉매로 열 교환을 원활하게 해준다.

② PE 전력변환 시스템의 구성 부품 및 BMU, DATC 의 요청에 의해 리어 MCU가 PWM 듀티 제어값으로 라디에이터 팬의 풍량을 제어한다. 팬이 미구동되고 있는 상태에서는 PWM 듀티값이 약 10% 정도 유지하다가 진단 장비를 이용하여 리어 MCU에서 라디에이터 팬의

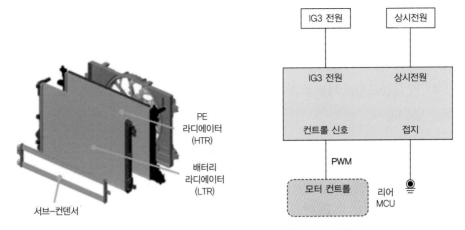

그림 5.3 ◉ 라디에이터 쿨링 팬 및 회로 구성도

강제 구동을 실시하면 PWM 듀티값이 약 72% 수준으로 변하면서 팬이 동작된다.

③ **액티브 에어 플랩**(AAF Active Air Flap)은 차량 라디에이터 그릴 안쪽에 설치되어 외부 공기의 유입량을 조절하는 장치이다. 플랩을 열면 외부 공기가 라디에이터로 유입되어 냉각수의 온도를 낮추고 플랩을 닫으면 공기저항을 감소시켜 전비를 향상시킬 수 있다.

④ **PE 전력변환 부품들의 온도 상태** 및 BMU, DATC의 요청에 의해 리어 MCU가 LIN통신으로 제어한다. 리어 MCU에서 LIN 통신으로 플랩의 열림과 닫힘 상태의 목표 위치를 요청하면, 액티브 에어 플랩(AAF)은 명령을 수행하고 플랩의 현재 상태를 피드백 해준다.

그 외 회로 및 플랩의 오작동과 관련된 고장 정보들도 같이 피드백해준다. 액티브 에어 플랩(AAF)의 강제 구동은 열림, 닫힘, 자동 3가지 항목이 있어 진단장비로 작동 여부를 확인할 수 있으며, 이 중 자동 모드를 실행하면 주기적으로 열림과 닫힘을 반복하게 된다.

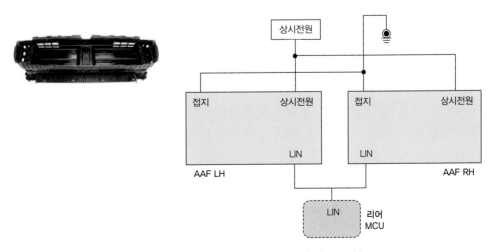

그림 5.4 액티브 에어 플랩(AAF) 및 회로 구성도

⑤ PE 열관리 시스템에서 전동식 워터펌프(EWP: Electric Water Pump)는 전기자동차 시스템 중에서 인버터, ICCU, 구동 모터의 오일 쿨러 내부로 냉각수를 순환시켜 구성 부품들을 냉각시키는 장치이다. 개별 부품의 온도가 한계점을 넘으면 EWP 동작을 위해 MCU에서 EWP에 작동신호를 보내고 일정 온도 이하로 떨어지면 작동중지 신호를 보내 EWP의 작동을 멈춘다.

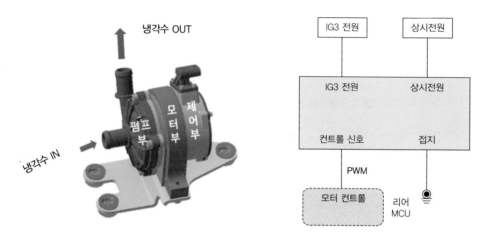

그림 5.5 ❋ 전기식 워터 펌프(EWP) 및 회로 구성도

EWP는 MCU가 고장 여부를 판단할 수 있도록 LIN 통신 신호 선을 통해 정상 작동 여부를 알려주게 된다. 조건에 따라 RPM을 제어하여 유량을 조절한다. 리어 MCU에서 LIN 통신으로 목표 RPM을 요청하면, EWP는 명령을 수행하고 현재 RPM을 피드백 해준다. 그 외 피드백 항목에는 구동전압, 구동전류 및 고장 정보들이 담겨있다. 이런 정보들을 기반으로 냉각수 부족에 대한 진단도 수행한다.

냉각수가 부족하여 EWP를 통과하는 유량이 작아져서 EWP의 소모 전류가 낮아지면 클러스터에 "인버터 냉각수를 보충하십시오"라는 점검 문구가 점등되며, 과열 방지를 위해 출력이 제한될 수도 있다.

참고적으로, 냉각수가 어느 정도 있는지 보조 냉각수 탱크에 냉각수양 레벨 측정 시스템이 적용되지 않았으나 냉각수 양 확인은 EWP를 구동했을 때 냉각수가 부족하거나 공기가 많다면, EWP의 회전수가 정상보다 빠를 것이며 이 회전수로 간접 판단을 하여 경고 문구를 출력시킨다.

그리고 고전압 배터리 과온 또는 인버터 과온 관련 고장코드 출력 및 출력 제한 경고등 점등 시 제어기 자체 문제 보다는 대부분 EWP 작동 불량과 냉각 라인 막힘 및 공기빼기 불량에 의한 냉각 성능 저하에 의해 발생된다.

참고

진단 장비를 이용한 전자식 워터 펌프(EWP) 공기빼기 작업 방법

① MCU 부가기능 중 [전자식 워터 펌프 구동 검사] 진입

② 검사 조건 확인 후 [확인]

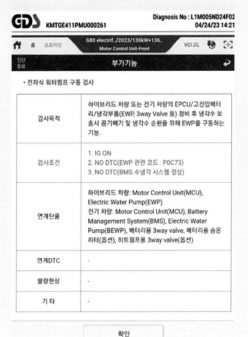

③ PE 냉각수 공기빼기 작업 (냉각수 교환 후)

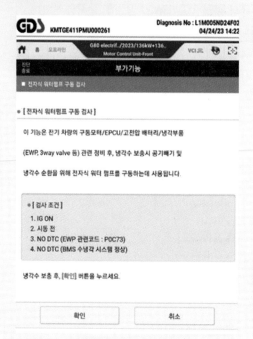

④ EWP 구동 및 냉각수 순환시작

⑤ 리저버 탱크에 냉각수 부족 시 냉각수 보충 후 작업 재 실시

EWP의 점검 방법은 진단 장비를 이용해 부가기능을 통해 EWP를 강제 구동 시켜 작동 여부를 확인할 수 있다. 만약 냉각수 교환 작업을 했다면 냉각 라인의 공기빼기 작업을 위해 반드시 이 기능을 수행해 주어야 한다.

PE 열관리 시스템 중 구동 모터의 냉각 방식은 국내 현대자동차의 전기자동차 전용 플랫폼인 E-GMP가 적용된 이후 출시된 차량부터 높은 성능의 고 RPM의 출력 특성을 갖는 구동 모터를 적용하여 이에 대응하기 위해 구동 모터 냉각 방식이 수냉식에서 유냉식으로 변경되었다.

구동 모터 내의 워터 자켓으로 냉각수를 순환하는 간접 냉각 방식에서 감속기 오일을 이용한 **직접 냉각 방식**으로 변경되면서 냉각 효율이 증대 되었고, 이 과정에서 **오일 쿨러와 오일 순환**을 위한 EOP(Eletronic Oil Pump)가 추가되었다.

[표 5.2] 구동 모터 냉각 시스템 비교

항 목	구동모터 수냉식 냉각방법 (간접냉각)	구동모터 유냉식 냉각방법 (직접냉각)
구 조	워터자켓 IN OUT	유냉 직접 오일쿨러 EOP 오일 필터 일체형 모터/감속기
냉각회로	리저버 EWP 인버터 라디에이터 PE 냉각수 OBC 구동모터	리저버 EWP 인버터 라디에이터 PE 냉각수 감속기 오일 OBC 모터 오일쿨러 구동모터

EOP(Eletronic Oil Pump)는 전기자동차(EV)의 구동 모터 냉각용 오일을 공급하기 위해 적용된 **전동식 오일 펌프**이다.

높은 유압 형성이 불필요하기 때문에 12V 저전압의 전원 회로로 적용되었으며, 제어기 일체형 구조로 모터 회전을 구동력으로 펌프가 회전하여 감속기와 일체형으로 조립된 구동 모터까지 감속기 오일을 순환시키는 역할을 한다.

감속기 오일은 구동 모터를 직접 냉각시킨 후 순환하여 구동 모터 오일 쿨러에서 PE 냉각수와 열교환을 한다.

리어 MCU에서 LIN 통신으로 EOP(Eletronic Oil Pump)의 목표 RPM을 요청하면, EOP(Eletronic Oil Pump)는 명령을 수행하고 현재 RPM을 피드백 해준다. 그 외 피드백 항목에는 구동 전류와 토크 및 고장 코드 정보 등이 담겨있다.

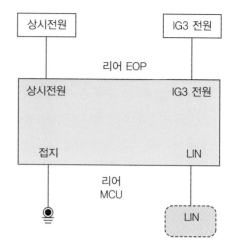

그림 5.6 ◉ 구동 모터와 감속기 일체형 유냉 시스템 EOP 장착 위치 및 회로 구성도

구동 모터의 냉각이 필요한 이유는 영구 자석형 모터의 경우 희토류 자석은 온도에 취약한 특성이 있어 **불가역 감자**(demagnetization) **현상**이 발생될 수 있기 때문이다.

여기서 감자 현상은 온도가 높아지면 자석의 세기가 약해지는 현상을 의미하고 온도가 낮아지면 다시 자석의 세기가 돌아와야 하지만, 온도가 너무 높아지게 되어 자석의 세기가 약해진 상태로 고착되어 버리는 불가역 현상을 의미한다.

구동 모터의 권선이나 전력 변환 부품은 작동 중 필연적으로 열이 발생하게 되는데 발생된 열은 대부분 저항의 성질을 의미한다.

이로 인해 허용 전류보다 낮은 전류가 흐르게 되어 출력이 낮아지게 된다. 따라서 냉각을 하게 되면 허용전류 보다 더 많은 전류를 흐르게 할 수 있어서 구동 모터의 출력을 높일 수 있다. 즉, 전력 밀도를 높일 수 있다는 의미이다. 또한 구동 모터 내부의 베어링과 같은 구동 부품들은 높은 열에 지속적으로 노출되면 수명이 줄어드는 내구성 측면에서도 불리할 수 있으므로 효율적인 냉각이 필요하다.

3 전기자동차(EV) 고전압 배터리 열관리 시스템

(1) 개념 정리

전기자동차(EV)의 고전압 배터리 열관리 시스템은 고전압 배터리의 충전 및 방전 효율의 증대를 위해 고전압 배터리가 최적의 성능을 발휘할 수 있는 고전압 배터리의 온도로 유지시켜주는 기능을 한다.

전기자동차에 탑재된 리튬이온 배터리에 최적의 작동 온도는 25~45℃ 구간이다. 만약 고전압 배터리의 작동 온도가 최적 온도 대비 현저히 낮거나 높다면 충전 완료 후 주행가능 거리가 감소하거나 고전압 배터리 내구 수명이 감소될 수 있다.

특히 짧은 시간 동안 많은 양의 전기에너지의 충전이 필요한 급속 충전의 조건에서는 고전압 배터리의 온도 관리가 더욱 중요하다.

저온에서는 고전압 배터리를 구성하는 리튬 이온 배터리 내부 전해액의 온도 저하로 리튬이온의 이동 성능이 저하되어 충전 효율이 떨어지며, 고온에서는 이상 발열로 인한 발화의 가능성이 커지고 리튬 이온 배터리의 내구성 저하의 직접적인 원인이 되기 때문이다.

라디에이터와 고전압 배터리 입구, 승온 히터 및 고전압 배터리 출구 측의 냉각수 온도를 온도 센서로 측정하여 **저부하 냉각 시**에는 고전압 배터리에서 발생되는 열을 고전압 배터리 냉각수용 라디에이터로 순환시켜 열을 방출시킨다. **고부하 냉각 시**에는 DATC(Dual Automatic Temperature Control)가 배터리 칠러의 팽창밸브를 구동시켜 고전압 배터리 칠러에서 고전압 배터리 냉각용 냉각수의 열을 냉매로 방출하게 된다.

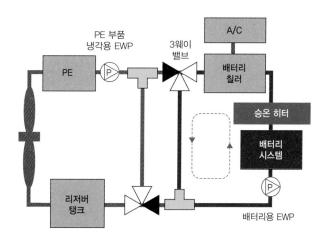

그림 5.7 ● 고전압 배터리 열관리 시스템 계통도

또한 혹한기와 같이 외부 온도가 낮아져서 고전압 배터리의 온도가 낮아질 때는 승온 히터를 구동시켜 냉각수를 이용해 고전압 배터리의 온도를 최적의 성능을 발휘하는 적정 온도(약 25℃)까지 상승시켜 고전압 배터리에 저장된 전기에너지의 충전 및 방전을 원활하게 해주는 역할을 한다.

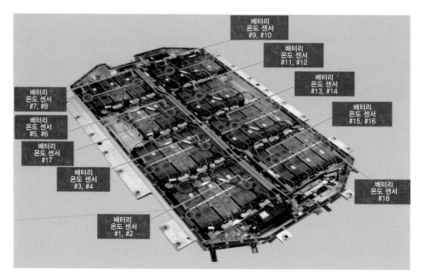

그림 5.8 ◉ E-GMP 고전압 배터리 내부 온도 센서 장착 위치

고전압 배터리 냉각 회로는 고전압 배터리 내부 온도 및 냉각 라인에 장착된 냉각수온 센서를 통해 냉각수 온도를 감지하여 냉각 회로를 조건에 따라 통합 또는 분리 제어된다.

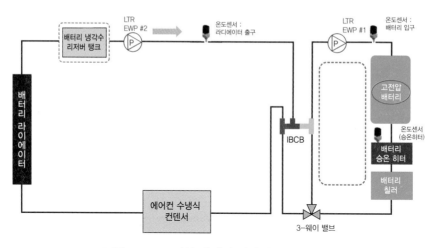

그림 5.9 ◉ 고전압 배터리 열관리 시스템 회로

고전압 배터리 열관리 시스템의 분리 모드 작동 조건은 고전압 배터리를 제어하는 제어기인 BMU가 고전압 배터리 온도 및 냉각수 온도를 확인하여, 3WAY 밸브 및 EWP를 구동시켜 분리 모드로 냉각수를 순환시킨다. 라디에이터 출구 측 냉각수 온도가 고전압 배터리 내부의 기준 온도인 약 32~36C 보다 높거나 배터리 칠러 및 승온 히터 동작 시 분리 모드로 냉각 제어한다.

분리 모드 제어 시 3WAY 밸브는 배터리 EWP #1으로 작동시키며 EWP #1은 냉각수 순환을 하기 위해 BMU의 명령에 따라 RPM을 조절한다. 분리 모드 동작 시 EWP #2는 수냉식 컨덴서의 열교환을 위해 DATC의 요청에 맞춰 RPM을 제어하게 된다.

고전압 배터리 열관리 시스템의 **통합 모드** 작동 조건은 고전압 배터리를 제어하는 제어기인 BMU가 배터리 온도 및 냉각수 온도 조건을 확인하여야 한다. 고전압 배터리 내부 온도가 32℃ ~ 36℃일 경우와 라디에이터 출구 측 냉각수 온도가 고전압 배터리 온도보다 낮을 때 외기를 이용해 고전압 배터리의 냉각이 가능하다고 판단되는 경우 고전압 배터리 열관리 시스템을 통합 모드로 동작하게 된다.

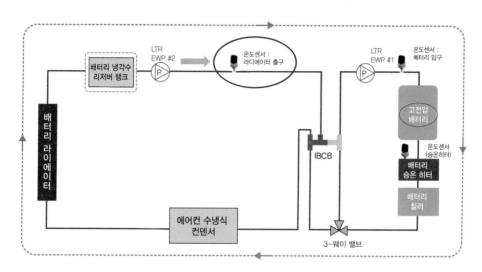

그림 5.10 ● 고전압 배터리 열관리 시스템 통합 회로

통합 모드 동작 시 3WAY 밸브는 라디에이터 방향으로 작동시키며 EWP #1과 EWP #2는 통합 냉각수 순환을 위해 BMU의 명령에 따라 RPM을 조절한다. 냉각수는 고전압 배터리의 열을 흡수하여 수냉식 컨덴서 및 배터리 라디에이터로 방열시킨다.

고전압 배터리 열관리 시스템 관련 구성 부품을 살펴보면 고전압 배터리의 적정 온도를 유지하기 위해 냉각수를 순환시키는 전동식 워터펌프(EWP)는 고전압 배터리 순환용으로 리저버 탱크 하단부에 위치한다.

그림 5.11 ● 아이오닉 5(NE EV) 전동식 워터펌프(EWP) #1, #2 장착 위치

고전압 배터리 제어기인 BMU는 고전압 배터리의 적정 온도 유지와 최상의 효율을 발휘할 수 있는 온도를 유지하는 기능을 담당한다.

고전압 배터리 모듈 단위에 장착된 온도 센서(#1)와 고전압 배터리 내·외부 냉각수 라인에 장착된 냉각수온 센서에서 측정된 냉각수 온도를 기반으로 EWP에게 목표 RPM 명령값을 LIN통신을 통해 전송하면 EWP는 현재 RPM 정보 및 각종 고장 진단 내용들을 피드백 한다.

고전압 배터리 열관리를 위한 냉각라인 점검 수리 및 냉각수 교환 후에는 반드시 진단 장비를 이용하여 부가기능 항목 중 BMU 제어기의 강제 구동을 통해 배터리 EWP 구동(냉각유로 공기제거/냉각수 순환용)을 실시하여 공기빼기 작업을 해주어야 한다.

앞서 설명한 바와 같이 전기자동차(EV) 고전압 배터리는 리튬이온 배터리를 많이 사용하는데, 다른 물질에 비해 에너지 밀도가 높고, 가벼운 장점이 있기 때문이다.

전기자동차(EV)에 전기에너지를 공급하기 위한 고전압 리튬이온 배터리는 충·방전에 따라 많은 열이 발생한다. 발열로 인하여 배터리의 온도가 증가함과 동시에 배터리 내부의 전기화학반응을 촉진하여 배터리의 충전량(SOC)과 전압은 낮은 온도 조건 대비 증가하는 경향이 있다. 하지만 지나치게 높은 온도는 배터리 성능 및 배터리의 수명에 악영향을 미친다.

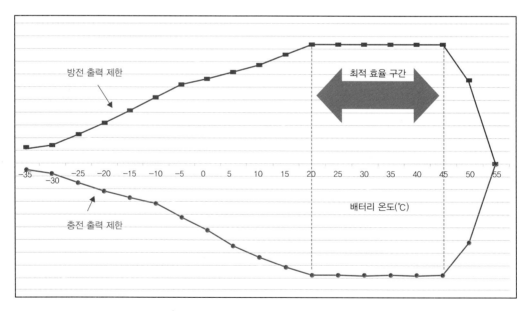

그림 5.12 ◉ 리튬이온 배터리 온도별 충방전 출력 곡선

전기자동차 큰 단점 중 하나가 배터리의 수명과 크게 연관되어 있다. 따라서 배터리의 열관리를 통하여 고전압 배터리 온도를 효율적으로 제어하는 것이 매우 중요하다. 이를 극복하기 위한 방법으로 고전압 배터리 열관리 시스템에는 승온 히터가 장착된다.

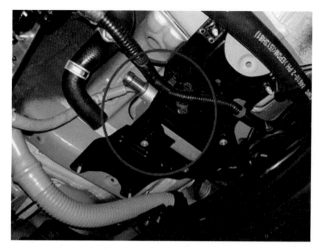

그림 5.13 ◉ 고전압 배터리 냉각수 승온 히터 장착 위치(고전압 배터리 입구)

승온 히터는 고전압을 이용하여 냉각수를 가열하는 전기 히터로 고전압 배터리 충전 시 또는 공조 동작 시에만 작동되며 주행 중에는 배터리 컨디셔닝 모드 등 사용자의 선택에 따라 작동이 가능하다.

승온 히터를 제어하는 승온 히터 릴레이는 저온 시 고전압 배터리 열관리 시스템의 냉각수를 가열하여 배터리의 온도를 올려주는 장치로 BMU에서 승온 히터 릴레이 제어를 통해 고전압 전원을 인가하기 때문에 단계별 제어는 불가능하다.

승온 히터의 출력은 차종 마다 상이하나 약 4~4.5kW 수준으로 큰 전력이 소모되기 때문에 충전 시 배터리 SOC, 온도, 충전 전력 등을 고려하여 가장 높은 속도로 충전할 수 있도록 작동여부를 결정한다.

승온 히터는 BMU기 릴레이 제어를 하기 때문에 릴레이의 고장, 단선, 단락 같은 고장에 대한 피드백을 받을 수 없다. 그래서 승온 히터 동작 후 승온 히터 내 장착되어 있는 온도 센서의 변화값을 모니터링하여 간접적으로 정상 작동 여부를 판단한다. 또한 내부에 온도 퓨즈가 장착되어 있어 약 132℃에 도달하면 회로가 차단된다.

130

고전압 배터리 냉각수

고전압 배터리의 열관리 시스템은 전기자동차가 개발된 초기에는 주행 가능 거리가 짧고 고전압 배터리의 용량이 낮은 전기자동차(EV)의 경우 공기를 이용한 공랭식 방식으로 제어하였지만, 이후 주행 가능 거리가 증대되고 고전압 배터리의 용량이 매우 커지며 냉각수를 이용한 수냉식 냉각 방식을 채택하였다.

차종별로 고전압 배터리 냉각수는 내연 기관용 초록색(분홍색) 또는 전기자동차 전용 절연 냉각수가(파랑색) 적용되었다. 이렇게 차이가 있는 이유는 고전압 배터리의 냉각 구조에 의한 차이로 전기자동차가 사고 등의 이유로 냉각수가 유출될 수 있는 문제 등과 연계하여 각각 적용되었다고 볼 수 있다. PE 냉각수는 내연기관 냉각수와 마찬가지로 부동액 원액에 물과 함께 사용하지만, 전기자동차 전용 냉각수는 방청 성능 차이로 절대 물 또는 일반 냉각수와 혼용하면 안된다.

교환 주기도 내연기관용 냉각수의 최초 교환 주기는 10년에 20만 km이고 이후 2년에 4만 km의 교환 주기였다면 전기자동차 전용 냉각수는 3년에 6만 km의 교환 주기를 갖는다.

전용 냉각수를 사용하는 전기자동차 또는 수소연료전지 전기자동차의 라디에이터 캡과 리저버 캡은 임의 개방을 방지하기 위해 특수하게 설계되어 있다.

전기자동차의 리저버 캡은 잠금 방향이 일반 냉각수와는 다르게 열림 방향이 반대로 되어 있고, 수소연료전지전기자동차의 라디에이터 캡 및 리저버 캡은 스크루와 볼트로 각각 체결되어 있다. 냉각수가 부족하여 보충하거나 냉각수를 교환해야 할 때는 아래의 표를 참고하여 전용 냉각수를 사용해야 한다.

[표 5.3] 냉각수 종류 및 리저버 캡 분류

비 고	일반 냉각수	저전도 냉각수	수소전기차 연료전지 냉각수
냉각수			
리저버 캡	잠금 방향	잠금 방향	
냉각수 색상			

06 공조 시스템

1 전기자동차(EV) 공조 시스템 개요

고전압 배터리에 충전되어 저장되는 고전원의 전기에너지를 사용하여 동력을 발생시키는 전기자동차(EV)는 동력을 발생시키는 파워트레인 시스템 뿐만 아니라 많은 시스템에서 내연 기관 자동차와 전혀 다른 제어 시스템과 구성 부품이 적용된다. 공조시스템 또한 내연 기관 자동차와는 다른 구성 부품으로 새롭게 적용되었다.

내연 기관의 연소 과정에서 발생되는 폐열을 이용해 난방의 열원으로 사용되는 엔진이 전동 기로 변경됨에 따라 새로운 열관리 제어 시스템이 적용되었고, 엔진의 동력원이 구동 모터로 변경됨에 따라 구동 모터의 효율 증대와 전력 변환 시스템에서 발생되는 폐열을 관리해주는 열관리 시스템이 적용되었다.

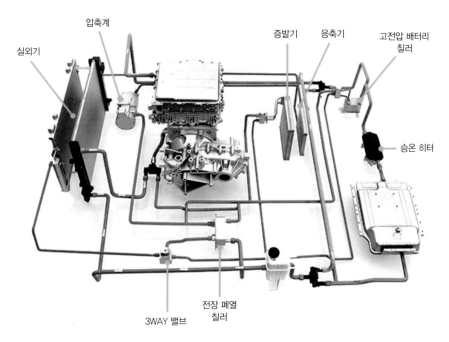

그림 6.1 ⊛ 현대자동차그룹 히트펌프 적용 공조시스템

전기자동차(EV)의 경우 내연기관 자동차와 같은 열을 이용할 수 없으므로 공조 시스템의 전동화 비율이 상승되었다. 공조시스템의 효율이 낮을 경우 고전압 배터리로 주행할 수 있는 주행 가능 거리가 감소하게 되어 열관리 시스템이 필요해진다.

전기자동차(EV)에 적용된 다양한 공조 신기술을 살펴보면 내연기관인 엔진의 동력을 이용하는 에어컨 컴프레서 대신에 고전압을 사용하는 전동식 에어컨 컴프레서가 적용되었다. 난방 시스템은 고전압을 이용한 실내 PTC 히터와 전장 부품의 냉각에 활용되는 냉각수의 폐열을 이용한 히트펌프 시스템의 조합으로 차량 실내의 냉난방 공조 시스템의 열원을 공급한다. 또한 탑승하지 않는 좌석에 불필요한 공조 장치의 작동을 차단하는 개별공조 제어를 통해 전력 손실을 최소화하였다.

전기자동차(EV)에 적용된 냉·난방 시스템 모두 냉매의 상태 변화를 통한 에어컨 시스템을 이용한 열흡수와 히트 펌프 시스템을 통한 열방출을 이용하는 공조시스템이기 때문에 다른 차종들과 비교하면 냉매 회로를 구성하는 공조 시스템 및 구성 부품이 다소 복잡하다.

전기자동차(EV) 공조시스템의 고전압 회로의 구성은 고전압 배터리에 저장된 고전원의 전기에너지를 고전압 정션 박스로 분배받아 전동식 컴프레서 및 PTC 히터의 작동 전원으로 사용된다.

PTC 히터는 고전압 배터리의 직류(DC) 고전압이 사용되지만 전동식 컴프레서는 컴프레서 입력단까지는 고전압 직류(DC) 가 공급되고 컴프레서 내부 인버터를 통해 교류(AC)로 변환되어 구동된다. FATC로 부터 CAN 통신으로 제어 신호를 입력받아 냉방 부하에 따른 제어를 수행한다.

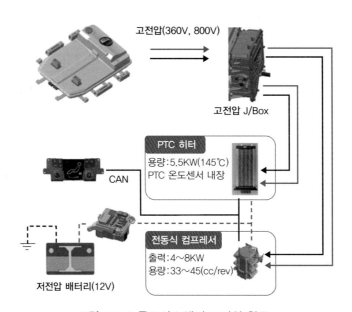

그림 6.2 ● 공조시스템의 고전압 회로

2 전기자동차(EV) 난방 시스템

전기자동차(EV)는 겨울철 주행 가능 거리가 유난히 감소된다. 가장 큰 이유는 난방 작동 방법과 온도에 의한 배터리 성능 저하 때문이다. 전기자동차(EV)는 엔진 대신 전기모터로 구동되기 때문에 내연기관 자동차처럼 엔진에서 발생하는 열을 난방에 활용할 수 없다. 따라서 전기자동차(EV)는 주로 배터리의 전력을 소모해 전기 히터를 가동한다.

난방 시스템의 전력 소모가 크면 당연히 1회 충전 후 주행가능 거리도 줄어든다. 겨울철 일부 전기자동차(EV)의 1회 충전 주행거리가 크게 감소되는 원인 중 하나가 바로 PTC 히터 난방 시스템 때문이다.

내연기관의 경우 엔진 연소에 의해 발생되는 열원을 활용해 난방이 작동되지만 전기자동차(EV)의 경우 연소에 의한 열원이 없기 때문에 히트 펌프 시스템과 고전압 배터리의 전기에너지를 사용하는 PTC 히터가 난방 작동 시 열원을 공급해준다.

그림 6.3 ● 전기자동차 PTC 히터

전기자동차(EV)의 난방 작동을 위해 적용되는 실내 PTC 히터는 히트펌프와 더불어 실내 공기 온도를 상승시켜 주는 난방 장치이다. 히트펌프를 사용하기 위한 컴프레서 작동 온도 범위는 -20℃ 이상이지만 PTC 히터는 -40℃ 이상부터 사용이 가능하기 때문에 더 극저온 지역에서도 난방이 가능하다.

실내 난방 시 DATC가 CAN 통신을 통해 PTC 히터를 듀티 제어하여 고전원을 이용하여 구동된다. 최소 출력 전력은 50W부터 제어가 가능하며 듀티값에 따라 가변된다.

PTC 히터 코어는 온도가 올라갈수록 저항이 커지게 되는데, 만약 블로워 모터 고장으로 실내 열교환이 이루어지지 않아 230Ω 이상으로 저항이 상승하면 과열 보호기능으로 PTC 히터의 작동을 중지시킨다.

이처럼 고전압을 사용하는 PTC 히터는 난방 시 고전압을 사용하므로 소비전력이 증가하여 전기자동차(EV)의 주행가능 거리가 감소하게 된다. 이를 개선하여 난방 시 고전압 PTC 히터 사용을 최소화하여 소비전력의 저감으로 주행거리를 증대시키는 효과와 전기자동차(EV)의 전장 부품의 냉각 시스템에서 발생되는 폐열을 활용하여 극저온에서도 연속적인 싸이클을 구현해 주는 히트 펌프 시스템이 개발되어 적용되었다.

히트펌프 시스템은 냉방 시에는 기존 에어컨 가동방식과 동일하게 냉매 순환 과정에서 주위의 열을 빼앗아 차가운 공기를 만들지만, 난방 시에는 냉방의 냉매 순환 경로를 변경하여 기체 상태의 냉매가 액체로 변하는 과정에서 발생하는 열을 차량 난방에 활용하는 기술이다.

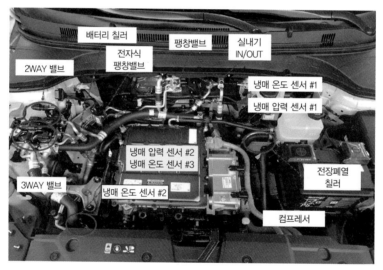

그림 6.4 ● 현대자동차 코나 전기차(OS EV) 히트 펌프 구성 부품

전기자동차(EV)가 개발되는 초기에는 난방 시에 별도의 고전압 전기 히터인 PTC 히터만을 사용하여 난방 시 열원을 공급하였다.

히트펌프 시스템을 적용한 경우 냉매 순환 과정에서 얻어지는 고효율의 열과 모터, 인버터 등 전기자동차(EV)의 파워트레인 전장 부품에서 발생하는 폐열(廢熱)까지 모든 열을 사용해 난방장치 가동 시 전기자동차(EV)의 고전압 배터리 전력을 절약할 수 있게 도와준다. 이처럼 히트펌프는 전기자동차(EV)가 난방 시에 사용하는 전력 소비를 최소화하는 시스템이다.

공기는 압축할 경우 온도가 상승하는데, 히트펌프는 이런 성질을 이용해 외부에서 수집한 공기를 압축시켜 발생한 열을 모아 난방에 이용된다.

히트펌프 시스템의 작동 원리는 외부 공기에서 받은 열과 전장 부품에서 발생한 폐열을 활용해 액상의 친환경 냉매를 기체로 기화시키고 압축기로 압력을 높인다. 이후, 고압의 기체를 응축기로 전달해 다시 액체로 변환한다. 고압의 기체가 액체로 변환되는 과정에서 발생하는 열을 실내 난방에 활용하는 것이다.

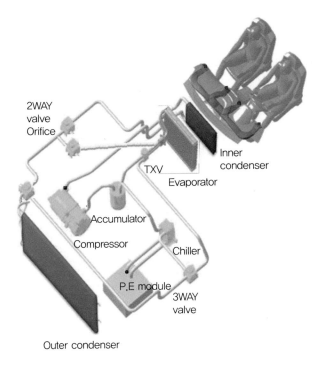

그림 6.5 ● 히트펌프 시스템 난방 사이클 구성도

물이 수증기가 되려면 열이 필요하고, 반대로 수증기가 물이 될 때 열을 발산하는 것과 같은 원리다. 물론 냉매의 압력을 높이는 과정에서 압축기를 작동시키기 위해서는 전기에너지가 소모된다.

하지만 배터리의 전력으로 직접 전기 히터를 가동하는 것보다 월등히 적은 전기에너지가 소비된다. 실내를 식히고 실외기를 통해 열을 배출하는 에어컨처럼 히트펌프는 열을 발산하는 전장 부품의 열을 흡수해 자동차 실내를 따뜻하게 만드는 것이다.

가정용 빨래 건조기나 냉난방이 동시에 가능한 에어컨도 위와 같은 원리로 작동한다.

히트펌프 시스템에 난방 사이클의 과정을 살펴보면 히트 펌프 구동 시 컴프레서에서 압축되어 토출된 고온 고압의 기체 냉매는 실내 컨덴서를 지나 2WAY 밸브까지 공급된다. FATC에서 2WAY 밸브와 3WAY #2밸브를 구동하면, 대기하고 있던 냉매는 오리피스관을 통해 저온 저압의 액체 상태의 냉매로 확산되어 외부 컨덴서로 유입되고 열교환을 시작한다.

오리피스(orifice)란, 단면적의 변화로 인해 냉매를 기화되기 직전의 매우 작은 알갱이 상태와 같은 액체 상태로 무화시키는 장치이다. 열교환을 끝낸 저온 저압의 기체 냉매와 아직 열교환을 못한 액체 상태의 냉매는 3WAY 밸브 #2를 통해 칠러로 공급되고 전장 폐열을 통해 2차 열교환을 한 후 어큐뮬레이터로 유입된다.

칠러는 모터나 PE 전장 부품을 식힌 폐열을 이용해 난방에 사용해서 추가적인 증발 작용을 수행하게 하는 역할을 한다. 즉, 난방의 효율을 높이는 장치라고 할 수 있다. 이후 어큐뮬레이터는 남아있는 액체 상태의 냉매와 기체 상태의 냉매를 분리하여 기체 상태의 냉매만 컴프레서로 유입될 수 있도록 동작한다.

이후 실외 컨덴서에 착상(Icing)이 발생하거나 또는 실내 제습이 필요한 경우를 제외한 상태에서는 동일한 싸이클을 유지하며 히트 펌프 시스템의 난방을 구동한다. 난방은 실내 컨덴서의 응축 방열 작용을 통해 실내를 따뜻하게 해준다. 히트 펌프가 구동되는 중에도 실내 난방 부하에 따라 PTC 히터가 구동되어 난방을 보조한다.

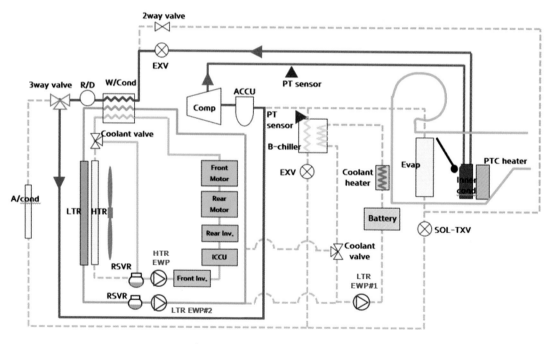

그림 6.6 ● 히트펌프 시스템 난방 사이클

히트펌프 시스템 구성 부품 역할

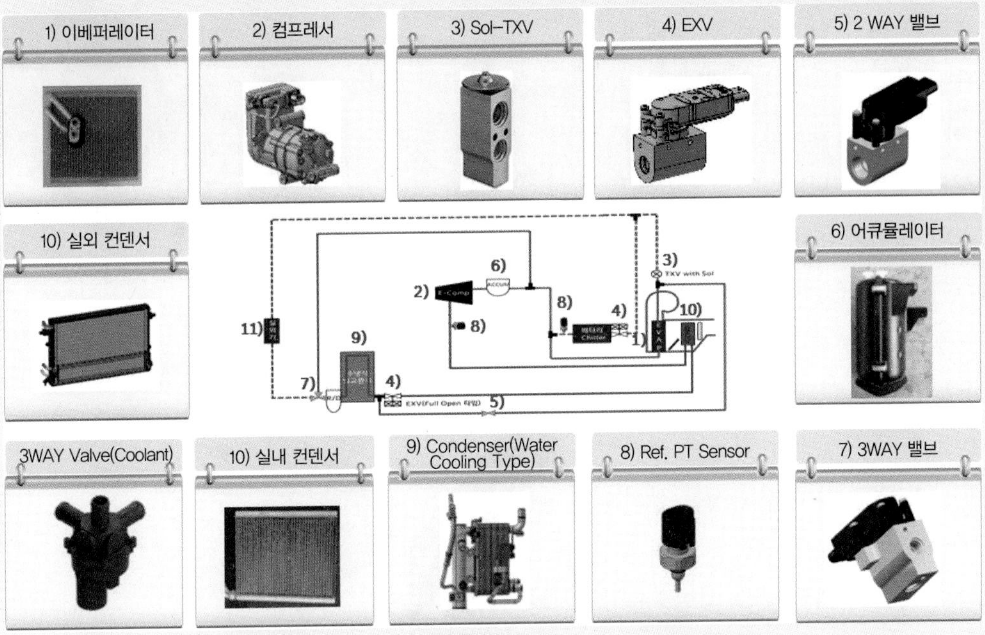

그림 6.7 ● 히트펌프 시스템 구성 부품 및 명칭

① 이베퍼레이터 : 저온 저압의 냉매를 증발시켜 냉방 열원 제공하는 역할을 하며 냉매의 증발 잠열을 형성하여 실내의 열을 흡수하는 역할

② 컴프레서 : 저온 저압의 냉매를 흡입하여 고압 고압의 기체 상태로 압축 순환시키는 역할

③ Thermostatic Expansion Valve with Solenoid Valve (Sol-TXV) : 실내 냉방인 A/C 모드 시 냉매를 팽창시키는 역할 (Sol. Valve Open)

④ Electronic Expansion Valve (EXV) : 실내 냉방인 A/C 모드 시 BY-PASS, H/P 모드 시 볼 밸브를 통해 냉매 팽창

⑤ 2WAY 밸브 : H/P 제습 모드 시 냉매를 증발기로 보냄

⑥ 어큐뮬레이터 : 저온 저압의 냉매를 기체와 액체를 분리하여 기상 냉매만 컴프레서로 전달하는 역할

⑦ 3WAY 밸브 : H/P 모드 시 냉매를 컴프레서로 BY-PASS 시킴

⑧ Ref. PT Sensor : 냉매의 온도와 압력을 측정

⑨ 수냉식컨덴서 : A/C 모드 시 냉매 열원 방출, H/P 모드 시 열원 흡수

⑩ 실내 컨덴서 : 고온의 냉매를 이용하여 실내에 난방 열원을 공급

⑪ 실외 컨덴서 : A/C 모드 시 냉매의 열원을 방출

* Coolant 3WAY Valve : 배터리 냉각수의 유로를 Battery Chiller 방향 또는 Radiator 방향으로 전환

3 전기자동차(EV) 냉방 시스템

전기자동차(EV)의 공조시스템에 적용된 히트펌프 시스템은 냉매의 흐름을 전환하여 난방과 냉방 기능을 하나의 시스템에서 가능하게 하는 시스템으로 난방 시 고전압 배터리의 전기에너지의 소모를 최소화하여 1회 충전 후 주행 가능 거리를 증대시키는 목적으로 개발되어 적용되었다.

히트펌프 시스템이 적용된 전기자동차의 냉방 사이클 과정을 살펴보면 전동식 컴프레서를 통해 저온 저압의 가스 냉매를 고온 고압으로 압축시키고 압축된 고온, 고압의 냉매는 실내 컨덴서로 보내진다. 이후 실내 컨덴서를 열교환 없이

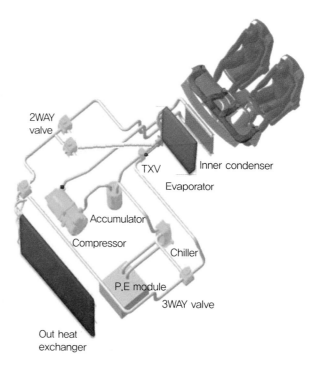

그림 6.8 ● 히트펌프 시스템 냉방 사이클 구성도

통과한 후 EXV를 팽창 과정 없이 통과하게 된다.

압축된 고온, 고압의 냉매는 수냉식 컨덴서에서 냉매를 응축시켜 고온 고압의 액상의 냉매 상태로 만들어지게 된다. 이후 3WAY 밸브는 서브 컨덴서 방향으로 열려 냉매는 서브 컨덴서를 통과하면서 대기로 열을 방출하고 추가로 응축되게 된다. 그리고 SOL-TXV로 유입된 고온 고압의 액상 냉매를 상변화가 용이하도록 저온 저압으로 바꾸어준다.

이베퍼레이터에서 냉매의 증발되는 효과를 이용해 공기를 냉각하게 되고 냉방 효과를 발생시킨 후 전동식 컴프레서로 기체 냉매만 유입될 수 있게 어큐뮬레이터에서 냉매의 기체와 액체를 분리하게 된다.

전기자동차의 공조 시스템에 적용된 **전동식 고전압 컴프레서의 구동 특성을** 살펴보면 고전압 배터리의 직류 전원을 가변 주파수와 가변 전압의 교류 전원으로 변환하는 인버터 제어를 통해 모터의 RPM을 제어한다. 모터의 회전을 통해 냉매를 고온, 고압의 상태로 만들어 주고 냉매 회로를 순환시키는 역할을 한다.

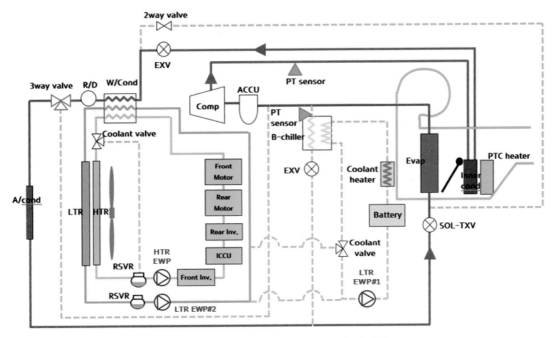

그림 6.9 ◉ 히트펌프 시스템 냉방 사이클

전동식 컴프레서의 구성을 살펴보면 크게 제어부와 모터부, 압축부로 나눌수 있다. 직류의 고전압이 인가되는 고전압 케이블로 직류의 고전압이 인가되면 제어부의 인버터를 통해 교류로 변환되어 구동부의 메인 전원이 입력되고 PCB 전원 단자에 전원이 인가된다.

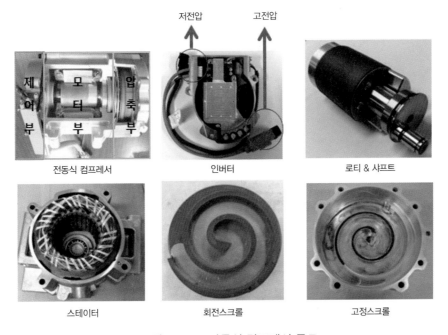

그림 6.10 ◉ 전동식 컴프레서 구조

저전압 단자는 CAN, PWM 연결 통신 및 제어라인 단자로 구성되며 공조 시스템의 냉방 및 히트 펌프 작동 시 DATC가 CAN 통신을 통해 컴프레서 RPM을 제어하여 구동한다.

DATC는 목표 RPM 및 작동 여부를 송신하고, 전동식 컴프레서로부터 현재 RPM, 인버터 온도 등을 수신하여 최종 회전수를 제어하게 된다. 모터부의 스테이터는 권선에 의해 전기를 공급받아 자기장을 생성하여 영구자석이 내장된 로터의 자기장과 스테이터의 전기자 반작용을 이용하여 회전하게 된다.

압축부로 구성된 고정 스크롤과 회전 스크롤은 회전 스크롤의 편심 선회 운동으로 고정 스크롤과 포개지는 구조로 초승달 모양의 압축실을 생성하여 냉매를 압축한다.

07 제동 시스템

1 전기자동차(EV) 제동 시스템 개요

전기자동차(EV)의 제동 시스템은 엔진의 진공압과 대기압을 이용해 운전자의 조작에 의한 유압 제동 기능만 구현되는 내연 기관 자동차와 다르다.

구동 모터에 의한 회생 제동(Regeneration braking)으로 고전압 배터리를 충전하는 기능과 회생 제동 협조 제어 기능, 차량 감속 및 제동 기능을 최적으로 구현하기 위함이다. 전기자동차 전용 제동 시스템이 요구되어 제동 중 고전압 배터리를 충전하는 회생 제동이 가능한 전동식 유압 배력(AHB, Active Hydraulic Booster) 브레이크 시스템이 개발되어 적용되었다.

① 전동식 유압 배력 브레이크 시스템(AHB)은 모터를 이용해 유압을 직접 생성하고 생성된 유압을 약 200 bar의 압력으로 유지하며 저장한다. 저장된 유압을 통해 제동력을 확보하도록 전동식 유압 부스터로 전기자동차(EV)가 주행 중에 제동력을 확보하고 제동감을 구현한다. 회생 제동 모드에서 주행 상태에 따라 수시로 변화하는 구동 모터의 발전량과 연동해 일정한 제동력을 확보할 수 있는 전기자동차(EV) 전용 제동 시스템이다.

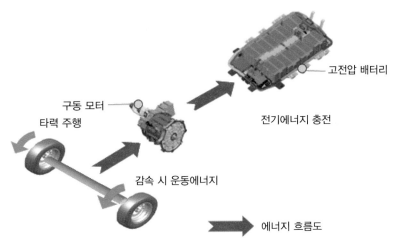

그림 7.1 ● 회생 제동 개념도

② 회생 제동(Regeneration braking)이란 감속 또는 제동 시에 구동 모터를 발전기로 활용해서 차량의 운동 에너지를 전기 에너지로 변환시켜 고전압 배터리를 충전하는 것을 말한다. 회생 제동량은 차량의 속도와 고전압 배터리 충전량 등에 의해 결정되며, 운전자의 요구 제동력에서 회생 제동력을 뺀 값이 발생되는 유압 제동력이다. 이로 인해 에너지 손실을 최소화하여 1회 충전 후 주행 가능한 거리를 극대화시키는 효과가 있다.

고전압 배터리를 에너지 저장 장치로 사용하는 전기자동차에서 회생 제동 기술은 전비 개선의 핵심적인 기술로, 특히 가·감속을 반복하는 도심 주행 모드에서 차량의 전비 효율을 향상시킬 수 있다. 회생 제동에 의한 에너지 절감 효과는 구동 모터와 고전압 배터리의 용량과

전기자동차의 운전 전략에 따라 달라지지만 30kW급 모터를 장착한 하이브리드 자동차의 경우 도심 주행에서는 동급 차량 대비 100% 이상의 연비 향상 중 회생 제동에 의한 개선이 전체 연비 개선량의 40%를 차지한다고 보고되었다.

따라서 회생 제동 기능은 전기에너지를 동력원으로 사용하여 전기 모터로 구동력을 발생시키는 친환경 자동차에서 전비를 향상시키는 핵심적인 기술이다.

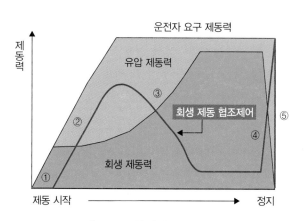

그림 7.2 ◉ 회생제동 협조 제어

[표 7.1] 제동 구간별 회생 제동 협조제어

①	회생제동	운전자 요구 = 회생 제동	브레이크 작동 초기. 제동압력 발생전까지 회생 제동
②	회생제동 + 유압제동	유압 증가	운전자 요구 제동력 증가에 따라 유압 제동력 증가
③		유압 감소	회생 제동력 증가에 따라 유압 제동력 감소
④		유압 급증	정지 상태에 근접하면서 회생 제동력 급감, 유압 제동력 급증
⑤	유압 제동	운전자 요구 = 유압 제동력	최종 유압 제동력에 의해 차량 정지

2 전기자동차(EV) 전동식 유압 배력 장치(AHB)

전기자동차 전용 제동 시스템인 전동식 유압 배력 장치는 전기 모터를 이용하여 유압을 직접 생성하고 생성된 유압을 약 200 bar의 압력으로 유지하며 저장한 후 저장된 유압을 통해 제동력을 확보한다.

전동식 유압 부스터(AHB)는 전기자동차(EV)가 주행 중에 제동력을 확보하고 제동감을 구현하며, 회생 제동 모드에서 주행 상태에 따라 연속적으로 변화되는 구동 모터의 발전량과 연동해 일정한 제동력을 확보할 수 있도록 제어하는 전기자동차(EV) 전용 제동 시스템이다. 제작사에서 개발된 순서에 따라 GEN1, GEN3로 분류하기도 한다.

전동식 유압 배력 장치(AHB, Active Hydraulic Booster)는 크게 고압 소스 유닛(PSU)과 iBAU(intergrated Brake Actuation Unit)로 구성된다.

① 고압 소스 유닛(PSU)은 제동에 필요한 유압을 생성하고 저장하며, 운전자의 제동 요구에 따라 이 유압이 iBAU를 통해 각 구동 휠의 캘리퍼로 전달하여 제동력을 발생시킨다.

② iBAU는 브레이크 페달 트래블 센서와 연결되어 있으며, 운전자가 브레이크 페달을 밟은 거리를 측정해서 제동 요구량을 파악하여 유압을 제어하고 페달 답력을 확보한다.

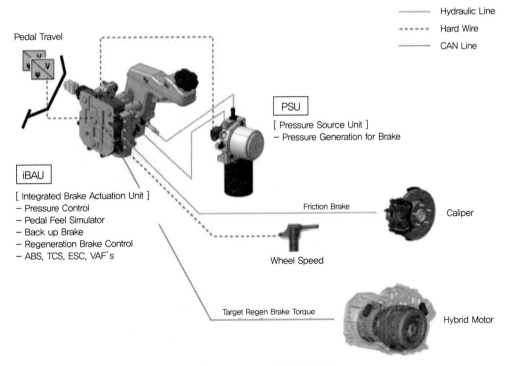

그림 7.3 ● AHB 시스템 구성

앞서 설명한 바와 같이 브레이크 페
달 트래블 센서(BPS)는 브레이크 페달
상단에 장착되어 있으며, 운전자가 브
레이크 페달을 밟았을 때 페달의 움직
인 거리를 측정하고 iBAU로 입력되어
브레이크 페달의 이동 거리로 운전자가
원하는 제동력을 계산하는데 사용된
다. 브레이크 페달 트래블 센서의 감지

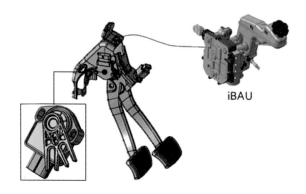

그림 7.4 ◈ 브레이크 페달 트래블 센서

원리는 회전각에 따라 2개의 신호를 이용하여 저항값의 변동을 감지한다.

페달 조작에 의한 페달의 각도가 많아지면 출력되는 전압이 상승된다. 브레이크 페달 트래
블 센서 고장 시 클러스터 내에 EBD 또는 VDC, AVH 경고등이 점등되게 된다.

브레이크 페달 트래블 센서를 센서 고장에 의해 교환하였을 경우와 센서 단품을 탈 부착
하였거나 iBAU 교환 시 브레이크 페달 트래블 센서의 전기적인 신호의 오차가 발생하거나
조립 오차에 의한 센서 옵셋이 발생하기 때문에 필히 진단 장비를 이용하여 영점 설정을 수행
하여야 한다. 만약 센서 영점 설정을 미 실시할 경우 영점 설정 오류에 따른 차량의 이상 현
상이 발생된다.

브레이크 페달 트래블 센서 영점 설정 미실시에 따른 (+) 옵셋이 발생되었을 경우 제동 응답
성이 증가하여 AHB는 민감 작동하게 되고 (−) 옵셋이 발생되었을 경우 시 AHB 둔감 작동하
게 되어 브레이크 페달을 밟아도 제동 응답성이 저하되고 제동력 또한 감소하는 현상이 발생

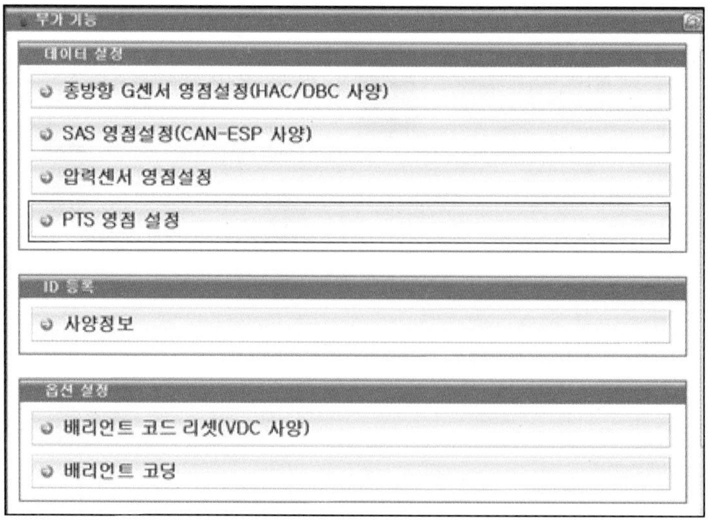

그림 7.5 ◈ 브레이크 페달 트래블 센서 영점 설정

된다. 또한 iBAU는 브레이크 페달 트래블 센서 영점 설정이 안되었을 경우 iBAU ECU 모니터링을 통해 "C1380 브레이크 페달 트레블 센서 영점 설정 안됨" 고장 코드가 출력되고 클러스터에는 ABS/EBD/VDC/AVH 경고등이 점등되며 ABS/EBD/VDC/AVH 기능이 작동되지 않는다.

전동식 유압 배력 장치(AHB)의 **구성품**인 통합 브레이크 액추에이션(iBAU, integrated Brake Actuation Unit)은 페달 시뮬레이터를 통한 운전자에게 브레이크 페달의 답력과 페달 감을 형성하고 솔레노이드 밸브 및 압력센서를 이용하여 휠 압력제어를 통해 ABS와 VDC 기능을 수행하게 된다.

iBAU 앞면에는 공기빼기 스크류가 2개소 장착되어 있다. 이는 iBAU 내부 페달 시뮬레이터 피스톤을 기준으로 위쪽과 아래쪽의 브레이크 오일 내부에 공기를 빼기 위해 공기빼기 스크루를 상단과 하단의 위치에 설치되어 있다.

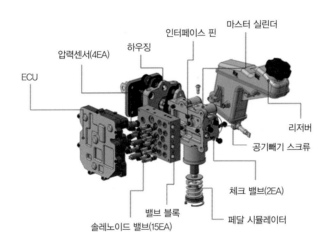

그림 7.6 ◉ 통합 브레이크 액추에이션(iBAU, integrated Brake Actuation Unit)

고압 소스 유닛(PSU, Pressure Source Unit)은 모터를 이용해 약 200bar의 유압을 생성하고 어큐뮬레이터에 저장하여 고압의 유량을 충진하는 기능을 한다.

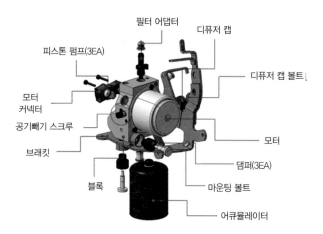

그림 7.7 ● 고압 소스 유닛(PSU, Pressure Source Unit)

어큐뮬레이터(Accumulator)는 사전적인 의미로 축적자로 표현되며 PSU 모터로부터 발생된 고압의 브레이크 유압을 축적해 두었다가 운전자가 브레이크 페달을 작동하면 압축된 브레이크 액을 방출하여 제동력을 확보한다.

이는 브레이크 페달 작동 시 응답성을 향상시키고 iBAU를 통해 각 구동 휠의 캘리퍼에 전달되어 제동력을 발생시킨다. 아울러 어큐뮬레이터 내부에는 질소 가스가 충진되어 있으며, 모터 작동 시 PSU 회로내의 맥동을 흡수하여 안정된 유압을 제공한다.

고압 소스 유닛(PSU)의 작동 조건은 차량이 시동 OFF 상태에서 운전석 도어를 열거나, IG ON 또는 브레이크 ON 중 하나의 조건이라도 만족하였을 경우 고압 소스 유닛(PSU)을 구동하여 고압을 생성시킨다.

이처럼 고압의 유압을 생성하고 저장하여 작동되는 전동식 유압 배력 장치(AHB)는 관련 시스템 정비 시 반드시 생성된 고압을 해제한 후에 작업을 수행하여야 한다.

고압 해제 모드 목적은 시동 OFF 후에도 상시 고압이 유지되는 AHB부품 탈거 전 PSU의

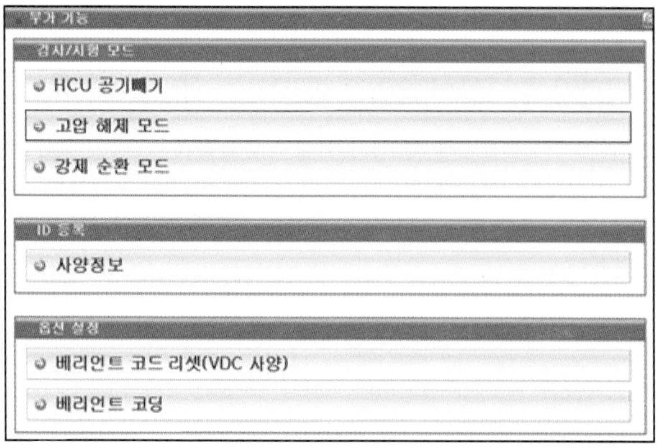

그림 7.8 ● 진단장비 부가기능의 고압 해제 모드

어큐뮬레이터에 저장된 고압의 브레이크 압력을 해제시켜 주는 기능으로 리저버에 가압 장비가 설치되어 있지 않아야 한다.

강제 순환 모드는 iBAU 내부 유압회로 내 브레이크 오일을 리저버로 강제 순환시킴으로써 내부 미세 공기를 제거하는 기능으로 리저버에 가압 장비가 설치되어 있지 않아야 한다.

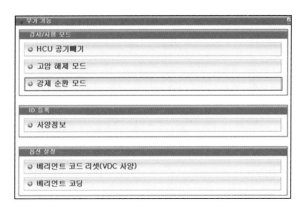

그림 7.9 ● 진단장비 부가기능의 강제 순환 모드

통합 브레이크 액추에이션 유닛(iBAU)및 고압 소스 유닛(PSU) 등 전동식 유압 배력 장치(AHB) 관련 점검, 정비와 교환 작업 시에는 아래의 주의사항을 준수하여 공기빼기 작업을 실시해야 한다. AHB 시스템 공기빼기 작업 순서는 다음과 같다.

주의 ‥‥‥‥

1) 배출된 브레이크액은 재사용하지 않는다.
2) 브레이크 오일은 DOT3 또는 DOT4를 사용한다.
3) 공기빼기 작업 시 브레이크 오일이 리저버의 'MIN' 이하로 떨어지지 않도록 브레이크 오일을 보충한다.
4) 브레이크 리저버의 파손 방지와 작업자의 안전을 위해 가압장비 장착 전압력을 규정값(3~5bar)으로 설정한다.
5) 내부 유로에 브레이크 오일이 채워진 iBAU를 사용한다.
6) 공기빼기 Step1의 iBAU ECU OFF시 배터리(12V) 마이너스 케이블을 분리한다.
　① 특수공구를 차량에 장착하기 전에 압력 게이지의 규정 압력값 조정을 위해 먼저 에어 차단 밸브 (A)를 차단한다.

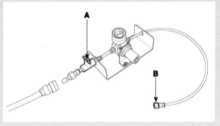

② 에어 호스 연결 후, 에어 차단 밸브(A)를 천천히 열어 압력조절기로 압력 게이지(B)를 규정값으로 설정한다.

압력 규정값 : 0.3 ~ 0.35 MPa (43.5 ~ 50.7psi)

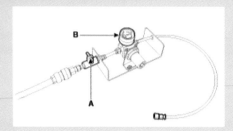

③ 에어 차단 밸브(A)를 먼저 닫고 플러그(B)를 제거하고, 캡을 장착한다.

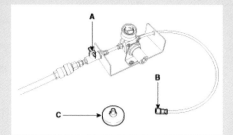

④ 브레이크 리저버 탱크 캡을 제거한다.

⑤ 특수공구(0K585-E81000)캡 (A)을 리저버 탱크에 장착한다.

⑥ 특수공구(09580-3D100) (A)를 캡(B)에 장착한다.

AHB 시스템 공기빼기 단계 1 (IBAU ECU OFF)

 유의   내부 유로에 브레이크액이 채워진 통합 브레이크 엑추에이션 유닛(IBAU)을 사용한다.

1) 통합 브레이크 액추에이션 유닛(IBAU) ECU를 OFF 하기 위해 배터리(12V) 마이너스 전기선을 분리한다.

2) 가압 주입 장비를 이용하여 리저버에 유압(3~3.5bar)을 가압한다.

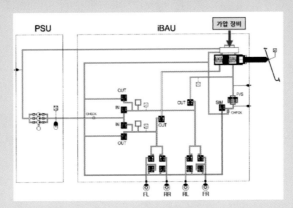

3) 각 블리드 스크루를 열어서 공기가 섞여서 나오지 않을 때까지 브레이크액을 빼낸다. 작업 후 블리드 스크루를 잠근다.

블리드 스크루 작업 순서
① 통합 브레이크 액추에이션 유닛(IBAU) 2개소 → ② 각 휠 4개소 (RR-RL-FR-FL)

4) 페달을 밟은 상태에서 블리드 스크루를 열어 브레이크 액을 빼낸 후 블리드 스크루를 잠그고 페달을 해제하는 작업을 10회 실시한다.

 유의
- 블리드 스크루 작업 순서 : ① 통합 브레이크 액추에이션 유닛(IBAU) 2개소
                         ② 각 휠 4개소(RR–RL–FR–RL)
- 공기가 섞여 나오지 않을 때까지 반복한다.
- 블리드 스크루를 너무 많이 열면 공기가 배관으로 들어갈 수 있으므로 주의한다.

5) 각 블리드 스크루를 열어서 공기가 섞여서 나오지 않을 때까지 브레이크액을 빼낸다. 작업 후 블리드 스크루를 잠근다.

유의
• 블리드 스크루 작업 순서 : ③ 휠 4개소(각 15초)

AHB 시스템 공기빼기 단계 2 (IBAU ECU ON)

통합 브레이크 액추에이션 유닛(IBAU) ECU를 ON하기 위해 배터리(12V) 마이너스 전기선을 연결한다. ECU S/W를 공기빼기 모드로 변경한다.

공기빼기 모드 진입

1) 시동(IGN ON)을 건 상태에서 스티어링 휠을 나란히(직진)하고 기어를 P 단으로 설정한다.

2) ESC OFF 스위치를 누르고 있는 상태에서 약 3초 후 ESC 기능이 완전히 OFF 되고 나면 ESC OFF 스위치를 누르고 있는 상태에서 브레이크 페달을 풀 스트로크로 10회 작동한 후 시동을 끈다.

유의
• 밟을 때는 40mm 이상, 해제할 때는 10mm 이하로 밟는다.
• ESC OFF 스위치를 누르기 시작한 후부터 페달 작동 10회를 종료하고 시동을 끌 때까지 누른 상태를 계속 유지한다.

3) 시동을 켜고 ESC OFF 스위치를 3초 이상 눌러서 ESC OFF 모드로 진입한다.

유의
• 공기빼기 모드 진입시 ESC OFF 램프와 EBD/ABS 램프 ON을 통하여 공기빼기 모드로의 진입을 확인할 수 있다.
• 공기빼기 모드에 진입하지 않고 공기빼기를 실시할 경우 브레이크 경고등이 점등되며, 이 경우 압력센서에서 브레이크액 누유로 감지하여 ECU에서 해당 브레이크 라인을 폐쇄하므로 공기빼기 작업이 진행되지 않는다.

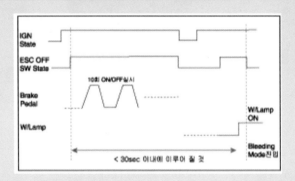

4) 브레이크 페달 밟은 상태에서 각 휠의 블리딩을 실시한다.

유의
• 브레이크액에 공기가 섞여 나오지 않을 때까지 반복한다.
• 브레이크액 토출이 원활치 않을 경우에는 보조 작업자가 브레이크 페달을 떼었다가 다시 밟아주며 작업을 속행한다.
• 블리드 스크루를 너무 많이 열면 공기가 배관으로 들어갈 수 있으므로 주의한다.

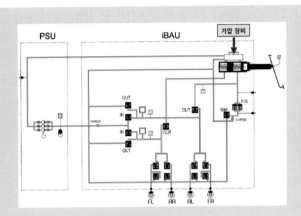

5) 진단 커넥터에 GDS를 연결하여 '강제 순환 모드'를 실행한다.

유의 강제 순환모드 작동 전에 가압 주입 장비의 압력을 해제하고 장비를 탈거해야 한다. 만약 리저버에 유압이 가압된 상태에서 강제 순환모드를 작동할 경우, 오일이 넘치면서 비산될 수 있으므로 주의한다.

참고 ● ● ● ● ●

강제 순환 모드

IBAU 내부 유압회로의 브레이크액을 리저버 탱크로 순환시켜 내부의 미세 공기를 제거하며 미세 공기는 리저버 탱크를 통해 방출된다.

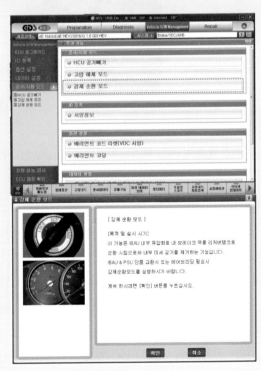

3 전기자동차 기능 통합형 전동 부스터(IEB, Intergrated Electronic Brake)

하이브리드자동차(HEV), 전기자동차(EV), 수소연료전지자동차(FCEV)와 같은 친환경 자동차는 전기 모터를 이용해 구동력을 발생시킨다. 그러므로 엔진의 동력으로 발생되는 진공압과 대기압을 이용하여 작은 힘으로도 제동이 가능하도록 배력 작용을 하는 브레이크 부스터가 존재하지 않는다.

그렇기 때문에 초기의 전기자동차와 하이브리드 자동차는 전동식 유압 배력 장치(AHB)의 파워 소스 유닛(PSU)과 같은 브레이크 유체를 일정한 압력으로 생성해 줄 수 있는 별도의 압력 생성 장치와 저장 장치가 필요했다.

하지만 압력 생성 유닛과 압력 제어 유닛이 별도로 설치되니 제동 효율 및 경량화 측면에서 불리한 점이 있었고, 압력 생성과 유지를 위한 모터의 작동 소음이 발생되어 이를 개선하여 개발된 것이 기능 통합형 전동 부스터(IEB, Intergrated Electronic Brake)이다.

기능 통합형 전동 부스터(IEB, Intergrated Electronic Brake)는 압력 생성 유닛과 압력 제어 유닛이 일체형으로 제작되어 있기 때문에 제동 효율 및 경량화 측면에서 유리할 뿐 아니라 응답성이 향상된 제동 성능을 확보할 수 있다.

그림 7.10 ◉ 기능 통합형 전동 부스터(IEB, Intergrated Electronic Brake)

기능 통합형 전동 부스터(IEB, Intergrated Electronic Brake)의 가장 큰 특징은 제동 시 필요한 만큼 모터 및 기어 셋트를 작동하여 유압을 형성한다는 것이다. 전동식 유압 배력 장치(AHB, Active Hydraulic Booster)는 시동이 꺼져 있는 상태에서도 운전석 도어를 열 때 브레이크 작동을 위한 고압을 생성하기 위해 PSU(Pressure Source Unit)가 작동하며 특유의 작동음이 발생하였다. 하지만 기능 통합형 전동 부스터(IEB, Intergrated Electronic Brake)는 필요할 때만 유압을 형성하기 때문에 고압 형성 작동음이 발생되지 않는다.

기능 통합형 전동 부스터(IEB, Intergrated Electronic Brake)의 작동 원리는 운전자가 제동을 위해 브레이크 페달을 밟게되면 IEB ECU는 브레이크 페달 트레블 센서를 통해 브레이크 페달의 작동 거리를 감지하여 필요한 만큼의 유압을 형성하기 위해 모터를 구동하게 된다.

모터와 연결된 웜기어의 회전운동을 피니언 기어로 전달하여 랙의 직선운동으로 변환되어 피스톤의 왕복 운동으로 작동 유압이 형성되게 된다. 이는 조향기어와 같은 원리로 모터를 구동하여 발생되는 회전운동을 직선운동으로 변환하여 피스톤에 의해 유압이 형성되는 원리이며 형성된 제동 유압은 캘리퍼로 공급되어 제동 유압으로 사용된다.

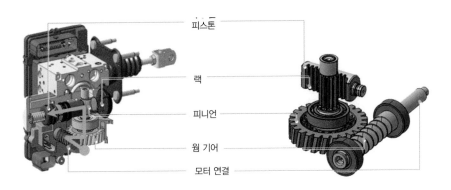

피스톤
랙
피니언
웜 기어
모터 연결

그림 7.11 ● 기능 통합형 전동 부스터(IEB, Intergrated Electronic Brake) 구성

기능 통합형 전동 부스터(IEB, Intergrated Electronic Brake)의 정비 시 유의 사항으로 일체형으로 구성된 IEB는 내부 부품을 별도 교체가 불가능하다. 그리고 주행 중 발생되는 소음 및 성능 저하 문제와 브레이크 오일 교체 시 아래와 같이 작업을 준수해야 한다.

참고

IEB 공기빼기 상황 1 (전체 라인 공기빼기)

① iEB 커넥터 또는 배터리 (-) 케이블 탈거하여 전원을 차단한다.

② 리저버에 가압 장치 연결하여 3~5bar 가압한다.

③ 1곳의 캘리퍼의 공기빼기 나사를 돌려 약 10초 간 브레이크 오일 배출 후, 브레이크 페달 약 10~20회 밟고 나사를 잠근다(회로 내의 큰 공기빼기 작업).

④ 위 작업을 나머지 3곳의 캘리퍼도 실시한다.

⑤ 가압 장치를 분리한다.

⑥ 탈거된 iEB 커넥터 또는 배터리 (-) 커넥터 연결하여 전원을 공급한다.

⑦ 진단장비 부가기능에서 '강제 순환 모드' 실행(약 20분 소요) : 차량 Ready 상태를 (방전 방지) 유지한다.

⑧ iEB 커넥터 또는 배터리 (-) 케이블 탈거 : 전원 차단한다.

⑨ 진단기 분리 후, ②~⑤까지 재 실시(미세 공기빼기) 한다.

⑩ iEB 커넥터 또는 배터리 (-) 케이블 연결:정상 작동 여부 확인한다.

※ 작업 중, 브레이크 오일량 확인 및 수동 에어빼기 작업을 할 때는 항상 IEB의 전원 차단 상태 (IEB 커넥터 또는 배터리 - 단자 탈거) 상태에서 실시한다.

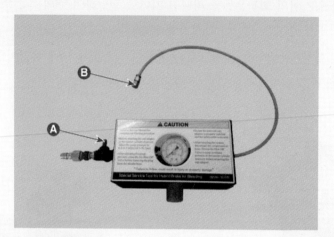

그림 7.12 ◉ 기능 통합형 전동 부스터(IEB, Intergrated Electronic Brake) 가압 장치

IEB 공기빼기 상황 2 (단순 공기빼기)

캘리퍼 또는 브레이크 파이프 단순 교체 시 아래와 같이 작업한다.

① iEB 커넥터 또는 배터리 (-)케이블 탈거 : 전원 차단

② 가압 장비를 리저버에 연결 후 3~5bar로 가압한다.

③ 1곳의 캘리퍼의 공기빼기 나사를 돌려 약 10초 간 브레이크 오일 배출 후 브레이크 페달 약 10~20회 밟고 나사를 잠근다(회로 내의 큰 공기빼기 작업).

④ 위 작업을 나머지 3곳의 캘리퍼도 실시한다.

⑤ 가압 장비 분리 후 iEB 커넥터 또는 배터리 (-)케이블 연결한다.

⑥ 정상 작동 여부를 확인한다.

기능 통합형 전동 부스터(IEB, Intergrated Electronic Brake) 교체 후 진단 장비를 이용하여 부가기능 항목의 베리언트 코딩과 종 G센서 영점설정, 압력센서 영점설정, PTS 영점설정 및 공기빼기(강제 순환)를 반드시 실시하여야 경고등이 점등되지 않고 제동시 안전성이 확보된 제동 성능을 구현할 수 있다.

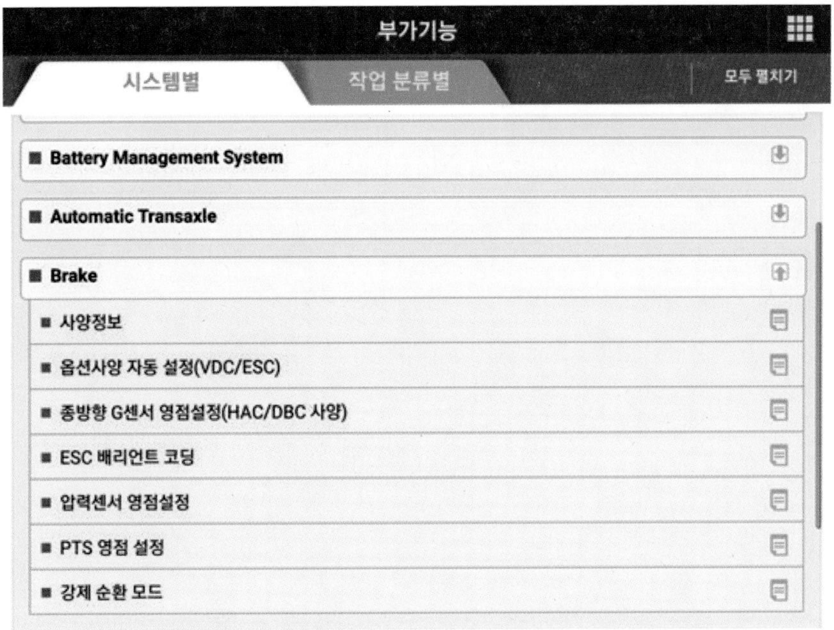

그림 7.13 기능 통합형 전동 부스터(IEB, Intergrated Electronic Brake) 교체 후 진단 장비를 이용한 부가기능 설정 항목

전기차 점검 정비
성공사례20

Maintenance Cases

급속·완속 충전 포트 문제로 급속 충전 불가

∅ 진단

(1) 차종 : 코나 전기차(OS EV)

(2) 고장 현상

급속 충전을 위해 외부 충전기의 급속 충전 케이블을 차량의 충전구에 체결하였으나 충전이 되지 않았다. 외부 충전기 3곳을 이동하며 급속 충전을 시도하였으나 급속 충전이 불가하였고 외부 충전기에는 오류코드 151번이 출력되었다.

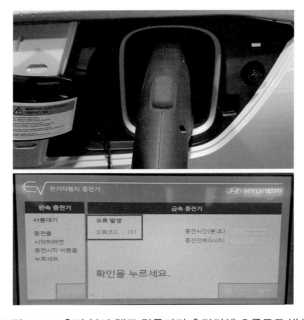

그림 1.1 ● 충전 불가 램프 점등되며 충전기에 오류코드 발생

(3) 정비 이력

없음

(4) 고장 코드

진단 장비를 이용하여 전체 시스템의 고장 코드를 확인한 결과 BMS 제어기에서 "P1BAC00 IGPM 이상으로 인한 급속 충전 중단_과거" 고장 코드가 출력되었다.

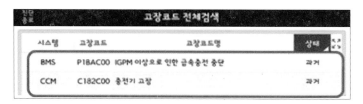

그림 1.2 ● 고장 코드

∅ 점검

(1) 내용

① DTC(Diagnostic Trouble Code) 매뉴얼을 참고하여 "P1BCA00 IPGM 이상으로 인한 급속 충전 불가" 고장 코드 발생 조건을 확인하였다.

② DTC(Diagnostic Trouble Code) 매뉴얼을 확인한 결과 P1BAC00 고장 코드는 급속 충전 중 충전케이블 미 잠금 및 충전 중 충전 케이블 잠금 해제 신호 수신과 급속 충전 중 IGPM으로부터 커넥터 잠금 해제 상태가 10초 이상 수신되었을 때 출력되는 고장 코드임을 확인하였다.

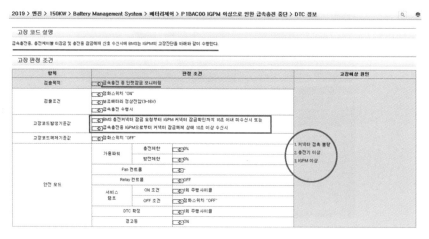

그림 1.3 ● "P1BCA00 DTC(Diagnostic Trouble Code) manual

③ 급속 충전 케이블을 충전구에 삽입하고 진단 장비를 이용하여 Svc Data를 확인하였고 충전 인렛 락 릴레이를 강제 구동하여 작동 유무를 확인하였다.

④ 진단 장비를 이용하여 확인된 BMS 제어기의 Svc Data 항목 중 ❶ 충전구에 급속 충전 케이블을 삽입하면 급속 충전 커넥터 삽입 상태를 인식하여 인식 ON으로 표출되나 ❷ 충전 인렛 락 제어가 되지 않음이 확인되었고 충전 인렛 락, 언락 릴레이를 진단 장비로 강제 구동하였으나 작동되지 않음이 확인되었다.

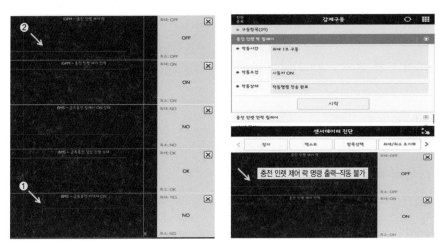

그림 1.4 ❈ 진단 장비를 이용한 Svc Data 점검 및 강제 구동

⑤ 충전 단자 S/W와 록/언록 액추에이터 회로를 점검하여 ❶ IGPM 제어로 충전 단자 락 릴레이는 정상적으로 제어되나 ❷ 센서 신호 전압이 약 3.1V에서 변화없음으로

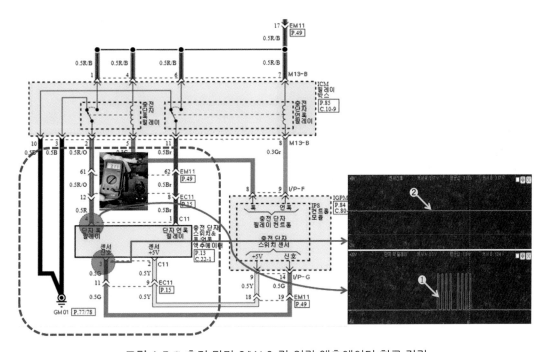

그림 1.5 ❈ 충전 단자 S/W & 락 언락 액추에이터 회로 점검

락 제어를 다시 3회 실시한 후 동일하게 센서 신호 전압의 변화가 없어서 총 2회 작동 후 에러 모드에 진입하여 고장 코드가 발생됨이 확인되었다.

Ø 조치

■ **내용**

급속/완속 충전 포트를 교환하여 조치하였다.

Ø 조치 방법

(1) 서비스 인터 록 커넥터

① 점화 스위치를 OFF하고, 보조배터리(12V)의 (−) 케이블을 분리한다.

 경고

> 케이블을 분리한 후 최소한 3분 이상 기다린다.

② 서비스 인터 록 커넥터 (A)를 분리한다.

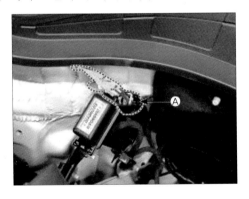 

서비스 인터록 커넥터

(2) 서비스 플러그(1번 불가시)

① 점화 스위치를 OFF하고, 보조배터리(12V)의 (−)케이블을 분리한다.

경고

> • 케이블을 분리한 후 최소한 3분 이상 기다린다.
> • 고전압 차단이 필요한 경우에 서비스 인터록 커넥터를 탈거할 수 없다면 서비스 플러그를 탈거한다.

② 트렁크 러기지 보드를 탈거한다.

③ 리어 시트를 탈거한다.

④ 서비스 플러그 서비스 커버(A)를 탈거한다.

⑤ 서비스 플러그(A)를 탈거한다.

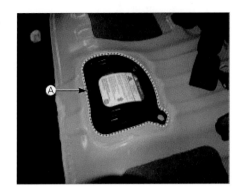 

참고 ……

아래와 같은 절차로 서비스 플러그를 탈거한다.

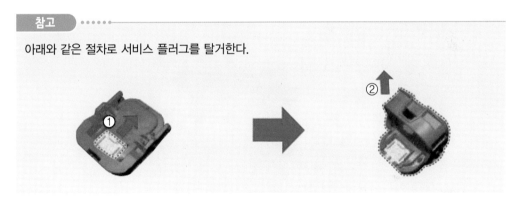

⑥ 서비스 플러그 탈거 후 인버터 내에 있는 커패시터의 방전을 위하여 반드시 5분 이상 대기한다.

⑦ 인버터 커패시터 방전 확인을 위하여 인버터 단자간전압을 측정한다.

　㉠ 차량을 올린다.

　㉡ 장착 너트를 푼 후 고전압 배터리 프 런트 하부 커버(A)를 탈거한다.

ⓒ 장착 너트를 푼 후 고전압 배터리
리머 하부 커버 B를 탈거한다.

ⓓ 고전압 케이블(A)을 탈거한다.

ⓔ 인버터 내에 커패시터 방전 확인을 위하여, 고전압단자 간 전압을 측정한다.

- 30V 이하 : 고전압 회로 정상 차단
- 30V 초과 : 고전압 회로 이상

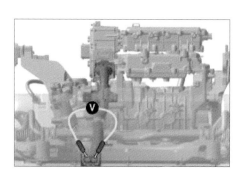

경 고

30V 이상의 전압이 측정된 경우, 서비스 플러그 탈거 상태를 확인한다. 서비스 플러그가 탈거되었음에도 불구하고 30V 이상의 전압이 측정됐다면, 고전압 회로에 중대한 문제가 발생할 수 있으므로 이러한 경우 DTC 고장진단 점검을 먼저 실시하고, 고전압 시스템과 관련된 부분을 건드리지 않는다.

⑧ 프런트 범퍼를 탈거한다.

⑨ 차량 탑재형 충전기(OBC) 고전압 입력 커넥터(A)를 분리한다.

⑩ 급속 충전 케이블 커넥터(B)를
분리한다.

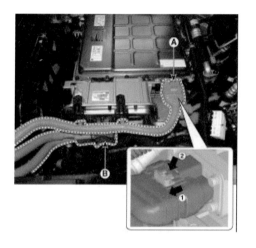

⑪ 급속, 완속 충전 포트 충전 커넥터(A)를
탈거한다.급속/ 완속 충전 포트

⑫ 와이어링 고정 클럽 (A)을 제거한다.

⑬ 고정 볼트(A)를 푼 후, 급속 충전 포트(B)
를 탈거한다.

급속 충전 포트 장착 볼트 : 0.7 ~ 1.0 kgf.m

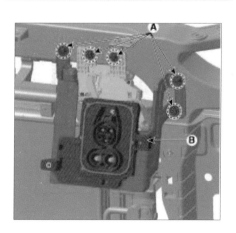

⑭ 탈거 절차의 역순으로 급속/완속 충전 포트를 조립한다.

⊘ 조치 사항 확인(결론)

급속 중전을 위해 외부 충전기의 급속 충전 케이블을 전기자동차의 충전 단자에 삽입한 후 정상 충전이 시작되면 충전 시스템 제어기는 그림과 같은 센서 데이터가 출력된다.

① BMS는 급속 충전 커넥터가 체결됨을 인식하여 센서 데이터가 ON 출력된다.

② IGPM은 충전 인렛 제어 락을 ON시키게 된다.

③ 충전 제어 언락은 OFF시켜 충전 케이블이 이탈되지 않도록 차량의 충전 단자로 체결시킨다.

④ 이후 BMS는 급속 충전 릴레이를 ON시켜 급속 충전 회로를 고전압 배터리와 연결시킨다.

⑤ BMS는 급속 충전이 정상 진행되는 상태를 확인하고 "OK" 센서 데이터를 출력한다.

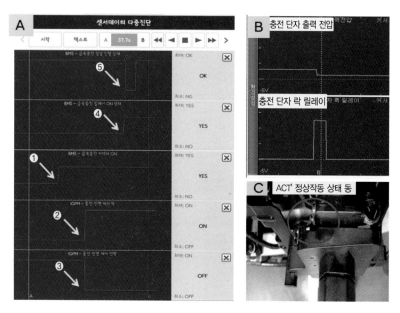

그림 1.6 ● 급속/완속 충전 포트 교환 후 Svc Data

고전압 배터리 모듈 문제로
주행가능거리 낮게 표출

⚙ 진단

(1) 차종 : 코나 전기차(OS EV)

(2) 고장 현상

① 고전압 배터리의 충전율(SOC)이 약 90% 이상 충전되었으나 차량의 클러스터에는 주행가능거리가 243km로 정상적인 주행가능거리 대비 현저하게 낮게 주행가능거리가 표출되는 고장 현상이 발생되었다.

② 냉간 시동(Ready) 후에는 정상이나 약 15분 정도 주행 후인 열간 조건에서 주행가능거리가 낮게 표출되는 현상이 발생되는 조건을 확인하였다.

그림 2.1 ● 고장 현상

(3) 정비 이력

없음

(4) 고장 코드

진단 장비를 이용하여 전체 시스템의 고장 코드를 확인한 결과 출력되는 고장 코드는 없었다.

■ 내용

① 전기자동차에서 클러스터에 표출되는 주행가능거리는 고전압 배터리의 충전량(SOC)과 공조 장치 작동 여부, 네비게이션 목적지 설정에 따라 달라지는데 가장 큰 차이는 BMS 에서 VCU로 입력되는 고전압 배터리를 구성하는 각 셀(Cell)의 최소 전압을 기준으로 표출되므로 BMS 제어기의 Svc data를 점검하였다.

② 고전압 배터리 66번 셀(Cell)의 전압이 3.64V로 다른 고전압 배터리 셀(Cell) 전압 보다 (4.14V ~ 4.16V) 현저히 낮게 출력되는 Svc data가 확인되었다.

센서명	센서값	단위
배터리 셀 전압 60	4.16	V
배터리 셀 전압 61	4.14	V
배터리 셀 전압 62	4.16	V
배터리 셀 전압 63	4.14	V
배터리 셀 전압 64	4.14	V
배터리 셀 전압 65	4.16	V
배터리 셀 전압 66	3.64	V
배터리 셀 전압 67	4.16	V
배터리 셀 전압 68	4.16	V
배터리 셀 전압 69	4.14	V

그림 2.2 ● BMS Svc Data

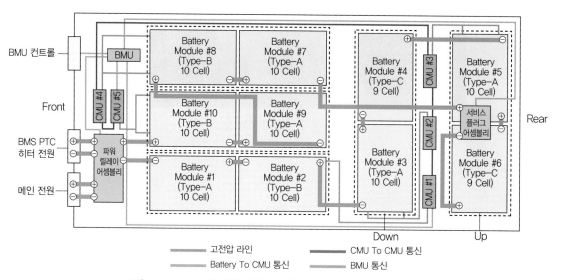

그림 2.3 ● 코나 전기차 고전압 배터리 모듈(Moudle) 위치도

[표 2.1] 코나 전기차 고전압 배터리 모듈(Moudle) 및 셀(Cell) 번호

모듈 번호	1	2	3	4	5	6	7	8	9	10
CELL 번호	1~10	11~20	21~30	31~39	40~49	50~58	59~68	69~78	79~88	89~98
CMU No.	#1		#2		#3		#4		#5	

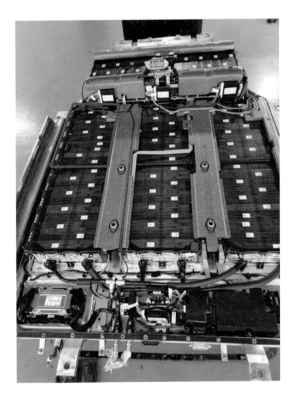

그림 2.4 ◦ 코나 전기차 고전압 배터리

③ 고전압 배터리를 탈거하여 해당 배터리 셀(Cell)이 조립된 #4번 모듈의 (+), (−) 단자 버스바의 체결 상태와 BMU, CMU 제어기의 커넥터 및 와이어링 체결 상태를 점검한 결과 특이사항이 발견되지 않았다.

해당 모듈의 단자를 분리하여 각 셀(Cell)의 단품 전압을 측정한 결과 문제의 66번 셀(Cell)에서 진단 장비로 출력되는 전압 값과 동일한 전압인 3.64V의 전압이 확인되었다. 고전압 배터리 셀(Cell) 불량으로 전압 저하 현상이 발생되어 해당 모듈의 전압은 BMU 제어기에 안전 모드가 진입되어 해당 모듈의 전압을 뺀 나머지 정상 모듈의 전압으로만 주행가능거리가 연산되므로 고전압 배터리를 90% 이상 충전하여도 주행가능 거리가 짧게 출력되는 고장 현상의 문제 원인을 확인할 수 있었다.

Ø 조치

■ **내용**

고전압 배터리의 66번 셀(Cell)이 포함된 7번 모듈을 신품으로 교환하기 위해 기존 정상 셀(Cell) 전압을 측정하였다. 신품 모듈 전압과 동일 한 전압으로 고전압 배터리 밸런싱 장비를 이용하여 신품 고전압 배터리 모듈 전압을 동일한 전압으로 밸런싱한 후에 조립하여 조치하였다.

Ø 조치 방법

경고

- 고전압 시스템 관련 작업 시 반드시 '안전사항 및 주의, 경고' 내용을 숙지하고 준수해야 한다. 미준수 시 감전 또는 누전 등으로 인해 심각한 사고를 초래할 수 있다.
- 고전압 시스템 관련 작업 시 '고전압 차단절차'에 따라 반드시 고전압을 먼저 차단해야 한다. 미준수 시 감전 또는 누전 등으로 인해 심각한 사고를 초래할 수 있다.

참고

고전압계 부품

고전압 배터리, 파워 릴레이 어셈블리(PRA), 모터, 파워 케이블 BMS ECU, 인버터, LDC, 차량 탑재형 충전기(OBC), 메인 릴레이, 프리 챠지 릴레이, 프리 챠지 레지스터, 배터리 전류 센서, 안전 플러그, 메인 퓨즈, 배터리 온도 세서, 버스바, 충전 포트, 전동식 컴프레서, 전자식 파워 컨트롤 유닛(EPCU), 고전압 히터 릴레이 등

1) 점화 스위치를 OFF하고, 보조배터리(12V)의 (−) 케이블을 분리한다.

경고

케이블을 분리한 후 최소한 3분 이상 기다린다.

2) 리어 시트를 탈거한다.

3) 안전 플러그 서비스 커버(A)를 탈거한다.   4) 서비스 플러그(A)를 탈거한다.

 유의 서비스 플러그 커버를 차량에 장착 전에 부틸 테이프를 서비스 플러그 커버에 바른다.

 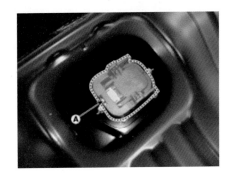

참고 ･･･････

아래와 같은 절차로 서비스 플러그를 탈거한다.

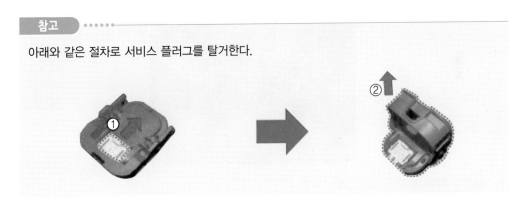

5) 안전 플러그 탈거 후 인버터 내에 있는 커패시터의 방전을 위하여 반드시 5분 이상 대기한다.

6) 장착 너트를 푼 후 고전압 배터리 프런트 하부 커버(A)를 탈거한다.

172

7) 장착 너트를 푼 후 고전압 배터리 리머 하부 커버 B를 탈거한다.

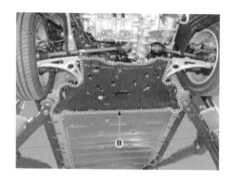

8) 냉각수 드레인 플러그(A)를 풀어 냉각 수를 배출한다.

9) 고전압 케이블 커넥터(A)를 분리한다.

참고

아래와 같은 순서로 급속 충전 케이블(A)를 분리한다.

10) 히터 커넥터(A)를 분리한다.

참고

아래와 같은 순서로 히터 커넥터를 분리한다.

11) BMS 연결 커넥터(A)를 분리한다.

참고

아래와 같은 순서로 BMS 커넥터(A)를 분리한다.

12) 냉각수 인렛 호스(A), 냉각수 아웃렛 호스(B)
　　를 분리한다.

13) 배터리팩 어셈블리 작업 시 배터리팩 어셈블리 내의 잔여 냉각수(SST : 09360-
K000, 09580-3D100)를 이용하여 제거한다.

 주의 배터리 모듈, 배터리 모듈 냉각수 호스 작업 시, 반드시 "냉각수를 제거한다." 미준수 시,
배터리 시스템에 중대한 결함을 야기할 수 있다.

① 냉각수 인렛에 입력 어댑터(A), 냉각수 아웃렛에 배출 어댑터(B)를 장착한 다음에
고정 볼트(C)를 조인다.

② 냉각수 아웃렛에 연결된 배출 어댑
터(B)에서 배출 어댑터 플러그(D)
를 탈거한다.

③ 세이프티 노브 너트(A)에 세이프티 와
이어 플레이트(B)를 끼우고 세이프티
노브 너트(A)를 조인다.

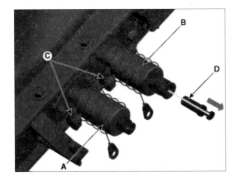

 유의 호스의 조립 방법은 원터치 피팅 타입
이며, 호스를 탈거시에는 Release
Sleeve(A)를 반드시 화살표 방향으로
밀어서 탈거한다.

④ 에어 브리딩 툴(SST : 09580-3D100) 호스에서 기밀 플러그(A)를 탈거한다.
⑤ 에어 차단 밸브(B)를 닫는다.

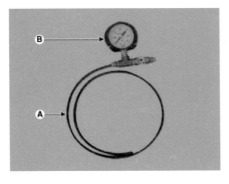

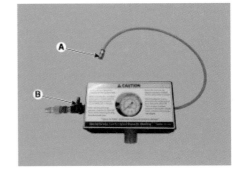

⑥ 압력 게이지(A)를 에어 브리딩 툴(09580-3D100)에 연결한다.

⑦ 에어 브리딩 툴(SST : 09580-3D100)은 에어 공급 라인과 연결 전에 조절 밸브(A)를 항상 왼쪽으로 돌려서 닫는다.

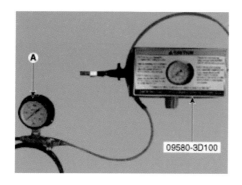 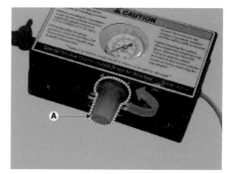

⑧ 에어 브리딩 툴(A)에 에어 공급 라인(B)을 연결 후, 에어 차단 밸브(C)를 연다.

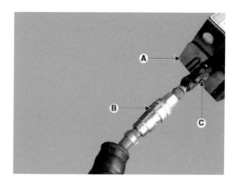

⑨ 에어 브리딩 툴 조절 밸브(A), 압력 게이지 밸브(B)를 오른쪽으로 회전시켜 압력 게이지의 눈금 0.21Mpa(2.1Bar)를 맞춘다.

 주의 게이지의 눈금이 0.21Mpa(2.1Bar)가 넘을 경우 압력을 해제한 후 다시 게이지 눈금 0.21Mpa (2.1Bar)을 맞춘다.

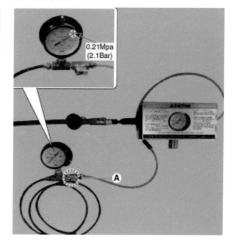

⑩ 에어 호스-검정색(B)에서 기밀 플
러그(A)를 탈거한다.

⑪ 냉각수 인렛에 연결된 입력 어댑터에 에
어 호스-검정색(A)을 연결한다.

⑫ 냉각수 아웃렛에 연결된 배출 어댑터에
에어 호스-투명색(B)을 연결한다.

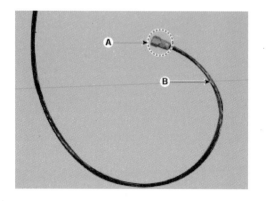

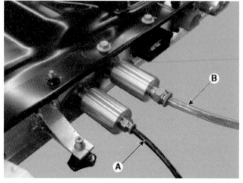

⑬ 투명색 호스 끝단(A)에 배출 T형 어
댑터(B)를 장착한다.

⑭ 에어 호스-투명색 끝단(A)을 냉각수를
받을 통(B)에 넣는다.

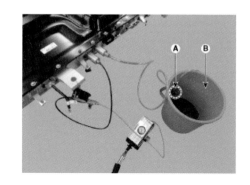

⑮ 압력 게이지 밸브(A)를 오른쪽으로
돌려서 연다.

 주의   냉각수 배출 시 압력은 최대 0.21Mpa
(2.1Bar)를 넘지 않도록 주의한다.

⑯ 에어 브리딩 툴의 조절 밸브(A)를
오른쪽으로 천천히 열어, 냉각수를
배출한다.

유의
• 냉각수 용량(L) : 일반형 (6.1L)
• 냉각수 용량(L) : 도심형 (3.8L)

14) 고정 볼트(A)를 푼 후, 접지 케이블을 차
량으로부터 분리한다.

접지 케이블 장착 볼트 : 1.0 ~ 1.2 kgf.m

15) 고전압 배터리 시스템 어셈블리 중앙부
고정 볼트(A)를 푼다.

**고전압 배터리 시스템 어셈블리 센터
장착 볼트 : 7.2 ~ 10.0 kgf.m**

유의
배터리팩 어셈블리 고정 볼트는 재
사용하지 않는다.

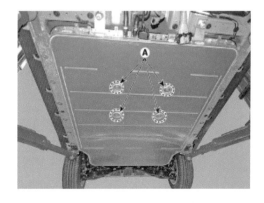

16) 고전압 배터리팩 어셈블리에 플로어 잭
(A)을 받힌다.

17) 고전압 배터리 시스템 어셈블리 사이드 고정 볼트를 푼다.

> 고전압 배터리 시스템 어셈블리 센터 사이드 장착 볼트 : 12.3 ~ 18.5 kgf.m

 유의
- 배터리팩 어셈블리 장착 볼트를 탈거한 후에 배터리팩 어셈블리가 아래로 떨어질 수 있으므로 플로어 잭으로 안전하게 지지한다.
- 배터리팩 어셈블리를 탈거하기 전에 고전압 케이블 및 커넥터가 확실히 탈거되었는지 확인한다.
- 베터리 팩 하부 보호 및 언더 커버 고정용 스터드 볼트 보호를 위해 플로어 잭 위에 고무 또는 나무를 받친다.
- 배터리팩 어셈블리 고정 볼트는 재사용하지 않는다.

18) 고전압 배터리 시스템 어셈블리(A)를 차량으로부터 탈거한다.

 유의
- 특수공구(SST No. 09375-K4100)와 크레인 자키를 이용하여 고전압 배터리팩 어셈블리를 이송한다.
- 탈거한 고전압 배터리 모듈은 부품의 손상을 방지하기 위해 평평한 바닥, 배트 위에 내려 놓는다.

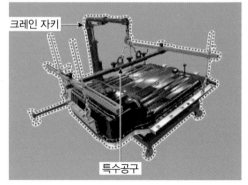

크레인 자키

특수공구

19) 안전 플러그 케이블 어셈블리 브라켓 고정 볼트(A)를 탈거한다.

> 안전 플러그 케이블 어셈블리 브라켓 장착 볼트 : 1.0 ~ 1.2 kgf.m

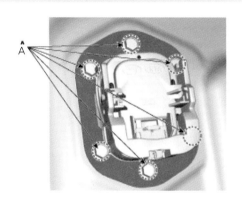

20) 고정 볼트를 풀고 고전압 배터리팩 상부 케이스(A)를 탈거한다.

고전압 배터리팩 상부 케이스 장착 볼트 : 1.0 ~ 1.2 kgf.m

21) 배터리 패드(A)를 탈거한다.

22) 배터리 냉각수 호스를 탈거한다.

 주의 냉각수 호스 장착 시, 퀵 커넥터 "딸깍" 소리가 나는지 확인한다.

고전압 배터리팩 패드

23) 셀 모니터링 유닛 커넥터(A)를 분리한다.

24) 장착 볼트(B)를 푼 후, 셀 모니터링 유닛 (C)을 탈거한다.

셀 모니터링 유닛 장착 너트 : 1.0 ~ 1.2kgf.m

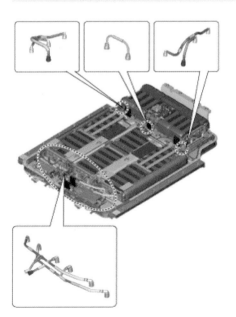

25) 장착 볼트를 푼 후, 고전압 배터리 (−)
버스바(A)를 탈거한다.

고전압 배터리 (−) 버스바 장착 볼트 :
0.5 ～ 0.7kgf.m

26) 배터리 모듈 #4 온도센서 커넥터(A)를
탈거한다.

27) 장착 볼트를 푼 후, 안전 플러그 (+) 버
스바(A)를 탈거한다.

고전압 배터리 (−) 버스바 장착 볼트 :
0.5 ～ 0.7kgf.m

28) 장착 볼트를 푼 후, 안전 플러그 고전압 배터리 모듈 #4를 탈거한다.

유의

- 특수공구(SST No. 09375−K4200)와 크레인 자키를 이용하여 고전압 배터리 모듈을 이송
한다.
- 탈거한 고전압 배터리 모듈은 부품 손상을 방지하기 위해 평평한 바닥, 매트 위에 내려 놓
는다.

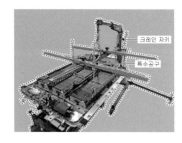

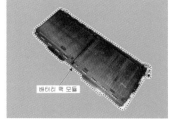

29) 신품으로 교환할 고전압 배터리팩 모듈을 고전압 배터리 밸런싱 장비를 이용하여 모듈 및 셀 전압을 밸런싱한다.

30) 탈거 절차의 역순으로 고전압 배터리팩 #4 모듈 및 고전압 배터리 어셈블리와 관련 부품을 조립한다.

31) 고전압 배터리팩 냉각수 라인 기밀 테스트 장비를 이용하여 기밀 상태를 점검한다.

주의
- 냉각수 호스 장착 시, 퀵 커넥터 "딸각" 소리가 나는지 확인한다.
- 록 타이트 볼트는 재사용하지 않는다.
- 배터리팩 어셈블리 고정 볼트는 재사용하지 않는다.
- 상부 케이스 장착 전에 배터리 라인 기밀 테스트를 실시한다.

① 냉각수 인렛에 입력 어댑터(A), 냉각수 아웃렛에 배출 어댑터(B)를 장착한 다음 고정 볼트(C)를 조인다.

② 냉각수 아웃렛에 연결된 배출 어댑터(B)에서 배출 어댑터 플러그(D)를 장착한다.

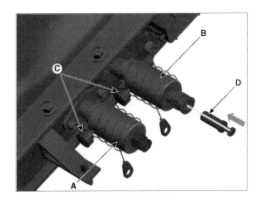

③ 세이프티 노브 너트(A)에 세이프티 와
이어 플레이트(B)를 끼우고 세이프티
노브 너트(A)를 조인다.

④ 에어 브리딩 툴(SST No.09580-
3D100)호스에서 기밀 플러그(A)를 탈
거한다.

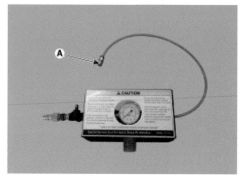

⑤ 에어 브리딩 툴 호스에서 탈거한 기밀
플러그(A)를 에어 호스 - 검정색(B)에
연결한다.

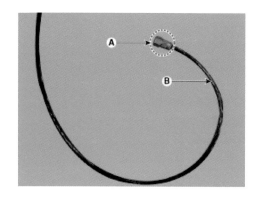

⑥ 에어 브리딩 툴(SST No.09580-3D100)
은 에어 공급 라인과 연결전에 조절 밸
브(A)를 항상 왼쪽으로 돌려서 닫는다.

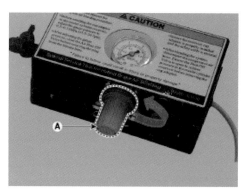

⑦ 에어 브리딩 툴(A)에 에어 공급 라인(B)을 연결 후, 에어 차단 밸브(C)를 연다.

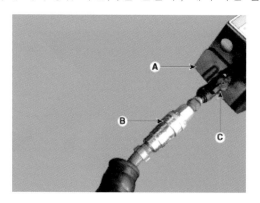

⑧ 에어 브리딩 툴 조절 밸브(A), 압력 게이지 밸브(B)를 오른쪽으로 회전시켜 압력
게이지의 눈금 0.2Mpa(2.1Bar)을 맞춘다.

 주의 게이지의 눈금이 0.2Mpa(2.1Bar)가 넘을 경우 압력을 해제한 후 다시 게이지 눈금 0.2Mpa(2.1Bar)을 맞춘다.

⑨ 압력 게이지 밸브(A)를 오른쪽으로
회전시켜 닫는다.

 주의 에어 브리딩 툴의 밸브는 반드시 열어 둔다.

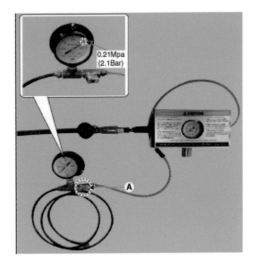

⑩ 에어 호스-검정색(A)에서 기밀 플러그(B)를 탈거한다.

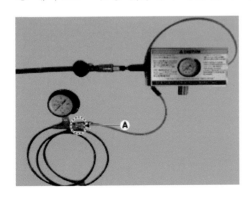
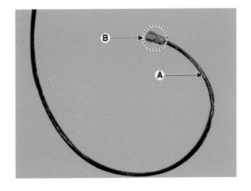

⑪ 냉각수 인렛에 연결된 입력 어댑터에 에어 호스-검정색(A)을 연결한다.
⑫ 압력 게이지 밸브(A)를 오른쪽으로 돌려서 에어를 0.2Mpa(2.1Bar)까지 주입한다.

 주의 기밀 압력 테스트시 0.2Mpa(2.1Bar)를 넘지 않도록 주의한다.

⑬ 압력이 형성된 것을 확인 후 밸브를 닫는다.

 유의
냉각수 라인의 이상 유, 무 판정 기준값
[0.2Mpa(2.1Bar)]
• 눈금 변동 없음 : 이상 없음
• 눈금 변동 있음 : 이상 있음

0.21Mpa (2.1Bar)

 주의
• 게이지 눈금에 이상이 발생하면 배터리 냉각수 호스를 확인한다.
• 냉각수 호스 장착 시, 퀵 커넥터 "딸각" 소리가 나는지 확인한다.

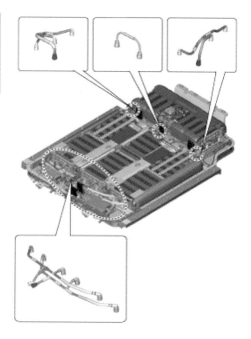

32) 고전압 배터리팩 어셈블리 기밀 점검을 실시한다.

 주의
고전압 배터리팩을 차량에 장착하기 전에 "EV 배터리팩 기밀점검 시험기"를 사용하여 기밀 점검을 실시한다.

① 서비스 플러그(A)를 장착한다.

② EV 배터리팩 기밀점검 시험기에 들어있는 기밀 유지 커넥터(A)를 장착한다.

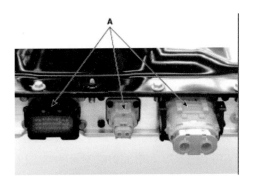

③ 기밀 점검 테스터기의 압력 조정제 어댑터(A)를 배터리팩 상부에 위치한 압력 조정제 위에 화살표 방향으로 밀면서 5초간 유지하여 어댑터가 흡착되도록 한다.

참고

약 5초간 누른 후 손을 떼어도 진공압력에 의해 압력 조정제 어댑터는 떨어지지 않는다.

④ EV 배터리팩 기밀점검 테스터기의 "start"버튼을 눌러 고전압 배터리팩 기밀점검을 실시한다.

유의

- EV 배터리팩 기밀점검 테스터기의 사용 방법은 업체 매뉴얼을 참고한다.
- 기밀점검 테스터 중 아래 그림과 같이 호스의 꺾임을 유의한다.

⑤ 고전압 배터리팩의 압력 누설 여부를 확인한다.

참고 ••••••

"고전압 배터리팩"의 압력 누설 판정 기준
- PASS 문구 : 이상 없음
- ERROR 문구 : 이상 있음

33) 탈거 절차의 역순으로 고전압 배터리 어셈블리 및 관련 부품을 장착한다.

- 고전압 배터리 시스템 어셈블리 센터 사이드 장착 볼트 : 12.3 ~ 18.5 kgf.m

- 고전압 배터리 시스템 어셈블리 센터 장착 볼트 : 7.2 ~ 10.0 kgf.m

유의   고전압 배터리 어셈블리 장착 시, 아래 그림과 같이 체결 볼트를 순서대로 장착한다.

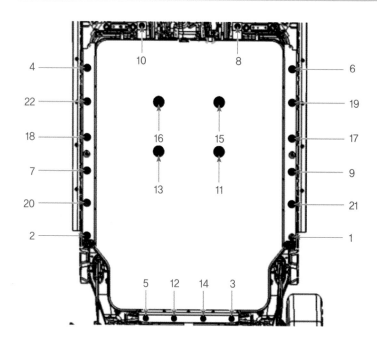

34) 냉각수 주입 후 누수 여부를 확인한다.

유의   냉각수 주입 시 진단기기를 이용하여 전자식 워터 펌프(EWP)를 강제 구동시켜 공기 빼기를 실시한다.

35) 진단기기 부가기능의 "전자식 워터 펌프 구동" 항목을 수행한다.

 주의 전자식 워터 펌프(EWP) 강제 구동시, 배터리 방전을 막기 위해 12V 배터리를 충전시키면서 작업한다.

• 전자식 워터펌프 구동

검사목적	하이브리드 차량의 HSG/HPCU 및 EWP 관련 정비 후, 냉각수 보충 시 공기빼기 및 냉각수 순환을 위해 EWP를 구동하는 기능.
검사조건	1.엔진 정지 2.점화스위치 On 3.기타 고장코드 없을 것
연계단품	Motor Control Unit(MCU), Electric Water Pump(EWP)
연계DTC	-
불량현상	-
기 타	-

부가기능

■ 전자식 워터 펌프 구동

● [전자식 워터 펌프(EWP) 구동]

이 기능은 전기 차량의 구동모터/EPCU 및 EWP 관련 정비 후,

냉각수 보충시 공기빼기 및 냉각수 순환을 위해 EWP

(전자식 워터 펌프)를 구동하는데 사용됩니다.

● [조건]
　1. 이그니션 ON
　2. NO DTC (EWP 관련코드 : P0C73)
　3. EWP 통신상태 정상

냉각수 보충 후, [확인] 버튼을 누르세요.

| 확인 | 취소 |

부가기능

■ 전자식 워터 펌프 구동

● [전자식 워터 펌프(EWP) 구동]

< EWP 구동중 확인 해야될 사항 >

1. 육안으로 리저버 탱크의 냉각수가 순환 되는지 확인

2. 냉각수 부족시 보충해야 되며, EWP는 30분 정도 구동

3.냉각수가 순환 될때 냉각수에 공기 방울이 있다면, 구동이 종료 된 다음 30초후 기능을 재 실행

구동을 중지 하려면 [취소] 버튼을 누르십시오.

[[구동 중]]　4 초 경과

| 취소 |

부가기능

■ 전자식 워터 펌프 구동

● [전자식 워터 펌프(EWP) 구동]

전자식 워터 펌프(EWP) 구동을 완료하였습니다.

⚠ [주의]
1. 냉각수 용기의 용량이 MIN과 MAX 사이에 위치하는지 확인하십시오.
2. 냉각수 용기내에 공기방울이 있는지 확인하십시오.
3. 공기방울이 존재하면 30초 후에 재구동 하십시오.

[확인] 버튼 : 부가기능 종료

| 확인 |

36) 전자식 워터 펌프(EWP)가 작동하고 냉각수가 순환하면 냉각수가 리저버 탱크 "MAX" 와 "MIN" 사이에 오도록 냉각수를 채운다.

37) 전자식 워터 펌프(EWP) 작동 중 리저버 탱크에서 더 이상 공기 방울이 발생하지 않으면 냉각 시스템의 공기빼기는 완료된 것이다.

유의

- 전자식 워터 펌프(EWP)는 1회 강제구동으로 약 30분간 작동되나 필요 시, 공기 빼기가 완료될 때까지 여러번 반복하여 작동시켜야 한다.
- 공기빼기가 완료된 후, 전자식 워터 펌프(EWP)가 작동하는 동안 리저버 탱크의 냉각수가 공기방울 발생없이 잘 순환되는지 육안으로 리저버 탱크 내부를 확인한다. 만일 냉각수 흐름이 원활하지 않거나 공기방울이 여전히 발생되면 20~23항을 반복한다.

38) 공기빼기가 완료되면 전자식 워터 펌프(EWP)의 작동을 멈추고 리저버 탱크의 "MAX" 선까지 냉각수를 채운 후 압력 캡을 잠근다.

참고 ······

냉각수가 완전히 식었을 때, 냉각수 시스템 내부공기 배출 및 냉각수 보충이 가장 용이하게 이루어지므로, 냉각수 교환 후 2~3일 정도는 리저버 탱크의 냉각수 용량을 재확인한다.

냉각수 용량

① 일반형(150kw)
- 히트 펌프 미적용 사양 : 약 12.5 ~ 13.0 L
- 히트 펌프 적용 사양 : 약 13.0 ~ 13.4 L
② 도심형(99kw)
- 히트 펌프 미적용 사양 : 약 10.3 ~ 10.7 L
- 히트 펌프 적용 사양 : 약 10.7 ~ 11.2 L

∅ 조치 사항 확인(결론)

전기자동차의 고전압 배터리를 정상 충전하여도 주행가능 거리가 짧게 표출되는 고장 현상이 발생되는 원인은 다음과 같다.

① 전기자동차의 주행가능거리는 고전압 배터리 셀(Cell) 전압 중에서 가장 낮은 전압을 기준으로 클러스터에 표출된다.

② 고전압 배터리 셀(Cell) 불량으로 전압 저하 현상이 발생되면 해당 모듈은 BMU 제어에 의해 안전 모드로 진입하게 된다.

③ 안전 모드가 진입된 배터리 모듈을 뺀 나머지 정상 모듈의 전압으로만 주행가능거리가 연산되어 클러스터로 표출되게 된다.

Maintenance Cases

고전압 배터리 케이스 파손으로 절연 파괴되어 EV 경고등 점등

⊘ 진단

(1) 차종 : 코나 전기차(OS EV)

(2) 고장 현상

　"전기차 시스템을 점검하십시오" 문구와 EV 경고등이 점등되는 고장 현상이 발생되었다.

그림 3.1 ● 고장 현상

(3) 정비 이력

　없음

(4) 고장 코드

　진단 장비를 이용하여 전체 시스템의 고장 코드를 확인한 결과 BMS 제어기에서 "P0AA600 고전압 배터리 부품 절연파괴_현재" 고장 코드가 검출되었다.

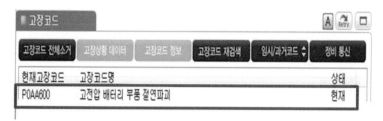

그림 3.2 ◉ 고장 코드

∅ 점검

■ **내용**

① 문제 현상이 발생된 전기자동차에서 "P0AA6 고전압 배터리 부품 절연파괴"의 고장 코드가 확인되어 진단 장비를 이용하여 고전압 부품의 절연 저항값을 확인하고 진단 장비의 부가 기능을 활용하여 절연파괴 부품 검사를 실행하여 절연파괴 예상 부위를 검출하였다.

② 절연 저항 규정값은 300~1,000kΩ 이상이나 201kΩ이 확인되어 고전압 계통의 절연이 파괴된 센서 출력값을 확인할 수 있었고, 진단 장비의 절연파괴 부품 검사 부가기능을 활용하여 고전압 배터리 부에서 절연이 파괴되는 문제 원인을 예상할 수 있었다.

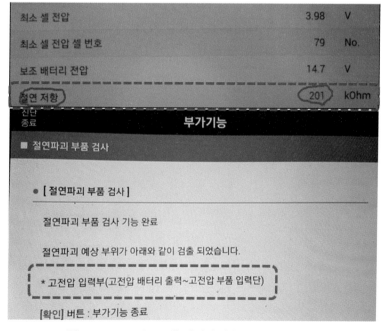

그림 3.3 ◉ Svc data 및 절연파괴 부품 검사 부가기능

③ 전기자동차(EV)에서 절연 저항을 측정하는 전용 장비인 절연 저항계(메가옴 테스터기)를 이용하여 고전압 배터리를 차량에서 탈거하기 전에 서비스 플러그를 탈거하여 단자별 절연 저항을 측정하였다.

④ 전기자동차(EV)에서 고전압을 사용하는 부품의 절연 저항은 반드시 전용 장비를 사용하여야 정확한 측정값을 확인할 수 있다.

⑤ 절연 저항계(메가옴 테스터기)를 이용하여 절연 저항값을 측정한 결과 66.7kΩ으로 절연이 파괴된 측정값을 확인할 수 있었다.

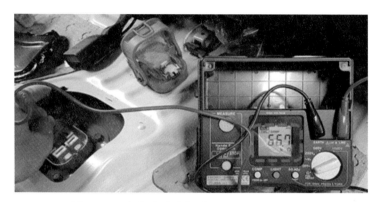

그림 3.4 ◈ 절연 저항계을 이용하여 절연 저항 측정

⑥ 고전압 배터리 내부의 절연 파괴가 절연 저항계를 이용한 측정값을 통해 확인되어 고전압 배터리를 차량에서 탈착하고, 고전압 배터리 내부를 확인한 결과 다량의 수분이 유입됨을 확인하였다. 고전압 배터리 케이스가 외부의 충격에 의해 파손되고 파손 부위로 수분이 유입되어 고전압 배터리 내부에서 절연이 파괴된 원인을 확인할 수 있었다.

그림 3.5 ◈ 고전압 배터리 케이스 파손되어 내부에 다량의 수분 유입

⌀ 조치

■ 내용

고전압 배터리팩을 교환하여 문제 현상을 조치하였다.

⌀ 조치 방법

경고

- 고전압 시스템 관련 작업 시 반드시 '안전사항 및 주의, 경고' 내용을 숙지하고 준수해야 한다. 미준수 시 감전 또는 누전 등으로 인해 심각한 사고를 초래할 수 있다.
- 고전압 시스템 관련 작업 시 '고전압 차단절차'에 따라 반드시 고전압을 먼저 차단해야 한다. 미준수 시 감전 또는 누전 등으로 인해 심각한 사고를 초래할 수 있다.

참고 ......

고전압계 부품

고전압 배터리, 파워 릴레이 어셈블리(PRA), 모터, 파워 케이블 BMS ECU, 인버터, LDC, 차량 탑재형 충전기(OBC), 메인 릴레이, 프리 챠지 릴레이, 프리 챠지 레지스터, 배터리 전류 센서, 안전 플러그, 메인 퓨즈, 배터리 온도 센서, 버스바, 충전 포트, 전동식 컴프레서, 전자식 파워 컨트롤 유닛(EPCU), 고전압 히터 릴레이 등

1) 점화 스위치를 OFF하고, 보조 배터리(12V)의 (−) 케이블을 분리한다.

경고

케이블을 분리한 후 최소한 3분 이상 기다린다.

2) 리어 시트를 탈거한다.

3) 안전 플러그 서비스 커버(A)를 탈거한다.

🔍 **유의** 서비스 플러그 커버를 차량에 장착 전에 부틸 테이프를 서비스 플러그 커버에 바른다.

4) 서비스 플러그(A)를 탈거한다.

아래와 같은 절차로 서비스 플러그를 탈거한다.

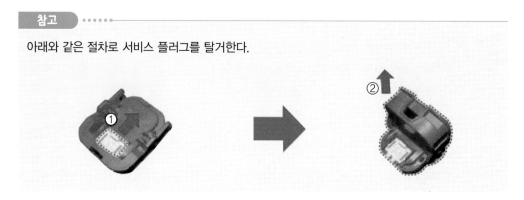

5) 안전 플러그 탈거 후 인버터 내에 있는 커패시터의 방전을 위해 반드시 5분 이상 대기한다.

6) 장착 너트를 푼 후 고전압 배터리 프런트 하부 커버(A)를 탈거한다.

7) 장착 너트를 푼 후 고전압 배터리 리머 하부 커버 B를 탈거한다.

8) 냉각수를 배출한다.

9) 고전압 케이블 커넥터(A)를 분리한다.

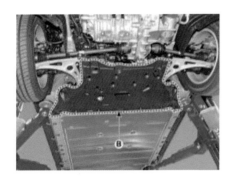

참고

아래와 같은 순서로 급속 충전 케이블(A)을 분리한다.

10) 히터 커넥터(A)를 분리한다.

참고

아래와 같은 순서로 히터 커넥터를 분리한다.

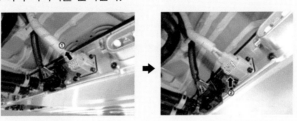

11) BMS 연결 커넥터(A)를 분리한다.

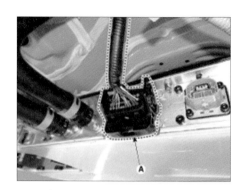

참고

아래와 같은 순서로 BMS 커넥터(A)를 분리한다.

12) 냉각수 인렛 호스(A), 냉각수 아웃렛 호스
(B)를 분리한다.

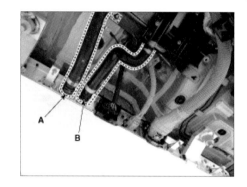

13) 배터리팩 어셈블리 작업 시 배터리팩 어셈블리 내의 잔여 냉각수(SST : 09360-K000,
09580-3D100)를 이용하여 제거한다.

주의

배터리 모듈, 배터리 모듈 냉각수 호스 작업 시, 반드시 "냉각수를 제거한다." 미준수 시, 배터리
시스템에 중대한 결함을 야기할 수 있다.

① 냉각수 인렛에 입력 어댑터(A), 냉각수 아
웃렛에 배출 어댑터(B)를 장착한 다음에
고정 볼트(C)를 조인다.
② 냉각수 아웃렛에 연결된 배출 어댑터(B)
에서 배출 어댑터 플러그(D)를 탈거한다.

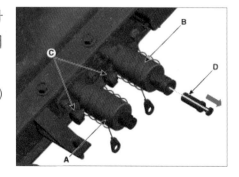

③ 세이프티 노브 너트(A)에 세이프티 와이어 플레이트(B)를 끼우고 세이프티 노브 너트(A)를 조인다.

 유의 호스의 조립 방법은 원터치 피팅 타입이며, 호스를 탈거 시에는 Release Sleeve(A)를 반드시 화살표 방향으로 밀어서 탈거한다.

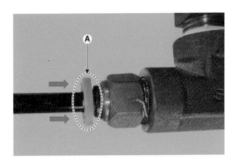

④ 에어 브리딩 툴(SST: 09580-3D100) 호스에서 기밀 플러그(A)를 탈거한다.

⑤ 에어 차단 밸브(B)를 닫는다.

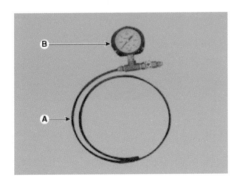
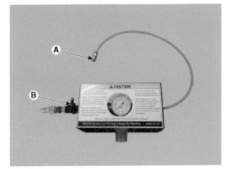

⑥ 압력 게이지(A)를 에어 브리딩 툴(09580-3D100)에 연결한다.

⑦ 에어 브리딩 툴(SST:09580-3D100)은 에어 공급 라인과 연결 전에 조절 밸브(A)를 항상 왼쪽으로 돌려서 닫는다.

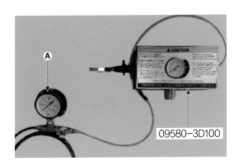
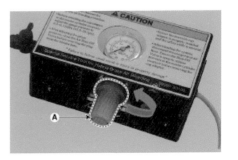

⑧ 에어 브리딩 툴(A)에 에어 공급 라인
   (B)을 연결 후, 에어 차단 밸브(C)를
   연다.

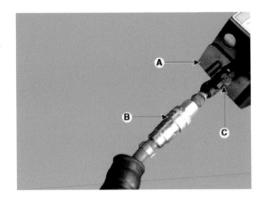

⑨ 에어 브리딩 툴 조절 밸브(A), 압력
   게이지 밸브(B)를 오른쪽으로 회전시
   켜 압력 게이지의 눈금 0.21Mpa
   (2.1Bar)를 맞춘다.

 주의 게이지의 눈금이 0.21Mpa(2.1Bar)
가 넘을 경우 압력을 해제한 후
다시 게이지 눈금 0.21Mpa(2.1Bar)
을 맞춘다.

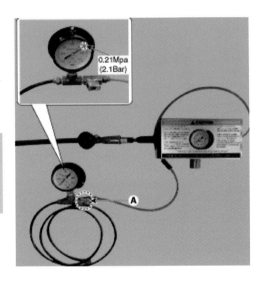

⑩ 에어 호스-검정색(B)에서 기밀 플러그(A)를 탈거한다.

⑪ 냉각수 인렛에 연결되 입력 어댑터에 에어 호스-검정색(A)을 연결한다.

⑫ 냉각수 아웃렛에 연결된 배출 어댑터에 에어 호스-투명색(B)을 연결한다.

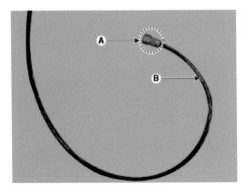

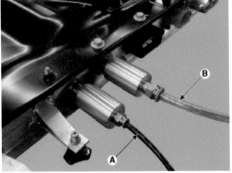

⑬ 투명색 호스 끝단(A)에 배출 T형 어댑터(B)를 장착한다.

⑭ 에어 호스-투명색 끝단(A)을 냉각수를 받을 통(B)에 넣는다.

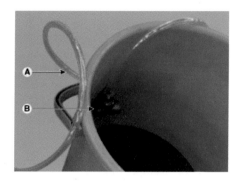

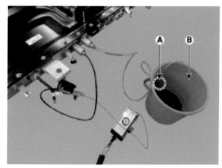

⑮ 압력 게이지 밸브(A)를 오른쪽으로 돌려서 연다.

⑯ 에어 브리딩 툴의 조절 밸브(A)를 오른쪽으로 천천히 열어, 냉각수를 배출한다.

 주의 냉각수 배출 시 압력은 최대 0.21Mpa (2.1Bar)를 넘지 않도록 주의한다.

 유의
- 냉각수 용량(L) : 일반형 (6.1L)
- 냉각수 용량(L) : 도심형 (3.8L)

14) 고정 볼트(A)를 푼 후, 접지 케이블을 차량으로부터 분리한다.

접지 케이블 장착 볼트 : 1.0 ~ 1.2kgf.m

15) 고저압 배터리 시스템 어셈블리 중앙부 고정 볼트(A)를 푼다.

고전압 배터리 시스템 어셈블리 센터 장착 볼트 : 7.2 ~ 10.0 kgf.m

 유의 배터리팩 어셈블리 고정 볼트는 재사용 하지 않는다.

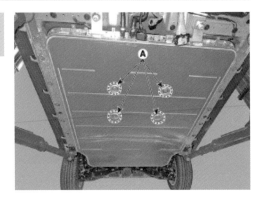

16) 고전압 배터리팩 어셈블리에 플로어 잭(A)을 받힌다.

17) 고전압 배터리 시스템 어셈블리 사이드 고정 볼트를 푼다.

고전압 배터리 시스템 어셈블리 센터 사이드 장착 볼트 : 12.3~18.5kgf.m

 유의
- 배터리팩 어셈블리 장착 볼트를 탈거한 후에 배터리팩 어셈블리가 아래로 떨어질 수 있으므로 플로어 잭으로 안전하게 지지한다.
- 배터리팩 어셈블리를 탈거하기 전에 고전압 케이블 및 커넥터가 확실히 탈거되었는지 확인한다.
- 배터리팩 하부 보호 및 언더 커버 고정용 스터드 볼트 보호를 위해 플로어 잭 위에 고무 또는 나무를 받친다.
- 배터리팩 어셈블리 고정 볼트는 재사용하지 않는다.

18) 고전압 배터리 시스템 어셈블리(A)를 차량으로부터 탈거한다.

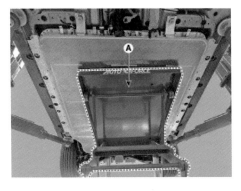

 유의
- 특수공구(SST No. 09375-K4100)와 크레인 자키를 이용하여 고전압 배터리팩 어셈블리를 이송한다.
- 탈거한 고전압 배터리 모듈은 부품의 손상을 방지하기 위해 평평한 바닥, 배트 위에 내려 놓는다.

19) 탈거 절차의 역순으로 고전압 배터리 어셈블리 및 관련 부품을 장착한다.

 유의　고전압 배터리 어셈블리 장착 시, 아래 그림과 같이 체결 볼트를 순서대로 장착한다.

- 고전압 배터리 시스템 어셈블리 센터 사이드 장착 볼트 : 12.3 ~ 18.5 kgf.m
- 고전압 배터리 시스템 어셈블리 센터 장착 볼트 : 7.2 ~ 10.0 kgf.m

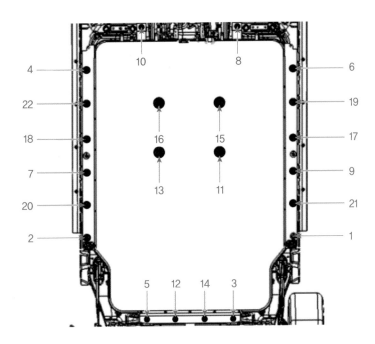

20) 냉각수 주입 후 누수 여부를 확인한다.

 유의　냉각수 주입 시 진단기기를 이용하여 전자식 워터 펌프(EWP)를 강제 구동시켜 공기 빼기를 실시한다.

21) 진단기기 부가기능의 "전자식 워터 펌프 구동" 항목을 수행한다.

 주의　전자식 워터 펌프(EWP) 강제 구동시, 배터리 방전을 막기 위해 12V 배터리를 충전시켜서 작업한다.

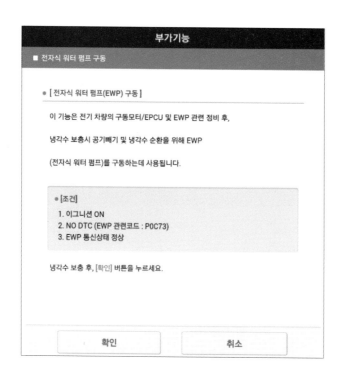

부가기능

| 시스템별 | 작업 분류별 | 모두 펼치기 |

■ 모터제어

  ■ 사양정보

  ■ 전자식 워터 펌프 구동

  ■ 레졸버 옵셋 자동 보정 초기화

  ■ EPCU(MCU) 자가진단 기능

■ 배터리제어

■ VCULDC

■ SCC/AEB

■ VDC/AHB

■ 에어백(1차충돌)

■ 에어백(2차충돌)

■ 승객구분시스템

■ 에어컨

■ 완속충전기

■ Charging Control Module

■ 파워스티어링

부가기능

■ 전자식 워터 펌프 구동

● [전자식 워터 펌프(EWP) 구동]

이 기능은 전기 차량의 구동모터/EPCU 및 EWP 관련 정비 후,

냉각수 보충시 공기빼기 및 냉각수 순환을 위해 EWP

(전자식 워터 펌프)를 구동하는데 사용됩니다.

  ● [조건]
   1. 이그니션 ON
   2. NO DTC (EWP 관련코드 : P0C73)
   3. EWP 통신상태 정상

냉각수 보충 후, [확인] 버튼을 누르세요.

| 확인 | 취소 |

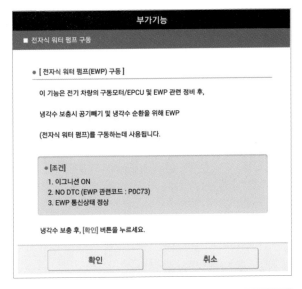

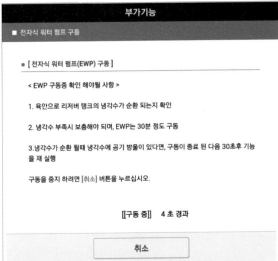

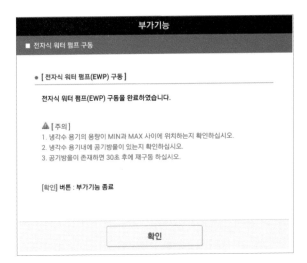

22) 전자식 워터 펌프(EWP)가 작동하고 냉각수가 순환하면 냉각수가 리저버 탱크의 "MAX"와 "MIN" 사이에 오도록 냉각수를 채운다.

23) 전자식 워터 펌프(EWP) 작동 중 리저버 탱크에서 더 이상 공기방울이 발생하지 않으면 냉각 시스템의 공기빼기는 완료된 것이다.

유의

- 전자식 워터 펌프(EWP)는 1회 강제 구동으로 약 30분간 작동되나 필요시, 공기 빼기가 완료될 때까지 수회 반복하여 작동시켜야 한다.
- 공기빼기가 완료된 후, 전자식 워터 펌프(EWP)가 작동하는 동안 리저버 탱크의 냉각수가 공기방울 발생없이 잘 순환되는지 육안으로 리저버 탱크 내부를 확인한다. 만일 냉각수 흐름이 원활하지 않거나 공기방울이 여전히 발생되면 20~23항을 반복한다.

24) 공기 빼기가 완료되면 전자식 워터 펌프(EWP)의 작동을 멈추고 리저버 탱크의 "MAX" 선까지 냉각수를 채운 후 압력 캡을 잠근다.

참고

냉각수가 완전히 식었을 때, 냉각수 시스템 내부공기 배출 및 냉각수 보충이 가장 용이하게 이루어지므로, 냉각수 교환 후 2~3일 정도는 리저버 탱크의 냉각수 용량을 재확인한다.

냉각수 용량

① 일반형(150kw)
   - 히트 펌프 미적용 사양 : 약 12.5 ~ 13.0 L
   - 히트 펌프 적용 사양 : 약 13.0 ~ 13.4 L
② 도심형(99kw)
   - 히트 펌프 미적용 사양 : 약 10.3 ~ 10.7 L
   - 히트 펌프 적용 사양 : 약 10.7 ~ 11.2 L

조치 사항 확인(결론)

전기자동차는 고전압 부품이 장착되는 차량으로 승객의 감전을 방지하고 안전을 학보하기 위해 고전압 회로와 차량의 차체는 완전하게 절연되어야 한다. 절연 저항(絕緣抵抗)은 전기가 흐르는 도체를 다른 곳으로 새지 않게 얼마나 잘 막고 있는가를 수치로 나타내는 값을 의미한다. 전기자동차의 절연 저항을 측정하고 점검 및 수리하는 방법은 다음과 같다.

① 절연 저항 시험기(메가옴 테스터기)를 사용하는 방법으로 고전원 전기장치보다 높은 직류(DC) 전압을 인가하여 절연 저항을 측정한다.

② 고전압 배터리 제어기인 BMU 내부 직류(DC)전원 회로를 이용하여 계산된 절연 저항값을 진단 장비의 서비스데이터로 확인할 수 있다.

③ 고전압 시스템의 절연파괴 고장 발생 시 진단 장비의 부가기능 항목인 "절연파괴 부품검사"와 "고전압 부품 절연 저항 검사" 항목을 이용하여 문제 원인을 점검한다.

참고

절연 저항

- 절연은 전기 또는 열을 통하지 않게 하는 것으로 절연체는 전류가 흐르는 것을 끊기 위한 물질이나 장치를 의미한다.
- 절연 저항은 절연체에 전압을 가했을 때 절연체가 나타내는 전기 저항을 의미하며 고전원을 사용하는 전기자동차에서는 "자동차 및 자동차 부품의 성능과 기준에 관한 규칙" 제18조의 2(고전원전원전기장치) 자동차의 고전원전기장치는 "고전원 전기장치의 절연 안전성에 관한 규칙의 기준"에 적합하여야 한다.
- 절연 저항은 전기자동차의 고전압 부품 및 고전압 케이블 등의 절연 불량에 의한 감전이나 누전의 위험성을 예방하기 위하며 절연 저항값이 높으면 높을수록 절연 효과가 높다.
- 전기자동차에 적용된 고전압 케이블을 차폐 또는 절연(Shield)시키는 이유는 고전압이 전선에 흐르게 되면 자기장이 발생하며, 특히 교류 전기의 경우는 주위 전선에 전자기유도 현상이 발생되는데 이때 들어오고 나가는 전자기파를 차단하는 기능을 한다.

그림 3.6 전기자동차용 고전압 케이블 종류

- 전기자동차에서 절연 저항을 측정하는 방법은 두가지로 첫 번째 방법은 외부로부터 DC 전압을 인가하여 측정하는 방법으로 통상 고전원 전기장치의 작동 전원보다 높은 직류 전압을 인가할 수 있는 절연 저항 시험기(메가옴 테스터기) 사용하여 측정한다.

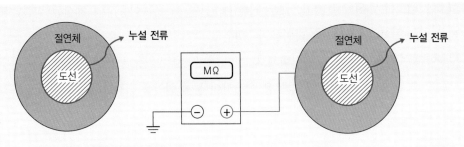

그림 3.7 ◉ 절연 저항계를 이용한 측정 방법

그림 3.8 ◉ 고전압 배터리의 정격 전압에 따라 절연 저항계의 측정 전압 설정

- 두 번째 방법은 고전압 배터리 제어기인 BMU 내부 회로에 의해 연산하여 절연 저항값을 계산하는 방법으로 그림과 같은 BMU 제어기의 절연 저항 측정 회로의 SW1과 2를 교대로 스위칭한 다음 Rm 양단 전압 측정으로 저항에 의한 전압 분배로 절연 저항값 계산을 연산하여 BMU 제어기의 절연 저항 Svc data 항목에서 확인할 수 있다.

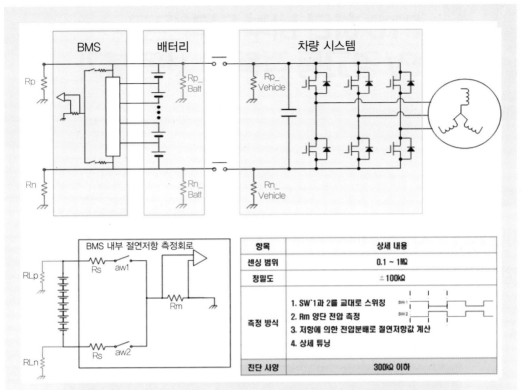

항목	상세 내용		
센싱 범위	0.1 ~ 1㏁		
정밀도	±100㏀		
측정 방식	1. SW 1과 2를 교대로 스위칭 2. Rm 양단 전압 측정 3. 저항에 의한 전압분배로 절연저항값 계산 4. 상세 튜닝		
진단 사양	300㏀ 이하		

그림 3.9 ◉ BMU 내부 절연 저항 측정 회로를 이용한 절연 저항 측정 방법

Maintenance Cases

PTC 히터 내부 단락으로 EV 경고등 점등 및 시동 불가

◎ 진단

(1) 차종 : 아이오닉 전기차(AE EV)

(2) 고장 현상

"전기차 시스템을 점검하십시오" 문구가 출력되며 EV 경고등이 점등되고 시동(Ready)이 되지 않는 현상이 발생되었다.

그림 4.1 ◉ 고장 현상

(3) 정비 이력

없음

(4) 고장 코드

진단 장비를 이용하여 전체 시스템의 고장 코드를 확인한 결과 BMS 제어기에서 "P1B77 인버터 커패시터 프리차징 실패_현재" 고장으로 검출되었다.

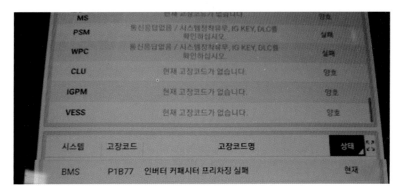

그림 4.2 ● 고장 코드

∅ 점검

■ 내용

① DTC(Diagnostic Trouble Code) 매뉴얼을 참고하여 "P1B77 인버터 프리차지 실패" 고장 코드 발생 원인을 확인하였다.

② P1B77 고장 코드는 메인 릴레이 ON후 MCU에서 측정되는 인버터 커패시터 전압이 특정 수준(배터리팩 전압의 92%)으로 상승하지 않고 100ms 이상인 경우 발생되는 고장 코드임을 확인하였다.

③ 고장 코드가 발생될 당시의 고장 상황 데이터를 통해 추가 정보를 확인할 수 있었고 고장 추가정보1 항목은 센서 출력값 16과 고장 추가정보2 항목은 센서 출력값 1이 출력되어 고전압 부품의 비정상 작동으로 인해 발생되는 현상임을 확인할 수 있었다.

2017 > 88KW > Battery Management System > 배터리제어 > P1B77 인버터 커패시터 프리차징 실패 > DTC 정보

고장 코드 설명

IG ON 후 인버터 커패시터 초기충전 실패로 인한 고전압 공급 실패 상황이 검출되면 상기 DTC를 표출한다. 고전압 배터리 팩 전압(Vpack)과 MCU 에서 측정되는 인버터 커패시터 전압(Vcap)을 모니터링하여 고장을 검출한다. 현재 고장이 발생하면 서비스 램프를 점등시킨다. 만약 회복되면 현재의 고장코드는 삭제되고 과거고장 코드(DTC 코드 부부분에 H표시)로 검출 된다. 미래 서비스 램프는 소등되고 과거 고장코드는 GDS를 사용하여 소거시킬 수 있다.

고장 판정 조건

항목	판정 조건			고장예상 원인
검출목적	프리차징 실패로 인한 릴레이 제어 오류 방지			
	고전압 인가 불가로 인한 하이브리드기능 상실 검출			
검출조건	점화스위치 "ON"			
	보조배터리 정상전압(9~16V)			
고장코드발생기준값	메인 릴레이 ON후 MCU에서 측정되는 인버터 커패시터 전압이 특정 수준(배터리 팩 전압의 92%)으로 상승하지 않고 100ms 이상인 경우			1. 메인 릴레이 결합
				2. 프리차지 릴레이 결합
고장코드해제기준값	점화스위치 "OFF"			3. 전기차 배터리 모듈과 BMS간 배선 및 커넥터 접속 불량 또는 단선
안전 모드	가용파워	충전제한	0%	4. BMS
		방전제한	0%	5. MCU
	Fan 컨트롤		-	
	Relay 컨트롤		OFF	
	서비스램프	ON 조건	1회 주행사이클	
		OFF 조건	점화스위치 "OFF"	
	DTC 확정		1회 주행사이클	
	경고등		ON	

그림 4.2 ● 고장 코드

고장상황 데이터

센서명(41)	센서값	단위
인버터 커패시터 전압	3	V
모터 회전수	0	RPM
모터 제어기 준비	YES	-
MCU 메인릴레이 OFF 요청	NO	-
MCU 제어가능 상태	NO	-
VCU 준비 상태	YES	-
VCU 메인 릴레이 OFF 요청	NO	-
VCU EV 준비상태	NO	-
에어컨 메인 릴레이 OFF 요청	NO	-
총 동작 시간	23892622	Sec
고장 추가 정보 1	16	-
고장 추가 정보 2	1	-
고장 추가 정보 3	0	-
고장 추가 정보 4	0	-
급속 충전 릴레이 후단전압	8.2	V
(고장 추가 정보)프리차징 평균 전류	1.6	A
(고장 추가 정보)프리차징중 평균 전류값 높음	ON	-

그림 4.4 ◉ 고장 상황 데이터

④ 고전압 부품 점검 중 히터 작동 시 난방 상태가 불량하여 PTC 히터 단품을 점검한 결과 내부 저항의 측정값이 높게 측정되었다.

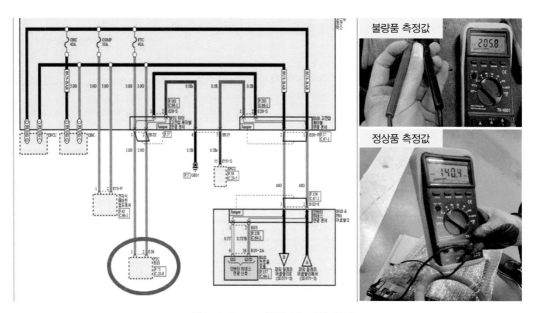

불량품 측정값

정상품 측정값

그림 4.5 ◉ PTC 회로 및 단품 점검

⌀ 조치

■ **내용**

PTC 히터를 교환한 후 정상 조치하였다.

⌀ 조치 방법

경고

- 고전압 시스템 관련 작업 시 반드시 '안전사항 및 주의, 경고' 내용을 숙지하고 준수해야 한다. 미준수 시 감전 또는 누전 등으로 인해 심각한 사고를 초래할 수 있다.
- 고전압 시스템 관련 작업 시 '고전압 차단절차'에 따라 반드시 고전압을 먼저 차단해야 한다. 미준수 시 감전 또는 누전 등으로 인해 심각한 사고를 초래할 수 있다.

주의
- 스크루 드라이버 또는 리무버로 탈거할 때 부품이 손상되지 않도록 보호 테이프를 감아서 사용한다.
- 손을 다치지 않도록 장갑을 착용한다.

유의
트림과 패널에 손상을 주지 않도록 주의한다.

1) 점화 스위치를 OFF하고 보조 배터리(12V)의 (−) 케이블을 분리한다.
2) 트렁크 러기지 보드를 탈거한다.
3) 안전 플러그 서비스 커버(A)를 탈거한다.
4) 안전플러그(A)를 탈거한다.

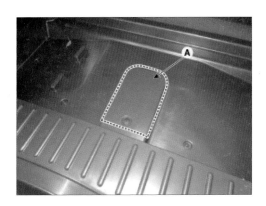

참고

아래와 같은 절차로 안전 플러그를 탈거한다.

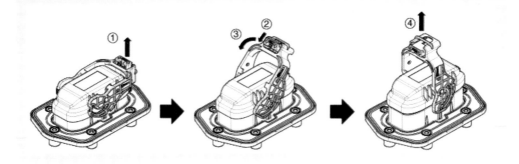

5) 안전 플러그 탈거 후 인버터 내에 있는 커패시터의 방전을 위하여 반드시 5분 이상 대기한다.

6) 인버터 커패시터 방전 확인을 위하여 인버터 단자전압을 측정한다.

① 차량을 돌린다.

② 장착 너트를 푼 후 고전압 배터리 하부 커버 (A) 를 탈거한다.

③ 고전압 케이블(A)를 탈거한다.

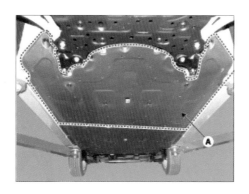

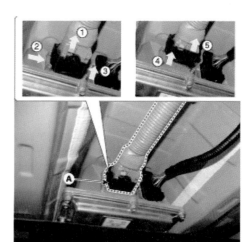

④ 인버터 내에 커패시터 발전 확인을 위하여, 고전압 단자 간 전압을 측정한다.

- 30V 이하 : 고전압 회로 정상 차단
- 30V 초과 : 고전압 회로 미상

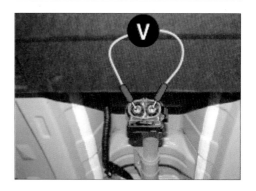

30V 이상의 전압이 측정된 경우, 안전 플러그 탈거 상태를 재확인한다. 안전 플러그가 탈거되었음에도 불구하고 30V 이상의 전압이 측정됐다면, 고전압 회로에 중대한 문제가 발생했을 수 있으므로 이러한 경우 DTC 고장진단 점검을 먼저 실시하고, 고전압 시스템과 관련된 부분을 점검하지 않는다.

7) 장착 스크루를 풀고 고전압 PTC 커넥터 브라켓(A)을 탈거한다.

8) 잠금핀을 눌러 고전압 PTC 커넥터(A)를 분리한다.

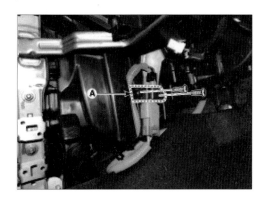

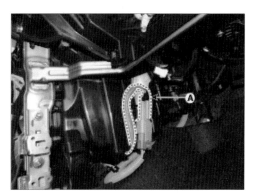

9) 크래쉬 패드와 히터 및 블로어 유닛을 차체로부터 탈거한다.

10) 고전압 PTC 접지 볼트(A)를 탈거한다.

체결 토크 : 0.4 ~ 0.6 kgf.m

11) 너트를 풀고 센터 카울 크로스바(A)를 탈거한다.

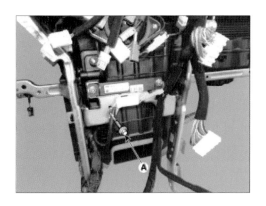

12) 장착 스크루를 풀고 고전압 PTC 커버 (A)를 탈거한다.

13) 잠금 핀을 눌러 시그널 커넥터(A)를 분리한다.

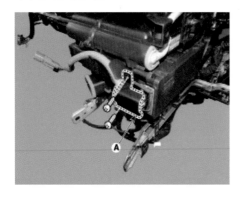 

14) 장착 스크루를 풀고 고전압 PTC(A)를 탈거한다.

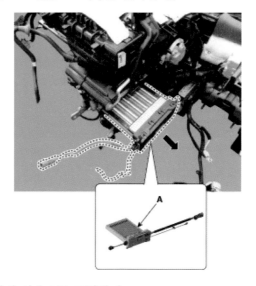

15) 신품 장착은 탈거의 역순으로 조립한다.

⌀ 조치 사항 확인(결론)

전기자동차의 PTC(Positive temperature coefficient heater)는 열전소자를 응용한 보조 히터로 PTC 히터 전원 입력단의 외부 과전압으로 인해 내부 커패시터 손상으로 인한 절연파괴 현상이 발생된다.

① 전기자동차는 내연기관 차량과 달리 난방 열원을 공급받을 수 있는 엔진이 없기 때문에 난방 시, 고전압을 사용하여 별도로 공기를 가열하는 PTC 히터의 장치를 사용하고 있다.

② PTC 히터 고장 발생 시 실내에 난방이 작동되지 않는 현상이 발생된다.

Maintenance Cases

OBC 문제로 급속 및 완속 충전 불가

⊘ 진단

(1) **차종** : 포터 전기차(HR EV)

(2) **고장 현상**

외부 충전기(EVES)의 완속 및 급속 충전 케이블을 차량의 충전구에 연결하였으나 충전
불가 현상이 발생되었다. 충전기에는 오류코드 42번이 출력되었다.

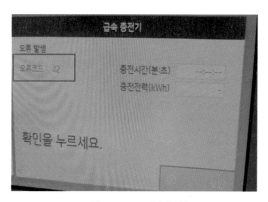

그림 5.1 ● 고장 현상

(3) **정비 이력**

없음

(4) **고장 코드**

진단 장비를 이용하여 전체 시스템
의 고장 코드를 확인한 결과 CCM
제어기에서 "C182C00 충전기 이
상_과거, C183F00 PLC 신호 이
상_과거" 고장 코드가 출력되었다.

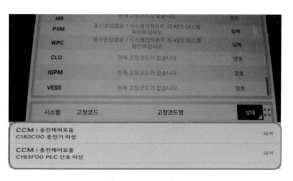

그림 5.2 ● 고장 코드

⊘ 점검

■ **내용**

① 문제 차량의 충전구에 외부 충전기(EVES)의 충전 케이블을 체결하였으나 충전이 되지 않는 현상이 발생되어 차량에 진단 장비를 연결하고 현상 발생 중 Svc data를 확인하였다. 전기자동차는 외부 충전기(EVES)와 완속 충전의 경우 차량용 완속 충전 제어기인 OBC와 급속 충전인 경우 CCM(Charge Control Module) 제어기를 이용하여 PLC(Power Line Communication) 통신을 통해 충전에 필요한 정보를 외부 충전기와 전기자동차간 상호 동작 제어 및 상태 모니터링을 위한 신호로 사용된다.

② 외부 충전기의 충전 케이블을 차량의 충전구에 연결한 상태에서 CCM(충전제어모듈)의 Svc data를 확인하였다. CP(외부 충전기와 OBC의 통신 전압) 전압과 PD(OBC에서 충전 케이블 연결 확인)전압을 확인한 결과 실제로 충전 케이블을 연결하였으나 차량에서 충전 케이블이 연결됨을 인식하지 못하는 것으로 확인되었다.

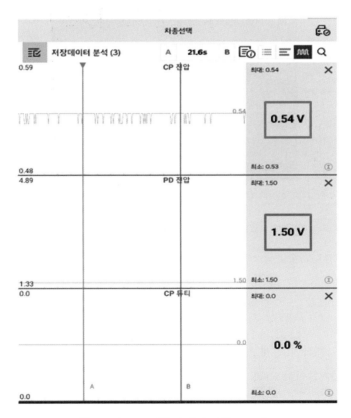

그림 5.3 ● CCM(충전제어모듈) Svc data

[표 5.1] CP, PD 전압 상태 설명

CP신호		상태 설명	PD 신호		상태 설명
전압	Duty		전압	Duty	
12V	DC	충전케이블이 자동차 연결되지 않음.	9V	DC	차량 연결/충전 준비 전단계
9.0V	DC	충전케이블이 자동차 연결됨/충전 준비 중 (결재 대기중) : AC 미입력	6V	DC	정상 충전 상태
9.0V	PWM	충전케이블이 자동차 연결됨/충전 준비 완료(결재 완료) : AC 미입력	0V	DC	충전기와 차량이 연결되지 않은 상태
6.0V	PWM	충전케이블이 자동차 연결됨/충전 중 : AC 입력			
0		EVSE 연결 안됨. 충전기 문제 등			
−12V		외부충전기(EVSE, ElectricVehicle Supply Equipment) 이용 불가 또는 기타 EVSE 문제 있음			

③ OBC로 입력되는 IG3 전원 전압과 접지, CCM(차지 컨트롤 모듈)에서 입력되는 CP라인의 전압을 점검하였으나 이상 없음이 확인되어 OBC와 CCM(차지 컨트롤 모듈) 각 단자에서 CP 전압을 측정하였다.

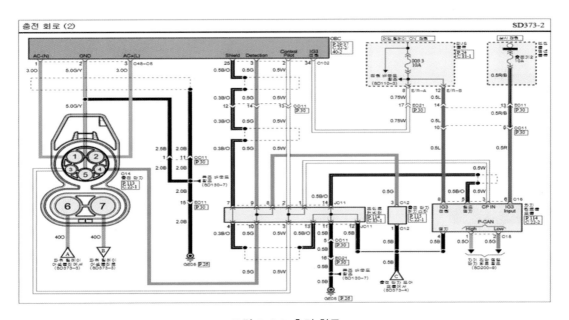

그림 5.4 ● 충전 회로

④ OBC 커넥터 체결에 따른 CP 전압값의 변화 유무를 확인하여 OBC 단품 문제인지 회로 문제 인지의 판단이 필요하여 OBC로 입력되는 CC11 커넥터 13번 핀만 제거한 후 CP 전압 값을 측정하였다.

OBC측 CP라인 연결 유무에 따라 전압값이 변화되는 것으로 보아 OBC 내부 충전 관련 회로에 이상이 생겼을 거라 판단되었다. 또한 CCM 커넥터를 탈거한 후에도 완속 충전 이 불가하였기에 CCM 문제가 아니라고 판단하였다. OBC 커넥터가 체결된 상태에서는 CP 전압이 -10V가 측정되었고 OBC 커넥터를 탈거한 상태에서는 0V가 측정되었다.

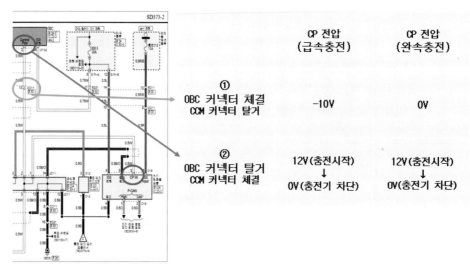

	CP 전압 (급속충전)	CP 전압 (완속충전)
① OBC 커넥터 체결 CCM 커넥터 탈거	-10V	0V
② OBC 커넥터 탈거 CCM 커넥터 체결	12V (충전시작) ↓ 0V (충전기 차단)	12V (충전시작) ↓ 0V(충전기 차단)

그림 5.5 ● OBC 회로 점검

⊘ 조치

■ 내용

OBC를 신품으로 교환하여 문제 현상을 조치하였다.

⊘ 조치 방법

 경고

- 고전압 시스템 관련 작업 시 반드시 '안전사항 및 주의, 경고' 내용을 숙지하고 준수해야 한다. 미준수 시 감전 또는 누전 등으로 인해 심각한 사고를 초래할 수 있다.
- 고전압 시스템 관련 작업 시 '고전압 차단절차'에 따라 반드시 고전압을 먼저 차단해야 한다. 미준수 시 감전 또는 누전 등으로 인해 심각한 사고를 초래할 수 있다.

- 고전압 정선 블록, 차량 탑재형 충전기 (OBC), 전력 제어 장치 EPCU) 교환시 아래 부품에 파손, 변형, 심각한 오염이 있을 경우 신품으로 교환한다.(모터 → EPCU 실링 가스켓, EPCU 3상 실링 커버 가스켓, EPCU ↔ 사이드 실링 커버 가스켓, EPCU ↔ OBC 수로 실링 가스켓, 고전압 정선 박스 가스켓)
- 고전압계 부품 : 고전압 배터리, 파워 릴레이 어셈블리(PRA), 급속 충전 릴레이 어셈블리(QRA), 모터, 파워 케이블, BIMS ECIJ, 인버터, LDC, 차량 탑재형 충전기(OBC), 메인릴레이, 프리 챠지 릴레이, 프리 챠지 레지스터, 배터리 전류 센서, 서비스 플러그, 메인 퓨즈, 배터리온도 센서, 버스바, 충전 포트, 전동식 컴프레서, 전자식 파워 컨트롤 유닛(EPCU), 고전압 히터, 고전압 히터 릴레이 등

1) 진단기기를 자기 진단 커넥터(DLC)에 연결한다.
2) IG 스위치를 ON 한다.
3) 진단기기 서비스 데이터의 BMS 융착 상태를 확인한다.

규정 값 : NO

센서명(176)	센서값	단위	링크업
SOC 상태	50.0	%	
BMS 메인 릴레이 ON 상태	NO	-	
배터리 사용가능 상태	NO	-	
BMS 경고	YES	-	
BMS 고장	NO	-	
BMS 융착 상태	NO	-	
OPD 활성화 ON	NO	-	
윈터모드 활성화 상태	NO	-	
배터리 팩 전류	0.0	A	
배터리 팩 전압	359.1	V	
배터리 최대 온도	18	℃	
배터리 최소 온도	17	℃	
배터리 모듈 1 온도	17	℃	
배터리 모듈 2 온도	17	℃	
배터리 모듈 3 온도	18	℃	
배터리 모듈 4 온도	18	℃	
배터리 모듈 5 온도	17	℃	
최대 셀 전압	3.66	V	
최대 셀 전압 셀 번호	1	-	

센서데이터 진단 — 정지 / 그래프 / 고정출력 / 강제구동

220

4) IG 스위치를 OFF 한다.

5) 12V 배터리(-) 터미널(A)을 분리한다.

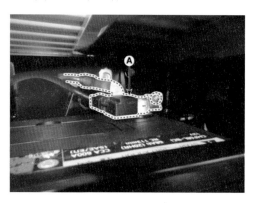

6) 서비스 인터록 커넥터(A)를 분리한다.

경 고

- 케이블을 분리한 후 최소한 3분 이상 기다린다.
- 고전압 차단이 필요한 경우에 서비스 인터록 커넥터, 서비스 플러그 탈거할 수 없다면 서비스 인터록 커넥터 케이블을 절단한다.

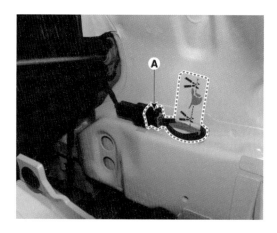

7) 인버터 단자 사이의 전압을 측정하여 인버터 커패시터가 방전되었는지 확인한다.
   ① 리프트를 이용하여, 차량을 들어올린다.
   ② 고전압 케이블 커넥터(A)를 분리한다.

아래와 같은 순서로 고전압 케이블을 분리한다.

③ 인버터 단자 사이의 전압을 측정한다.

> 정상 : 30V 이하

> 30V 이상의 전압이 측정된 경우, 안전 플러그 탈거 상태를 재확인한다. 안전 플러그가 탈거되었음에도 불구하고 30V 이상의 전압이 측정됐다면, 고전압 회로에 중대한 문제가 발생했을 수 있으므로 이러한 경우 DTC 고장진단 점검을 먼저 실시하고, 고전압 시스템과 관련된 부분을 점검하지 않는다.

8) 배터리 시스템 어셈블리의 고전압 커넥터 단자 간 전압을 측정하여 파워 릴레이 어셈블리의 융착 유무를 점검한다.

> 정상 : 0V

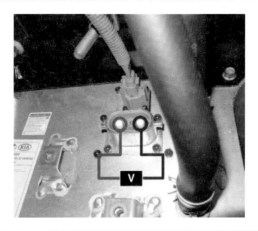

> 전압이 비정상으로 측정된 경우, 고전압 차단이 정상적으로 되지 않았을 수 있으므로 메인 퓨즈를 탈거한다.

9) 엔진 서비스 커버(A)를 탈거한다.

10) 드레인 플러그를 풀고 냉각수를 배출시 킨다.

11) 냉각수 리저버 탱크를 탈거한다.

12) 와이어링 및 커넥터(A)를 분리한다.

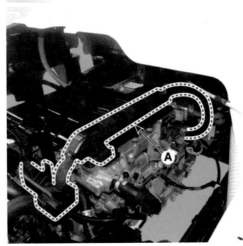

13) 고전압 정션 박스 커넥터(B)와 PTC 히터 펌프 커넥터(A)를 분리한다.

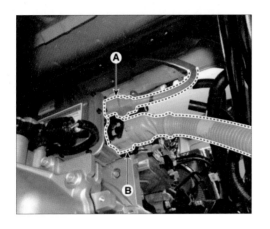

14) 차량 탑재형 충전기(OBC) 고전압 입력 커넥터(A)를 분리한다.

15) 장착 볼트를 푼 후, 브라켓(A)을 탈거한다.

체결 토크 : 1.0 ~ 1.2 kgf.m

16) 컴프레서 커넥터(A)를 분리한다.

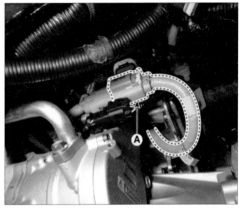

17) 차량 탑재형 충전기 사이드 커버(A), EPCU 사이드 커버(B)를 탈거한다.

체결 토크 : 0.4 ~ 0.6 kgf.m

18) 차량 탑재형 충전기 ↔ 고전압 정션박스 버스바 연결 볼트(A)를 탈거한다.

19) EPCU ↔ 고전압 정션박스 버스바 연결 볼트(B)를 탈거한다.

체결 토크 : (A) : 0.4 ~ 0.6 kgf.m

(B) : 0.9 ~ 1.1 kgf.m

유의 볼트가 내부로 유입되지 않도록 유의한다.

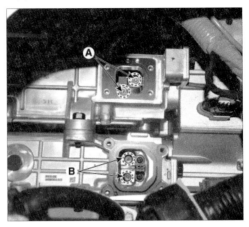

20) 장착 볼트를 푼 후, 고전압 정션 박스(A)를 탈거한다.

장착 볼트 : 1.6 ~ 2.4 kgf.m

고전압 정션 박스

21) 차량 탑재형 충전기(OBC) 냉각 호스(A)를 분리한다.

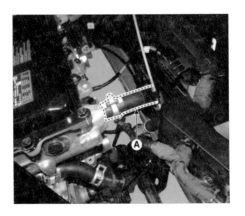

22) 장착 볼트를 푼 후, 차량 탑재형 충전기(OBC)를 탈거한다.

장착 볼트 : 1.6 ~ 2.4 kgf.m

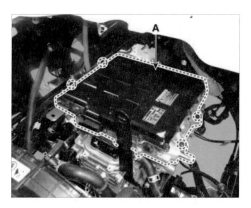

완속 충전기(OBC)

23) 탈거 절차의 역순으로 OBC를 장착한다.

 주의 EPCU ↔ 고전압 정션박스 버스바 연결 볼트(A) 조립 시, 차량 상태에서 작업 공간이 협소하고 볼트를 육안 식별이 어려우므로 적절한 길이의 마그네틱 소켓을 이용하여 반드시 가체결 한 후, 수공구를 이용하여 기준 토크로 체결한다.(볼트를 가체결하지 않거나 전동 공구를 이용하여 조립할 경우, 내부 부품의 파손 및 오조립으로 인한 부품 문제 발생 및 차량 주행에 심각한 결함을 발생시킬 수 있다.)

24) 차량 탑재형 충전기(OBC) 기밀 점검을 실행한다.

25) 차량 탑재형 충전기(OBC) 커넥터(A)와 제어보드 신호 커넥터(A)를 분리하고
SST(09360-K4000)를 사용하여, OBC의 기밀 점검 테스트를 실행한다.

① SST(09360-K4000)의 기밀 유지 OBC 커넥터(A), (B)를 장착한다.

② SST(09360-K4000)의 에어 호스(하늘색)를 SST(09360-K4000)의 진공 게이지
입구에 장착한다.

③ SST(09360-K4000)의 에어 호스(검정색)를 SST(09360-K4000)의 진공 게이지
출구에 장착한다.

④ SST(09360-K4000)의 압력 조정제 어댑터를 SST(09360-K4000)의 에어 호스(
검정색)를 연결한다.

⑤ SST(09580-3D100)의 에어 브리딩 툴의 호스와 SST(09360-K4000)의 에어 호
스(하늘색)을 연결한다.

번 호	명 칭	번 호	명 칭
1	진공 게이지	5	에어 브리딩 툴
2	에어 호스(검정색)	6	출구
3	압력 조정제 어댑터	7	입구
4	에어 호스(하늘색)		

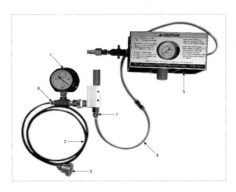

> **참고** ······

호스의 조립 방법은 원터치 피팅 타입이며, 호스를 탈거시에는 Release Sleeve (A)를 반드시 화살표 방향으로 누른 후 탈거한다.

⑥ SST(09360-K4000)의 진공게이지 밸브 (A)와 SST(09580-3D100)의 에어 브리딩 툴의 밸브(B)를 OFF 위치에 둔다.

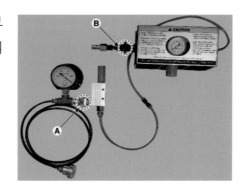

⑦ OBC의 압력 조정제 주변의 겉면을 닦아주어 이물질을 제거한다.

 유의 이물질이 깨끗이 제거되지 않을 시 압력 누설의 원인이 될 수 있으니 주의한다.

⑧ SST(09580-3D100)의 에어 브리딩 툴(A)에 에어 공급 라인(B)을 연결한다.

 유의 SST(09580-3D100)의 에어 블리딩 툴은 에어 공급 라인과 연결 전에 조절 밸브(A)를 항상 왼쪽으로 돌려서 압력을 해제한다.

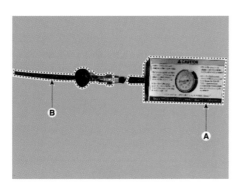

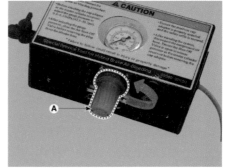

⑨ SST(09360-K4000)의 진공 게이지 밸브 (A)와 SST(09580-3D100)의 에어 브리딩 툴의 밸브(B)를 ON 위치에 둔다.

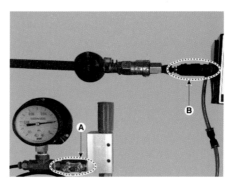

⑩ SST(09580-3K400)의 압력 조정제 어댑터(A)를 손바닥에 밀착시킨 후 SST (09580-3D100)의 에어 브리딩 툴의 조절 밸브(B)를 오른쪽으로 회전시켜 SST(09360-K4000)의 진공 게이지 눈금을 0.02Mpa(0.2bar)에 맞춘다.

⑪ OBC의 압력조정제 위에 SST(09360-K4000)의 압력 조정제 어댑터(A)를 화살표 방향으로 밀면서 5초간 유지하며 어댑터가 흡착되도록 한다.

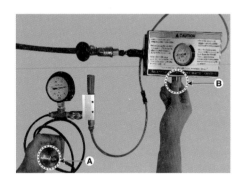 

참고

약 5초간 누른 후 손을 떼어도 진공압력에 의해 SST(09360-K4000)의 압력 조정제 어댑터는 떨어지지 않는다.

⑫ OBC의 내부 압력이 0.02Mpa(0.2bar)가 될 때까지 진공시킨다.

⑬ SST(09360-K4000)의 진공게이지 밸브(A)를 닫고 OBC 내부 압력이 0.02Mpa(0.2bar)로 유지되는지 확인한다.

⑭ OBC의 압력 누설 여부를 확인하다.

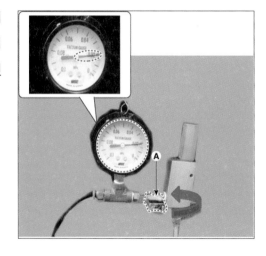

> **참고** ⚫⚫⚫⚫⚫
>
> ## OBC 모듈의 압력 누설 판정 기준
>
> • 눈금 변동 없음 : 이상 없음
>
> • 눈금 변동 있음 : 이상 있음

26) 저전도 냉각수를 반드시 확인한 다음 리저버 탱크에 냉각수 주입 후 누수 여부를 확인한다.

> 냉각수 용량 : 약 11.4L

27) 진단기기 부가기능의 "전자식 워터 펌프 구동" 항목을 수행한다.

 주의 전자식 워터 펌프(EWP) 강제 구동 시, 배터리 방전을 막기 위해 12V 배터리를 충전시키면서 작업한다.

부가기능	↵

• 전자식 워터펌프 구동

검사목적	하이브리드 차량의 HSG/HPCU 및 EWP 관련 정비 후, 냉각수 보충 시 공기빼기 및 냉각수 순환을 위해 EWP를 구동하는 기능.
검사조건	1.엔진 정지 2.점화스위치 On 3.기타 고장코드 없을 것
연계단품	Motor Control Unit(MCU), Electric Water Pump(EWP)
연계DTC	-
불량현상	-
기 타	-

확인

부가기능

■ 전자식 워터 펌프 구동

● [전자식 워터 펌프(EWP) 구동]

이 기능은 전기 차량의 구동모터/EPCU 및 EWP 관련 정비 후,

냉각수 보충시 공기빼기 및 냉각수 순환을 위해 EWP

(전자식 워터 펌프)를 구동하는데 사용됩니다.

> ● [조건]
> 1. 이그니션 ON
> 2. NO DTC (EWP 관련코드 : P0C73)
> 3. EWP 통신상태 정상

냉각수 보충 후, [확인] 버튼을 누르세요.

확인	취소

부가기능

■ 전자식 워터 펌프 구동

● [전자식 워터 펌프(EWP) 구동]

< EWP 구동중 확인 해야될 사항 >

1. 육안으로 리저버 탱크의 냉각수가 순환 되는지 확인

2. 냉각수 부족시 보충해야 되며, EWP는 30분 정도 구동

3.냉각수가 순환 될때 냉각수에 공기 방울이 있다면, 구동이 종료 된 다음 30초후 기능을 재 실행

구동을 중지 하려면 [취소] 버튼을 누르십시오.

[[구동 중]]   4 초 경과

취소

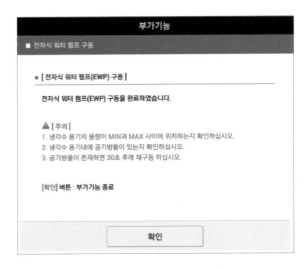

28) 전자식 워터 펌프(EWP)가 작동하고 냉각수가 순환하면 냉각수가 리저버 탱크 "MAX"
와 "MIN" 사이에 오도록 냉각수를 채운다.

29) 전자식 워터 펌프(EWP) 작동 중 리저버 탱크에서 더 이상 공기 방울이 발생하지 않으
면 냉각 시스템의 공기빼기는 완료된 것이다.

- 전자식 워터 펌프(EWP)는 1회 강제구동으로 약 30분간 작동되나 필요시, 공기빼기가 완료
될 때까지 수회 반복하여 작동시켜야 한다.
- 공기빼기가 완료된 후, 전자식 워터 펌프(EWP)가 작동하는 동안 리저버 탱크의 저전도 냉각
수가 공기방울 발생없이 잘 순환되는지 육안으로 리저버 탱크를 확인한다. 만일 저전도 냉각
수 흐름이 원활하지 않거나 공기방울이 여전히 발생되면 27~29항을 반복한다.

30) 공기빼기가 완료되면 전자식 워터 펌프(EWP)의 작동을 멈추고 리저버 탱크의 "MAX"
선까지 냉각수를 채운 후 압력 캡을 잠근다.

냉각수가 완전히 식었을 때, 냉각 시스템 내부공기 배출 및 냉각수 보충이 가장 용이하게 이
루어지므로, 냉각수 교환 후 2~3일 정도는 리저버 탱크의 용량을 육안으로 확인한다.

31) 차량 시동 후, 냉각 호스 및 파이프 연결부위를 점검한다.

참고

냉각수가 완전히 식었을 때, 냉각수 시스템 내부공기 배출 및 냉각수 보충이 가장 용이하게 이루어
지므로, 냉각수 교환 후 2~3일 정도는 리저버 탱크의 냉각수 용량을 재확인한다.

⊘ 조치 사항 확인(결론)

전기자동차의 OBC(On Board Chager)는 220V 교류(AC) 전압을 입력받아 완속 충전 기능이 작동되기 위해 차량 내부에 설치된 차량 탑재형 충전기로 교류(AC) 전압을 공급받아 고전압 배터리 충전에 적합한 직류(DC)로 전력 변환하여 고전압 배터리를 충전하는 전력 변환 제어기 이다.

① OBC는 높은 전압이 지속적으로 입출력되기 때문에 열이 발생되어 냉각 장치가 구성된다.

② 컨버터, 정류기, PFC 회로, 제어 회로, 입력 필터 회로로 구성되며 이 중 어느 하나의 기능 에 고장이 발생되면 충전이 되지 않는 현상이 발생된다.

③ OBC 고장 발생 시에는 기밀 유지 및 절연 파괴로 인한 고전압 안전을 위해 어셈블리로 교환 한다.

사례 06

Maintenance Cases

구동 모터 절연 파괴로 EV 경고등 점등

진단

(1) 차종 : 아이오닉 전기차(AE EV)

(2) 고장 현상

"전기차 시스템을 점검하십시오" 문구가 출력되며 경고등이 점등되는 고장 현상이 발생되었다.

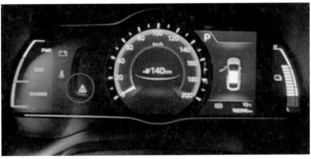

그림 6.1 고장 현상

(3) 정비 이력

없음

(4) 고장 코드

① 진단 장비를 이용하여 전체 시스템의 고장 코드를 확인한 결과 BMS 제어기에서 "P0B3B 고전압 배터리 '1번 전압센싱부' 이상 / P1BA4 급속 충전 릴레이 융착_과거" 고장으로 고장 코드가 검출되었다.

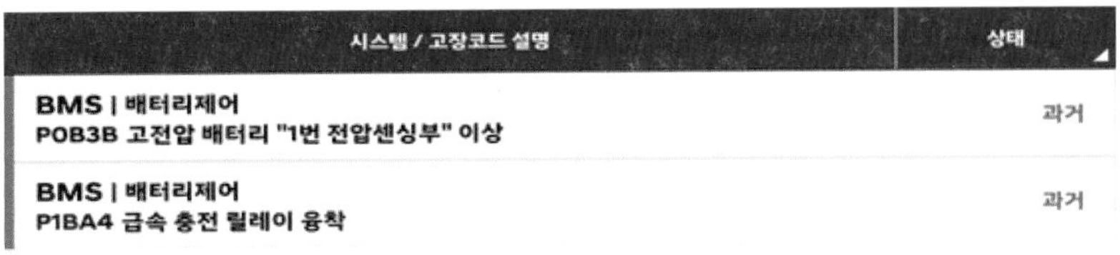

시스템 / 고장코드 설명	상태
BMS I 배터리제어 P0B3B 고전압 배터리 "1번 전압센싱부" 이상	과거
BMS I 배터리제어 P1BA4 급속 충전 릴레이 융착	과거

그림 6.2 고장 코드

⊘ 점검

■ 내용

① DTC(Diagnostic Trouble Code) 매뉴얼을 참고하여 "P0B3B 고전압 배터리 1번 모듈" 전압 센싱부 이상 고장 코드 발생 조건을 확인하였다.

② 고장 코드 검출 조건을 참고하여 고장 예상 원인을 유추해 보았다. 고전압 배터리 모듈간의 전압 편차로 인해 발생되는 고장 코드로 판단되어 진단 장비를 이용하여 BMS 제어기의 Svc data를 확인하였다.

③ 차량의 전원을 IG off하고 재시동시 BMS에서 출력되는 절연 저항값이 1000kΩ에서 33kΩ으로 출력되며 경고등이 점등됨을 확인하였다. 고전압 배터리의 최대 셀 전압과 최소 셀 전압을 확인한 결과 고전압 배터리의 전압 차이는 문제가 없는 것을 확인하였다.

2018 > 88KW > Battery Management System > 배터리제어 > P0B3B 고전압 배터리 "1번 모듈" 전압센싱부 이상 > …

고장 코드 설명

이 고장은 전기차 배터리 "1번 모듈" 전압센싱부 이상 시 발생하는 DTC 이다. 현재 고장이 발생하면 서비스 램프를 점등시킨다. 만약 정상 상태로 회복되면 현재의 고장코드는 삭제되고 과거고장 코드(DTC 코드 끝부분에 H 표시)가 검출 된다. 이때 서비스 램프는 소등되며 과거 고장코드는 GDS를 사용하여 소거시킬수 있다. 고전압 배터리 모듈 전압센싱부 이상 진단 시 조건에 따라 '메인릴레이 ON' 또는 '메인릴레이 OFF' 유지한다. 대부분의 경우 전압센싱부 이상 진단 시 '메인릴레이 ON 정상 유지' 한다. 한 모듈 이상 전압 센싱 불가한 경우에 한하여 진단 시 '메인릴레이 OFF 유지' 한다.

고장 판정 조건

항목	판정 조건			고장예상 원인
검출목적	☞전기차 배터리 전압센싱부 이상 방지 ☞잘못된 전압 정보에 의한 제어오류 차단			
검출조건	☞점화스위치 "ON" ☞보조배터리 정상전압(9~16V) ☞절연파괴 고장 없음			
고장코드발생기준값	☞셀 전압 0.5V 미만이며 25초 이상 (1번 모듈)			1. 전기차 배터리 모듈과 BMS간 배선 및 커넥터 접속 불량 또는 단선
고장코드해제기준값	☞셀 전압 0.5V 이상이며 25초 이상 (1번 모듈)			2. BMS
안전 모드	전압감쇠	충전제한	50%	
		방전제한	50%	
	Fan 컨트롤		–	
	Relay 컨트롤		유지	
	서비스램프	ON 조건	2회 주행사이클	
		OFF 조건	점화스위치 "OFF"	
	DTC 확정		2회 주행사이클	
	경고등		ON	

그림 6.3 ● P0B3B DTC(Diagnostic Trouble Code) manual

센서데이터 진단 (148)		시간 00:01:14		
센서명	센서값	단위	링크업
☑ 절연 저항	33	kOhm	
☑ 최대 셀 전압	3.84	V	🖹🛈
☑ 최대 전압 셀 위치	47	-	🖹🛈
☑ 최소 셀 전압	3.82	V	🖹🛈
☑ 최소 전압 셀 위치	1	-	🖹🛈

그림 6.4 ● BMS Svc data

④ BMS에서 출력된 절연 저항 출력값이 규정값 이하로 확인되어 진단 장비를 이용하여 부가기능 항목의 절연 파괴 부품 검사를 실행하여 절연이 파괴된 부품을 점검하였다.

⑤ 절연 파괴 부품 검사 실행 결과 MCU 협조 제어 오류에 의한 검사 실패가 출력되며 MCU와 구동 모터, 고전압 케이블의 점검이 필요함을 확인하였다.

그림 6.5 ● 절연 저항계를 이용하여 구동 모터 절연 저항 측정

⑥ 절연 저항계(메가옴 테스터기)를 이용하여 구동 모터로 입력되는 고전압 케이블 측의 절연 저항값을 측정한 결과 0.286MΩ으로 절연이 파괴된 측정값을 확인할 수 있었다.

조치

■ **내용**

① 구동 모터를 교환 후 정상 조치하였다.

② 구동 모터를 교환 후 진단 장비를 이용하여 부가 기능 항목의 레졸버 옵셋 자동 보정 초기화 항목을 실행하고 레졸버 주행 학습 모드로 주행을 해야 경고등이 소등된다.

조치 방법

■ **내용**

경고

- 고전압 시스템 관련 작업 시 반드시 '안전사항 및 주의, 경고' 내용을 숙지하고 준수해야 한다. 미준수 시 감전 또는 누전 등으로 인해 심각한 사고를 초래할 수 있다.
- 고전압 시스템 관련 작업 시 '고전압 차단절차'에 따라 반드시 고전압을 먼저 차단해야 한다. 미준수 시 감전 또는 누전 등으로 인해 심각한 사고를 초래할 수 있다.

 주의
- 스크루 드라이버 또는 리무버로 탈거할때 부품이 손상되지 않도록 보호 테이프를 감아서 사용한다.
- 손을 다치지 않도록 장갑을 착용한다.

 유의
트림과 패널이 손상을 주지 않도록 주의한다.

1) 점화 스위치를 OFF하고 보조 배터리(12V)의 (−) 케이블을 분리한다.

2) 트렁크 러기지 보드를 탈거한다.

3) 안전 플러그 서비스 커버(A)를 탈거한다.

4) 안전플러그(A)를 탈거한다.

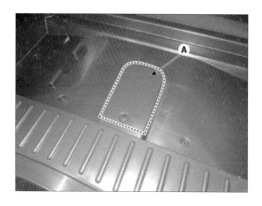 

참고 ......

아래와 같은 절차로 안전 플러그를 탈거한다.

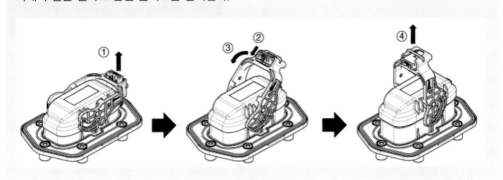

5) 안전 플러그 탈거 후 인버터 내에 있는 커패시터의 방전을 위하여 반드시 5분 이상 대기한다.

6) 인버터 커패시터 방전 확인을 위하여 인버터 단자전압을 측정한다.

① 차량을 돌린다.　　　　　　　　　③ 고전압 케이블(A)를 탈거한다.

② 장착 너트를 푼 후 고전압 배터리 하

　부 커버 (A)를 탈거한다.

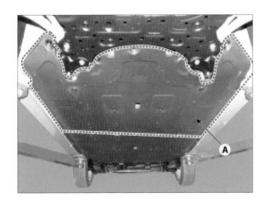

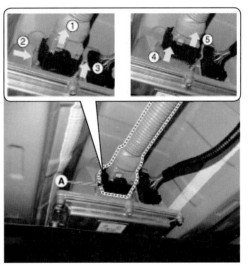

④ 인버터내에 커패시터 발전 확인을 위하여, 고전압단자간 전압을 측정한다.

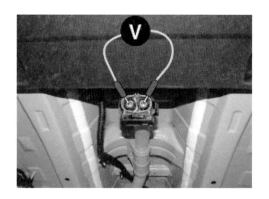

- 30V 이하 : 고전압 회로 정상 차단
- 30V 초과 : 고전압 회로 미상

경고

30V 이상의 전압이 측정된 경우, 안전 플러그 탈거 상태를 재확인한다. 안전 플러그가 탈거되었음에도 불구하고 30V 이상의 전압이 측정됐다면, 고전압 회로에 중대한 문제가 발생했을 수 있으므로 이러한 경우 DTC 고장진단 점검을 먼저 실시하고, 고전압 시스템과 관련된 부분을 점검하지 않는다.

7) 전기차 관련 시스템과 라디에이터가 식었는지 확인한다.

8) 라디에이터 드레인 플러그(A)를 풀어 냉각수를 배출시킨다. 원활한 배출을 위하여 리저버 캡(B)를 열어둔다.

9) 냉각수 배출이 끝나면 드레인 플러그를 다시 조인다.

10) (+) 와이어링 케이블(A)를 분리한다.

체결 토크 : 너트 (B) : 0.9~1.4 kgf.m

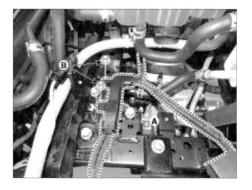

11) 리저버 호스 파이프 고정 볼트(A)를 탈거하고 전자식 인히비터 스위치 커넥터 (B)를 분리한다.

12) 에어컨 컴프레서 고전압 케이블(A)를 분리한다.

13) 리저버 호스 파이프 고정 볼트(A)를 탈거하고 에어컨 컴프레서 커넥터 브라켓 고정 볼트(B)를 탈거한다.

14) 차량을 리프트를 이용하여 들어올린 후 프런트 휠 너트를 풀고 휠 및 타이어(A)를 프런트 허브에서 탈거한다.

체결 토크 : 11.0~13.0 kgf.m

유의   프런트 휠 및 타이어를 탈거할 때 허브 볼트가 손상되지 않도록 주의한다.

15) 프런트 허브에서 코킹너트(A)를 탈거한다.

체결 토크 : 28.0~30.0 kgf.m

유의

- 코킹 너트 교환 시 새것으로 사용한다.
- 코킹 너트(A)를 체결한 후, 치즐과 망치를 이용해 코킹 깊이에 맞춰 2점 코킹을 한다.

코킹량 : 1.5mm 이상

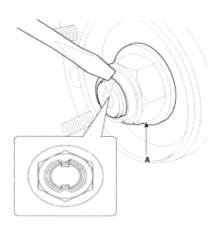

16) 특수 공구를 사용하여 타이로드 엔드 볼 조인트를 탈거한다.

① 분할 핀(C)을 탈거한다.

② 캐슬너트(B)를 탈거한다,

③ 특수공구(09568-1S100)를 사용하여 타이로드 엔드 볼 조인트(A)를 탈거한다.

체결 토크 : 8.0 ~ 10.0 kgf.m

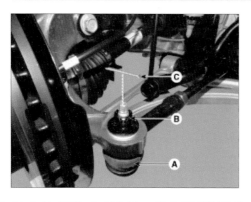

17) 로어 암 체결 너트를 풀고 특수공구(09568-1S100)를 이용하여 로어 암을 분리한다.

체결 토크 : 8.0 ~ 10.0 kgf.m

① 분할 핀(C)을 탈거한다.

② 캐슬너트(B)를 탈거한다,

③ 특수공구(09568-1S100)를 사용하여 타이로드 엔드 볼 조인트(A)를 탈거한다.

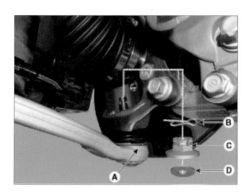
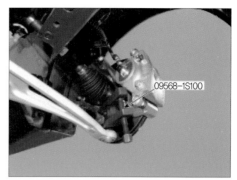

🔍 **유의** 로어 암 볼 조인트 체결 너트는 재사용하지 않는다.

18) 너트(A)를 풀어 쇽 업 쇼버에서 스태빌라이저 바 링크를 탈거한다.

> **체결 토크** : 10.0~12.0 kgf.m

🔍 **유의** 스태빌라이저 바 링크를 탈거할 때 링크의 아웃터 헥사를 고정하고 너트를 탈거한다.

19) 플라스틱 해머를 사용하여 프런트 드라이브 샤프트(B)를 너클 어셈블리(A)로부터 분리한다.

20) 프라이 바를 이용하여 드라이브 샤프트를 탈거한다.

유의
- 조인트와 변속기가 손상되지 않도록 하기 위해 프라이 바를 사용한다.
- 프라이 바를 너무 깊게 끼울 경우 오일 실에 손상을 줄 수 있다.
- 드라이브 샤프트를 바깥에서 무리한 힘으로 당길 경우, 조인트 키트 내부가 이탈되어 부트 찢어짐 및 베어링부의 손상을 가져올 수 있다.
- 오염을 방지하기 위해 변속기 케미스의 구멍을 오일 실 캡으로 막는다.
- 드라이브 샤프트를 적절하게 지지한다.
- 변속기 케이스에서 드라이브 샤프트를 탈거할 때마다 리테이너 링을 교환한다.

21) 에어컨 컴프레서 고정 볼트를 풀고 에어컨 컴프레서(A)를 로어암 측면에 위치한다.

22) 모터 위치 및 온도 센서 커넥터(A)를 분리하고 고정 볼트(C)를 풀어 3상 냉각수 밸브(B)를 분리한다.

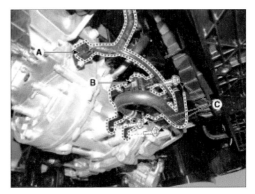

23) 냉각수 인렛 호스(A) 및 아웃렛 호스(B)를 분리한다.

24) 고전압 케이블(A)을 분리한다.

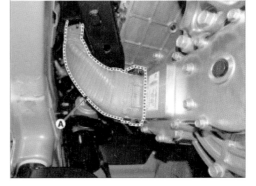

유의
- 잠금 핀(A)을 누른 후, 화살표 방향으로 레버(B)를 잡아 당겨 해제한다.
- 레버 해제 전 고전압 케이블 커버 고정부를 탈거한다.

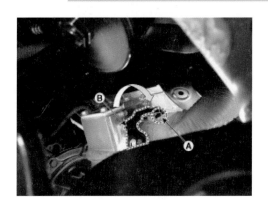 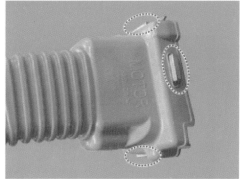

25) 모터 하부에 잭을 받친다.

유의   모터와 잭 사이에 나무 블록 등을 넣어 모터의 손상을 방지한다.

26) 모터 마운팅 브라켓 관통 볼트(A)를 탈 거한다.

체결 토크 : 11.0~13.0 kgf.m

27) 감속기 마운팅 브라켓 관통 볼트(A)를 탈거한다.

체결 토크 : 11.0~13.0 kgf.m

 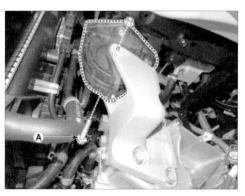

28) 리어 롤 마운팅 브라켓 관통 볼트(A)를 탈거한다.

29) 차량을 서서히 들어올려 모터 및 감속기 어셈블리를 차상에서 탈거한다.

체결 토크 : 11.0~13.0 kgf.m

 유의

- 모터 및 감속기 어셈블리를 탈거하기 전에 호스 및 커넥터가 확실히 탈거되었는지 확인한다.
- 모터 및 감속기 어셈블리 탈거 시 기타 주변장치에 손상이 가지 않도록 주의한다.
- 고전압 커넥터 부분이 손상되지 않도록 주의한다.

30) 모터 서포트 브라켓(A)을 탈거한다.

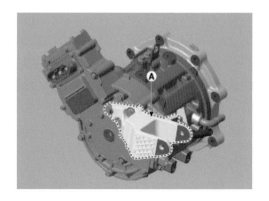

31) 탈거의 역순으로 구동 모터와 분리된 부품을 장착한다.

32) U,V,W의 3상 파워 케이블을 정확한 위치에 조립한다.

⚠ 주의

파워 케이블을 잘못 조립할 경우, 인버터, 구동 모터 및 고전압 배터리에 심각한 손상을 초래할 수 있을 뿐만 아니라 사용자 및 작업자의 안전을 위협할 수 있으므로, 이점에 각별히 주의하여 조립하도록 한다.

33) 냉각수 주입 후 누수 여부를 확인한다.

유의   냉각수 주입 시 진단기기를 이용하여 전자식 워터 펌프(EWP)를 강제 구동시켜 공기 빼기를 실시한다.

검사목적	하이브리드 차량의 HSG/HPCU 및 EWP 관련 정비 후, 냉각수 보충 시 공기빼기 및 냉각수 순환을 위해 EWP를 구동하는 기능.
검사조건	1.엔진 정지 2.점화스위치 On 3.기타 고장코드 없을 것
연계단품	Motor Control Unit(MCU), Electric Water Pump(EWP)
연계DTC	-
불량현상	-
기 타	-

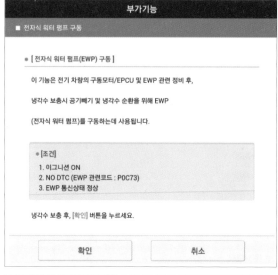

34) 전자식 워터 펌프(EWP)가 작동하고 냉각수가 순환하면 냉각수가 리저버 탱크 "MAX" 와 "MIN" 사이에 오도록 냉각수를 채운다.

35) 전자식 워터 펌프(EWP) 작동 중 리저버 탱크에서 더 이상 공기방울이 발생하지 않으면 냉각 시스템의 공기빼기는 완료된 것이다.

유의
- 전자식 워터 펌프(EWP)는 1회 강제 구동으로 약 30분간 작동되나 필요 시, 공기빼기가 완료 될 때까지 수회 반복하여 작동시켜야 한다.
- 공기빼기가 완료된 후, 전자식 워터 펌프(EWP)가 작동하는 동안 리저버 탱크의 냉각수가 공기방울 발생없이 잘 순환되는지 육안으로 리저버 탱크 내부를 확인한다. 만일 냉각수 흐름 이 원활하지 않거나 공기방울이 여전히 발생되면 25~28항을 반복한다.

36) 공기빼기가 완료되면 전자식 워터 펌프(EWP)의 작동을 멈추고 리저버 탱크의 "MAX" 선까지 냉각수를 채운 후 압력 캡을 잠근다.

참고

냉각수가 완전히 식었을 때, 냉각수 시스템 내부공기 배출 및 냉각수 보충이 가장 용이하게 이루어 지므로, 냉각수 교환 후 2~3일 정도는 리저버 탱크의 냉각수 용량을 재확인한다.

37) 진단 장비 부가기능의 "레졸버 옵셋 자동 보정 초기화" 항목을 수행한다.

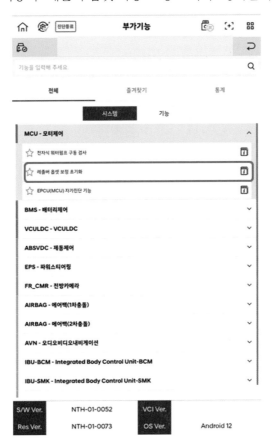

38) 검사 조건과 차량 상태 확인 후 "확인"선택한다.(검사 조건 : 점화 스위치 on)

39) 검사 조건 확인 후 "확인"을 선택한다.(조건 : IG ON)

40) 최종 초기화 완료 후 "확인"을 선택한다.

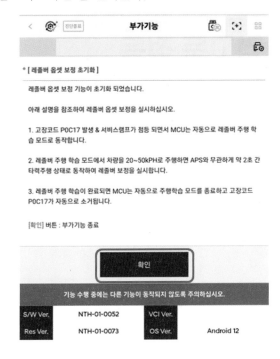

∅ 조치 사항 확인(결론)

전기자동차의 구동 모터를 효율적으로 제어하기 위해 회전자의 위치를 정확하게 확인돼야 하며 이를 검출하는 센서가 레졸버 센서이다. MCU(인버터)또는 일체형으로 내장된 EPCU (Electric Power Control Unit)와 구동 모터를 고장으로 인해 교체하면 다음과 같은 절차를 수행해야 한다.

① 진단 장비의 부가 기능을 이용하여 레졸버 센서 보정 초기화와 레졸버 주행 학습을 수행해야 한다.

② 레졸버 옵셋 자동 보정 기능이 초기화된 후에도 "P0C17 구동모터 위치센서 미보정" 고장 코드와 서비스 램프는 점등되며 레졸버 주행 학습이 필요하다.

③ 레졸버 주행 학습 모드는 차량을 약 20~50kph 속도로 주행하면서 APS와 무관하게 2초 이상 타력 주행 상태로 주행하면 레졸버 보정을 실시한다.

④ 레졸버 주행 학습이 완료되면 MCU는 자동으로 주행 학습 모드를 종료하고 고장 코드도 자동으로 소거된다.

사 례

07

고전압 배터리 모듈 절연 파괴로 EV 경고등 점등

⚙ 진단

(1) 차종 : 아이오닉 5 전기차(NE EV)

(2) 고장 증상

"전기차 시스템을 점검하십시오" 문구가 출력되며 경고등이 점등되나 시동(Ready)과 주행이 가능한 고장 현상이 발생되었다.

그림 7.1 ● 고장 현상

(3) 정비 이력

없음

(4) 고장 코드

진단 장비를 이용하여 전체 시스템의 고장 코드를 확인한 결과 BMS 제어기에서 "P1AA600 배터리 비정상 거동 감지_현재" 고장 코드 검출이 확인되었다.

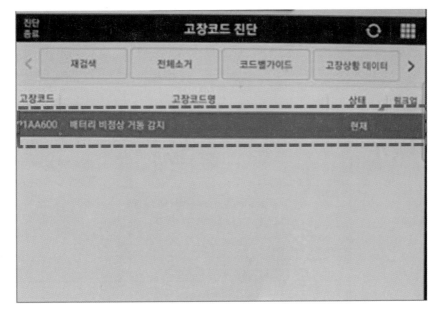

그림 7.2 ● 고장 코드

⌀ 점검

■ 내용

① DTC(Diagnostic Trouble Code) 매뉴얼을 참고하여 "P1AA600 배터리 비정상 거동 감지 현재" 고장 코드의 발생 조건을 확인하였다.

② P1AA600 고장 코드는 BMU가 고전압 배터리 팩 상태 모니터링 중 배터리 내부 비정상 거동 또는 비정상 데이터가 검출되는 즉시 서비스 램프가 점등되며 판정 조건은 고장 상세 코드를 참조하여 확인할 수 있었다.

③ 고장 코드가 발생될 당시의 고장 상황 데이터를 통해 추가 정보를 확인할 수 있었다. 고장 추가 정보1 항목은 센서 출력값 2, 고장 추가 정보3 항목은 센서 출력값 27, 고장 추가 정보4 항목은 센서출력값 1, 고장 추가 정보 6 항목은 센서 출력값 5가 출력되고 절연 저항값은 9kΩ으로 추가 고장 코드 정보와 고장 코드가 발생될 당시 고전압 배터리 팩 절연 저항의 문제가 발생되었음을 확인할 수 있었다.

기능 및 역할

EV 차량이 정상적으로 주행을 하려면 고전압 배터리를 항상 최적의 상태로 유지해야 한다.
배터리 시스템 내 BMU는 고전압 배터리를 상시 감시하여 고전압 배터리의 이상이 감지되면 즉시 해당 고장 코드를 발생한다.
※ 해당 고장 코드 진단 시, 고장 상세코드를 참고하여 원인 부품 및 연관 DTC를 확인한 후, 해당 고장 코드로 이동하여 점검을 진행한다.

고장 판정 조건

항목	판정 조건
진단 방법	BSA 감시 중 배터리 내부 비정상 거동 또는 비정상 데이터 검출 시
진단 조건	셀 전압 편차 발생 절연고장 발생 셀 전압 변화 충전 중 CV 구간 전류 변화 (CV 구간 : 목표 충전 전압에 도달한 상태) 배터리 과온 배터리 과전압 배터리 저전압 배터리 온도 편차 발생 순간 전압 변화 발생 ※ 상세 항목 별 진당 방법 상세 고장 코드 참조
판정 조건	고장 상세코드 참조
진단 시간	진단 즉시
경고등 점등	1 D/C (Driving Cycle : 주행 사이클)
페일세이프 (fail-safe)	충전 파워 : 0% 방전 파워 : 0%

드라이빙 사이클* : Driving Cycle (DC)	[IG ON → EV ON → IG ON]을 실시하면, 드라이빙 사이클* 1회 (1DC)가 완료 '서비스 램프_ON'은 첫번째 드라이빙 사이클* 진행 중 고장이 검출되는 즉시 고장이 확정되고, BMU*에서 '서비스 램프 ON'의 의미를 나타낸다.

예상 고장 원인

예상 고장 원인	원인 점검
1. 배터리 온도 센서	
2. 고전압 배터리 (BMA, BSA)	
3. 배터리 냉각 시스템 (EWP, 3Way-Valve, 냉각수)	상세 고장 코드가 지시하는 고장 코드 항목으로 이동하여 점검 진행
4. BSA 내부 배선 및 커넥터	
5. BMU, CMU	

그림 7.3 ● P1AA600 DTC(Diagnostic Trouble Code) 매뉴얼

④ 고장 상황 상세 코드를 확인한 결과 고장 추가 정보 1은 절연 저항에 문제가 발생되었을 때 출력되고 고장 추가 정보 3은 고장 코드 발생 당시 405kΩ의 절연 저항값이 측정되며 고장 추가 정보 4는 고전압 배터리 셀당 5mV의 전압 편차값과 고장 추가 정보 6으로 충전 상태가 아닌 주차 중 고전압 배터리 내부에서 절연 저항 문제로 고전압 배터리의 비정상 거동이 감지되어 고장 코드가 발생됨을 확인할 수 있었다.

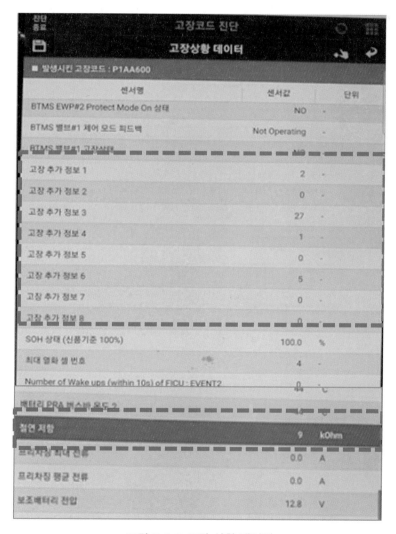

그림 7.4 ● 고장 상황 데이터

상세코드

분류	값	설명	정비가이드
상세코드1	0	정상	-
	1	셀 전압 편차 이상 검출	P1B9600 고장 코드 참조
	2	절연 저항 이상 검출	P0AA600 고장 코드 참조
	4	충전 완료 1시간 후 셀 전압 변화 이상 검출	고장 상세코드5의 배터리 셀 번호 참조 해당 배터리 모듈 또는 BSA 교환
	8	충전 완료 2시간 후 셀 전압 변화 이상 검출	
	16	충전 완료 4시간 후 셀 전압 변화 이상 검출	
	32	급속 충전 중 셀 별 전압 변화 이상 검출	
	64	완속 충전 중 셀 별 전압 변화 이상 검출	
	128	충전 중 (CV 구간) 전류 변화 이상 검출	P1B9600 고장 코드 참조
상세코드2	0	정상	-
	1	설정 온도를 초과하는 온도 검출	P0A7E00 고장 코드 참조
	2	설정 전압을 초과하는 전압 검출	P0DE700 고장 코드 참조
	4	설정 전압보다 낮은 전압 검출	P0DE600 고장 코드 참조
	8	배터리 온도 편차가 설정 범위를 벗어남	P1B9700 고장 코드 참조
	16	이동 평균 셀 편차가 설정 범위를 벗어남	고장 상세코드5 배터리 셀 번호 참조해 당 배터리 모듈 또는 BSA 교환
상세코드3	0	정상	-
	-	값 표출 시 표출된 값의 15배 = 고장 진단 시점 절연 저항 값 [kΩ]	고장 진단 시점의 절연저항
상세코드4	0	정상	-
	-	값 표출 시 표출된 값의 5배 = 고장 진단 시점 셀 전압 편차 값 [mV]	고장 진단 시점의 셀 전압 편차
상세코드5	0	정상	-
	-	고장이 발생한 배터리 셀 번호 ※ 상세코드1 = 4, 8, 16, 32, 64 / 상세코드2= 16일 때만 셀 번호 표출 이외의 코드에서는 셀 전압 최대/최소값 비교를 통해 정비 수행 필요	고장 진단 시 고장 셀 번호
상세코드6	0	정상	
	1	완속 충전 상태	
	2	급속 충전 상태	
	3	완속 충전 커넥터 연결됨 : 완속 충전 완료 직후부터 2시간 이내	
	4	급속 충전 커넥터 연결됨 : 급속 충전 완료 직후부터 2시간 이내	
	5	완속/급속 충전 커넥터 분리됨 : IG OFF 직후부터 2시간 이내	고장 진단 시 차량 충전 상태
	6	완속 충전 커넥터 연결됨 : 완속 충전 완료 직후부터 2시간 이후(초과)	
	7	급속 충전 커넥터 연결됨 : 급속 충전 완료 직후부터 2시간 이후(초과)	
	8	완속/급속 충전 커넥터 분리됨 : IG OFF 직후부터 2시간 이후(초과)	

상세코드 해석	상세코드 해석 후 정비가이드 항목에서 제시하는 고장 코드로 이동하여 해당 절차를 수행한다.

※ '상세코드1 = 4, 8, 16, 32, 64 / 상세코드2 = 16'의 경우, 서비스데이터 또는 고장상황 당시 데이터를 통해 불량 셀 위치를 확인하여, 해당 셀이 포함된 배터리 모듈을 교환한다.

그림 7.5 ● 고장 상황 상세 코드 매뉴얼

⑤ 차량에서 고전압 배터리 팩(BSA)을 탈거하여 절연 저항계(메가 옴 테스터)를 이용하여 절연 저항을 측정하였다.

그림 7.6 ◈ 아이오닉 5 E-GMP 고전압 배터리

⑥ 절연 저항계를 이용하여 고전압 배터리 내부의 고전압 라인을 점검한 결과 24번 BMA
에서 절연 저항이 파괴된 상태를 확인하였다.

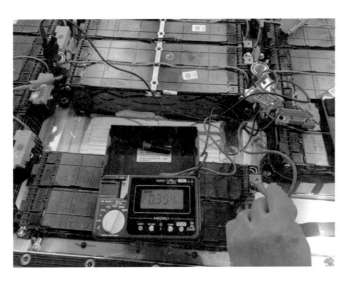

그림 7.7 ◈ 24번 BMA 절연 저항 측정

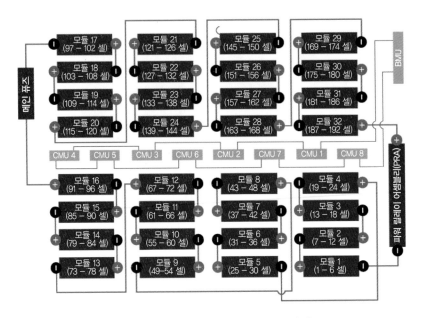

그림 7.8 ◉ 고전압 배터리 어셈블리 결선도

∅ 조치

■ 내용

절연 저항이 불량한 24번 모듈을 신품으로 교환하기 위해 기존 고전압 배터리 셀(Cell)과 동일한 전압으로 셀 밸런싱 장비를 이용하여 배터리 전압을 일치시킨다. 그리고 고전압 배터리 냉각을 위해 도포된 갭 필러 도포 작업을 시행한 후 조립하여 조치하였다.

∅ 조치 방법

경고

• 고전압 시스템 관련 작업 시 반드시 '안전사항 및 주의, 경고' 내용을 숙지하고 준수해야 한다. 미준수 시 감전 또는 누전 등으로 인해 심각한 사고를 초래할 수 있다.
• 고전압 시스템 관련 작업 시 '고전압 차단절차'에 따라 반드시 고전압을 먼저 차단해야 한다. 미준수 시 감전 또는 누전 등으로 인해 심각한 사고를 초래할 수 있다.

참고

고전압 시스템 부품

배터리 시스템 어셈블리(BSA), 모터 어셈블리, 인버터 어셈블리, 고전압 정션 블록, 파워 케이블 등

1) 진단기기를 자기진단 커넥터(DLC)에 연결한다.

2) IG 스위치를 ON한다.

3) 진단기기의 서비스 데이터의 BMS 융착 상태를 확인한다.

> 규정값 : Relay Welding not detection

센서명(514)	센서값	단위	링크업
REC 배터리모니터링14	0	-	
REC 배터리모니터링15	0	-	
REC 배터리모니터링16	0	-	
REC 배터리모니터링17	0	-	
REC 배터리모니터링18	62	-	
BMS 메인 릴레이 ON 상태	Open	-	
배터리 사용가능 상태	Battery Power Unusable	-	
BMS 경고	Normal	-	
BMS 고장	Normal	-	
BMS 융착 상태	Relay Welding not detection		
VPD 활성화 ON	NO	-	
OPD 활성화 ON	NO	-	
윈터모드 활성화 상태	Installed & On	-	
MCU 준비상태	Mg1 MCU is Alive	-	
MCU 메인릴레이 OFF 요청	NO	-	
MCU 제어가능 상태	NO	-	
VCU/HCU 준비 상태	Drivable	-	
급속충전 정상 진행 상태	YES	-	
충전 표시등 상태	Normal	-	

4) IG 스위치를 OFF한다.

5) 12V 배터리 (−),(+) 단자 터미널을 분리한다.

6) 서비스 인터록 커넥터(A)를 화살표 방향으로 분리한다.

경고

고전압 시스템의 커패시터가 완전히 방전될 수 있도록 3분 이상 기다린다.

7) 인버터 단자 사이의 전압을 측정하여 인버터 커패시터가 방전되었는지 확인한다.

① 리프트를 이용하여 차량을 들어올린다.

② 프런트, 리어 언더버커를 탈거한다.

③ 고전압 커넥터 커버(A)를 탈거한다.

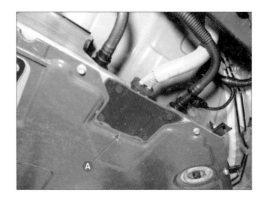

8) 고전압 배터리 프런트 커넥터를 분리한다.

9) 고전압 배터리 리어 커넥터를 분리한다.

10) 프런트 인버터 단자 사이의 전압을 측
    정한다.

정상 : 30V 이하

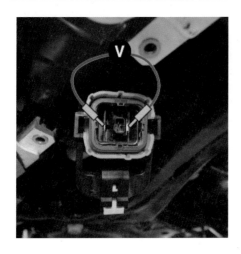

11) 리어 인버터 단자 사이의 전압을 측정
    한다.

정상 : 30V 이하

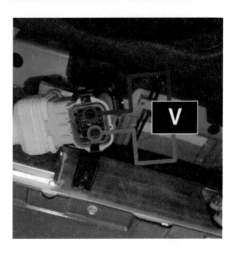

12) 배터리 시스템 어셈블리의 리어 고전압 커넥터 단자간 전압을 측정하여 파워 릴레이
    어셈블리의 융착 유무를 점검한다.

정상 : 0V

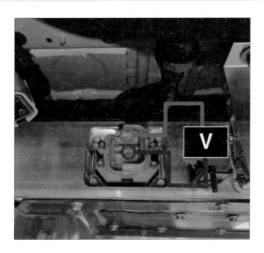

경고

전압이 비정상으로 측정된 경우, 고전압 차단이 정상적으로 되지 않을 수 있으므로 메인 퓨즈
를 탈거한다.

13) ICCU 고전압 커넥터를 분리한다.

14) BMU 연결 커넥터(A)를 분리한다.

15) 볼트를 푼 후 접지(A)를 탈거한다.

16) 냉각수 인렛 호스(A) (B)를 분리한다.

17) 배터리 시스템 어셈블리(BSA) 안에 있는 잔여 냉각수를 특수공구를 이용하여 배출한다.

① 냉각수 인렛에 냉각수 라인 피팅[IN] (A)을, 냉각수 아웃렛에 냉각수 피팅 [OUT] (B)을 설치한다.

② 냉각수 라인 피팅[OUT] 밸브(A)를 닫는다.

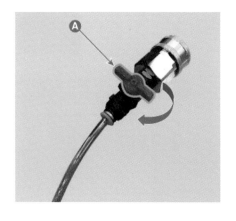

③ 기밀 테스터에 인렉 호스(A)를 연결 한다.

④ 에어 호스(A)를 냉각수 받을 통에 넣는다.

⑤ 진단 기기를 이용하여 고전압 배터리 팩 '냉각수 배출'을 수행한다.

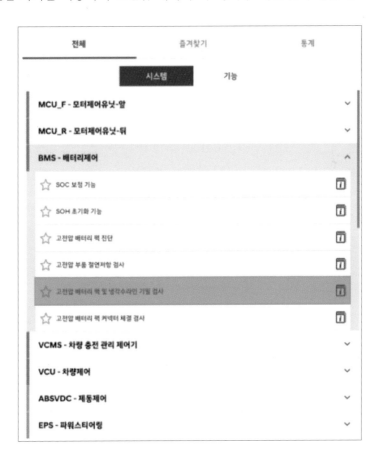

* [배터리 정보 입력]

배터리 코드를 입력하신 뒤 [확인] 버튼을 누르십시오.

배터리 코드 _____

BSXXXXXXXXXXXXXXXXX

확인   취소

기능 수행 중에는 다른 기능이 동작되지 않도록 주의하십시오.

* [장치 연결]

장비의 전원을 ON 해주십시오.
장치를 검색하고 연결한 뒤 [확인] 버튼을 누르십시오.

연결 상태 : 연결됨

| 현재 연결된 장비 | ULT-M100 | |

검색된 장비 목록   검색

ULT-M100   5C:F2:86:43:2F:28

확인   취소

기능 수행 중에는 다른 기능이 동작되지 않도록 주의하십시오.

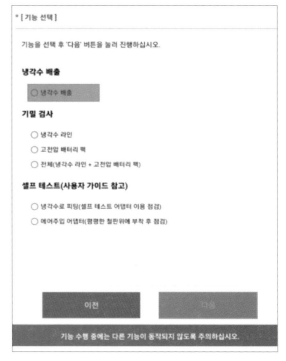

* [기능 선택]

기능을 선택 후 '다음' 버튼을 눌러 진행하십시오.

냉각수 배출

○ 냉각수 배출

기밀 검사

○ 냉각수 라인
○ 고전압 배터리 팩
○ 전체(냉각수 라인 + 고전압 배터리 팩)

셀프 테스트(사용자 가이드 참고)

○ 냉각수로 피팅(셀프 테스트 어댑터 이용 점검)
○ 에어주입 어댑터(평평한 철판위에 부착 후 점검)

이전   다음

기능 수행 중에는 다른 기능이 동작되지 않도록 주의하십시오.

⑥ 냉각수 라인 피팅[OUT] 밸브(A)를 천천히 열어 냉각수를 배출한다.

18) 고전압 배터리 시스템 어셈블리 중앙부 고정 볼트(A)를 푼다.

 유의 배터리 시스템 어셈블리 고정 볼트는 재사용하지 않는다.

19) 고전압 배터리 시스템 어셈블리에 플로어 잭(A)을 받친다.

20) 고전압 배터리 어셈블리 사이드 고정 볼트를 푼다.(14개)

21) 고전압 배터리 어셈블리를 차량으로부터 탈거한다.

 유의
- 배터리 시스템 어셈블리 장착 볼트를 탈거한 후에 배터리 팩 어셈블리가 아래로 떨어질 수 있으므로 플로어 잭으로 안전하게 지지한다.
- 배터리 시스템 어셈블리를 탈거하기 전에 고전압 케이블 및 커넥터가 확실히 탈거되었는지 확인한다.
- 배터리 시스템 하부 보호 및 언더 커버 고정용 스터드 볼트 보호를 위해 플로어 잭 위에 고무 또는 나무를 받친다.
- 배터리 시스템 어셈블리 고정 볼트는 재사용하지 않는다.

22) 특수공구(SST No. 09375-K4104)와 크레인 자키를 이용하여 고전압 배터리 시스템 어셈블리를 이송한다.

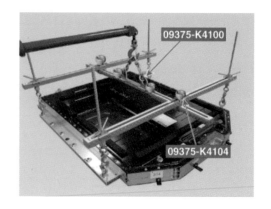

23) 탈거한 고전압 배터리 어셈블리는 부품 손상을 방지하기 위해 평평한 바닥, 매트 위에 올려 놓는다.

24) 배터리 시스템 어셈블리 상부 케이스 장착 볼트(A)를 탈거한다.

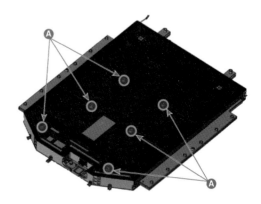

25) 볼트(39ea)와 너트(25 ea)를 푼 후, 고전압 배터리 수밀 보강 브래킷(A)을 탈거한다.

26) 퓨즈 박스 커버(A)를 연다.

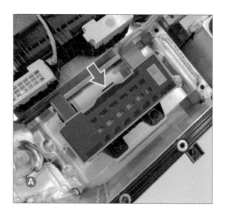

27) 고전압 배터리 버스바(A)를 탈거한다.

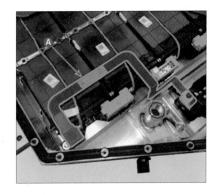

28) 메인 퓨즈 어셈블리를 탈거한다.

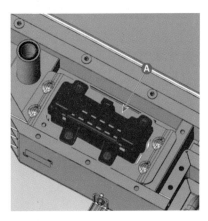

29) 볼트와 너트를 탈거한 후 버스바(A)를 탈거한다.

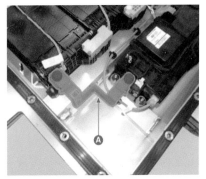

30) 배터리 전압 센싱 와이어링 하네스(A) 를 분리한다.

31) 볼트를 푼 후 버스바(A)를 탈거한다.

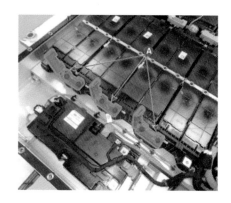

32) 볼트를 푼 후 보강판(A)을 탈거한다.

33) 서브 배터리 팩 어셈블리(A) 고정 볼트와 너트를 탈거한다.

 유의   서브 배터리 팩 어셈블리 고정 볼트 및 너트는 신품으로 교환한다.

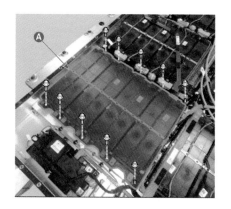

34) 배터리 모듈 행어(09375-GI700)를 서브 배터리 팩 어셈블리에 장착한다.

참고 ......

고전압 배터리 모듈 행어 업체 매뉴얼을 참고한다.

35) 배터리 모듈 행어(09375-GI700)와 크레인 자키(A)를 이용하여 서브 배터리 팩 어셈블리를 이송한다.

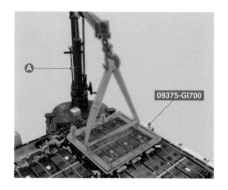

36) 배터리 모듈 어셈블리(BMA) 및 하부 케이스에 있는 잔여 갭필러(A)를 제거한다.

37) 고전압 배터리 모듈 분해 지그를 이용하여 교환 모듈을 분리한다.

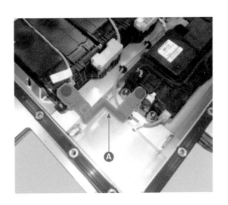

38) 신품으로 교환할 고전압 배터리 모듈을 고전압 배터리 밸런싱 장비를 이용하여 모듈의 전압을 밸런싱한다.

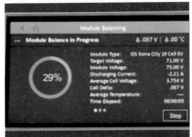

유의
차량에 장착되어 있는 기존 모듈과 신규 장착되는 신품 모듈은 서로 충전된 전압이 다르기 때문에 기존 모듈과 신품 모듈간의 전압 차이를 맞춰주는 작업없이 신규 모듈을 장착하면 차량이 정상 작동하지 않을 수 있다.

39) 모듈 충/방전이 완료된 후 디지털 테스터를 이용하여 신품 모듈의 전압이 목표 전압과 같은지 측정한다.

40) 배터리 시스템 어셈블리(BSA)에 고전
압 배터리 갭필러 고정 틀(09375-
GI100)을 장착한다.

41) 갭 필러 고정틀에 갭 필러 작업 건
(09375-GI200)을 장착한다.

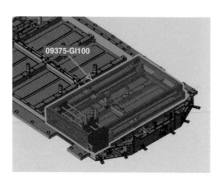

42) 카트리지에 갭 필러 리본(09375-GI300)을 조립한다.

 유의 | 갭 필러 리본(09375-GI300)은 면적(A)당 한 개씩 사용한다.

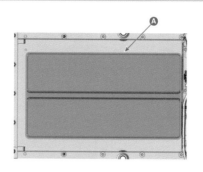

43) 갭 필러 작업건에 카트리지 & 갭필러
리본(A)을 장착한다.

44) 갭 게이지(A)를 사용하여 리본 높이를
조절한다.

규정값 : 5.4mm

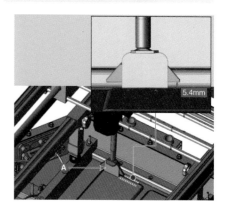

유의 갭 필러 고정틀 지지대 다리를 조절하여 높이를 조절한다.

45) 갭 필러 작업건에 에어호스(A)를 연결한다.

46) 갭 필러 고정틀에 에어호스(A)를 연결한다.

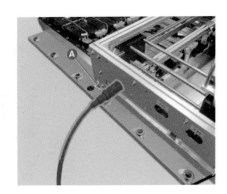

47) 갭 필러 컨트롤러 커넥터(A)를 연결한다.

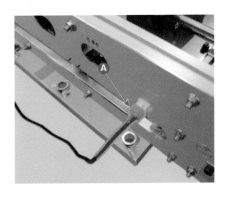

48) 갭 필러를 도포한다.

 유의
- 갭 필러 도포 후, 경화시간(90분) 이내 모듈을 장착한다.
- 갭 필러 도포 가이드는 장비 매뉴얼을 참고한다.
- 갭 필러 도포 순서는 아래의 그림을 참조한다.

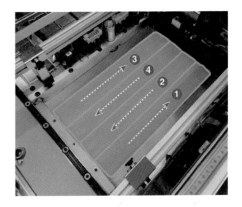

49) 고전압 배터리 모듈 장착은 탈거의 역순으로 조립한다.

50) 고전압 배터리 어셈블리 냉각수 라인 기밀 테스트를 위해 기밀점검 장비를 설치한다.

51) 냉각수 인렛에 냉각수 라인 피팅 [IN] (A)을, 냉각수 아웃렛에 냉각수 라인 피팅[OUT] (B)을 설치한다.

52) 냉각수 라인 피팅 [OUT] 밸브(A)를 닫는다.

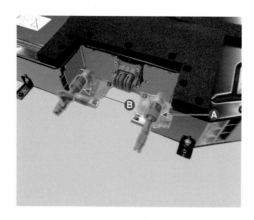

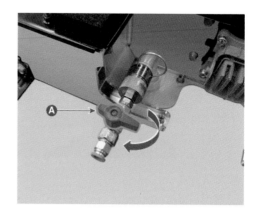

53) 냉각수 인렛에 연결된 냉각수 라인 피팅 [IN]에 호스(A)를 연결한다.

54) 기밀 테스터에 인렛 호스(A)를 연결한다.

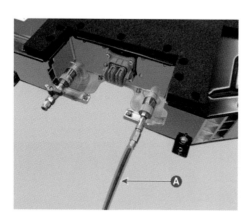

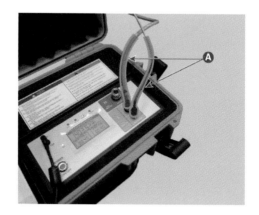

55) 진단기기를 사용하여 고전압 배터리 냉각수 라인 기밀검사를 수행한다.

부가기능

| 시스템별 | 작업 분류별 | 모두 펼치기 |

■ 배터리제어
  ■ 사양정보
  ■ 절연파괴 부품 검사
  ■ SOC 보정 기능
  ■ SOH 초기화 기능
  ■ 고전압 배터리 팩 및 냉각수라인 기밀 점검
■ 전방레이더
■ 에어백(1차충돌)
■ 에어백(2차충돌)
■ 승객구분센서
■ 에어컨
■ 파워스티어링
■ 리어뷰모니터
■ 운전자보조주행시스템
■ 운전자보조주차시스템
■ 측방레이더
■ 전방카메라

! 기능 수행 중에는 다른 기능이 동작되지 않도록 주의하십시오.

부가기능

■ 고전압 배터리 팩 및 냉각수라인 기밀 점검

배터리 정보를 수집하기 위해 QR코드를 스캔해주십시오.

[예시]
QR 코드 영역

| 확인 | 취소 |

⚠ 기능 수행 중에는 다른 기능이 동작되지 않도록 주의하십시오.

부가기능

■ 고전압 배터리 팩 및 냉각수라인 기밀 점검

● [배터리 정보 입력]

배터리 코드를 입력하신 뒤 [확인] 버튼을 누르십시오.

BSXXXXXXXXXXXXXXXXX

배터리 코드 [   ]

| 확인 | 취소 |

⚠ 기능 수행 중에는 다른 기능이 동작되지 않도록 주의하십시오.

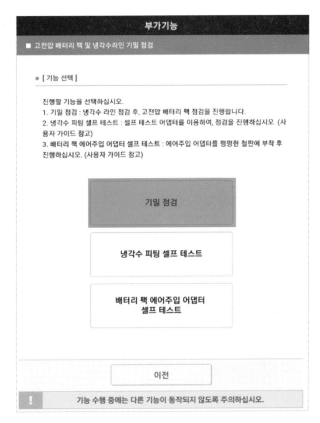

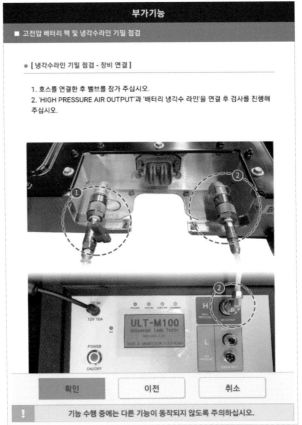

56) 냉각수 라인 기밀 여부를 점검한다.

참고 ••••••

냉각수 라인 기밀 여부 판단 지침

• 합격 : PASS

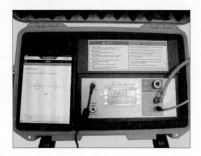

• 불합격 : FAIL

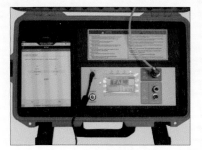

57) 고전압 배터리 시스템 어셈블리 기밀 테스트를 위해 장비를 설치한다.

 주의
• 차량에 고전압 배터리 시스템 어셈블리를 설치하기 전에 '고전압 배터리 기밀점검 테스터'를 사용하여 기밀 테스트를 수행한다.
• 냉각수 라인 기밀 테스터 화면에서 30초 동안 건드리지 않을 시 배터리 팩 기밀 테스트 화면으로 넘어간다.

58) 고전압 배터리 시스템 어셈블리에 실링 커넥터(A)를 장착한다.

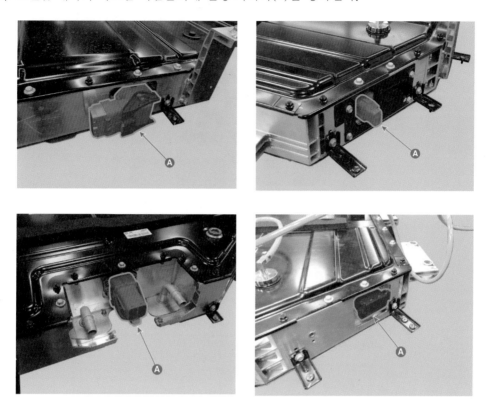

59) 에어 주입 어댑터(A)와 압력 센서 모듈(B)을 압력 조정재로 5초간 밀어 어댑터를 부착할 수 있도록 화살표 방향으로 이동한다.

 유의   조정재에 제대로 부착이 되지 않으면 압력이 누설될 수 있으므로 반드시 확인한다.

60) 기밀테스터에 어댑터 호스(A)를 연결한다.

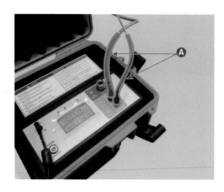

61) 진단기기를 사용하여 고전압 배터리 냉각수 라인 기밀검사를 수행한다.

부가기능		
시스템별	작업 분류별	모두 펼치기

■ 배터리제어	⬆
■ 사양정보	▤
■ 절연파괴 부품 검사	▤
■ SOC 보정 기능	▤
■ SOH 초기화 기능	▤
■ 고전압 배터리 팩 및 냉각수라인 기밀 점검	▤
■ 전방레이더	⬇
■ 에어백(1차충돌)	⬇
■ 에어백(2차충돌)	⬇
■ 승객구분센서	⬇
■ 에어컨	⬇
■ 파워스티어링	⬇
■ 리어뷰모니터	⬇
■ 운전자보조주행시스템	⬇
■ 운전자보조주차시스템	⬇
■ 측방레이더	⬇
■ 전방카메라	⬇

! 기능 수행 중에는 다른 기능이 동작되지 않도록 주의하십시오.

부가기능

■ 고전압 배터리 팩 및 냉각수라인 기밀 점검

● [장치 연결]

장비의 전원을 ON 해주십시오.
장치를 검색하고 연결한 뒤 [확인] 버튼을 누르십시오.

연결 상태 : 연결됨

| 현재 연결된 장비 | ULT-M100 | 🗑 |

검색된 장비 목록 [검색]

[확인] [취소]

❗ 기능 수행 중에는 다른 기능이 동작되지 않도록 주의하십시오.

부가기능

■ 고전압 배터리 팩 및 냉각수라인 기밀 점검

● [기능 선택]

진행할 기능을 선택하십시오.
1. 기밀 점검 : 냉각수 라인 점검 후, 고전압 배터리 팩 점검을 진행합니다.
2. 냉각수 피팅 셀프 테스트 : 셀프 테스트 어댑터를 이용하여, 점검을 진행하십시오. (사용자 가이드 참고)
3. 배터리 팩 에어주입 어댑터 셀프 테스트 : 에어주입 어댑터를 평평한 철판에 부착 후 진행하십시오. (사용자 가이드 참고)

[기밀 점검]

[냉각수 피팅 셀프 테스트]

[배터리 팩 에어주입 어댑터
셀프 테스트]

[이전]

❗ 기능 수행 중에는 다른 기능이 동작되지 않도록 주의하십시오.

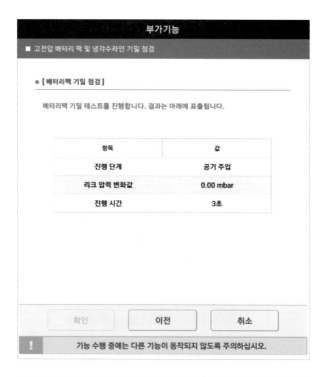

부가기능

■ 고전압 배터리 팩 및 냉각수라인 기밀 점검

● [배터리팩 기밀 점검]

배터리팩 기밀 테스트를 진행합니다. 결과는 아래에 표출됩니다.

항목	값
진행 단계	공기 주입
리크 압력 변화값	0.00 mbar
진행 시간	3초

확인   이전   취소

! 기능 수행 중에는 다른 기능이 동작되지 않도록 주의하십시오.

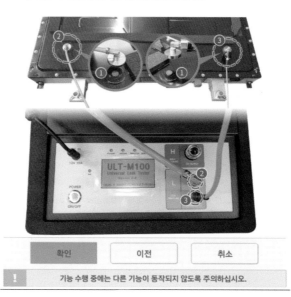

부가기능

■ 고전압 배터리 팩 및 냉각수라인 기밀 점검

● [배터리팩 기밀 점검 - 장비연결 및 압력조정재 확인]

1. 압력조정재 결합 여부를 확인 후 진행하십시오.
2. 에어주입 어댑터를 LOW PRESSURE의 AIR OUTPUT과 압력조정재 홀 상단에 연결하십시오.
3. 압력센서 모듈을 압력조정재 홀 상단에 연결하십시오.
①~②, ①~③의 결합 상태를 확인 후 [확인] 버튼을 누르십시오.

확인   이전   취소

! 기능 수행 중에는 다른 기능이 동작되지 않도록 주의하십시오.

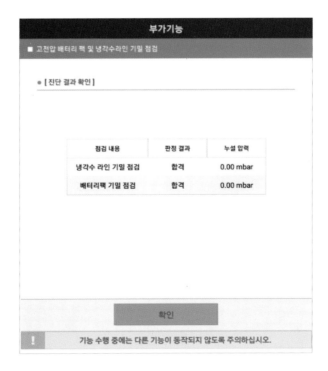

62) 고전압 배터리 시스템 어셈블리의 기밀 여부를 점검한다.

> **참고** ······

냉각수 라인 기밀 여부 판단 지침

• 합격 : PASS   • 불합격 : FAIL

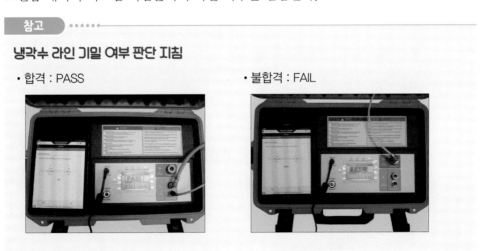

63) 고전압 배터리 시스템 어셈블리 기밀 테스트
불합격시 헬륨가스로 기밀 누설 부위를 점검
한다.
　① 기밀 테스터에서 에어 주입 어댑터 호스
　　(A)를 분리한다.

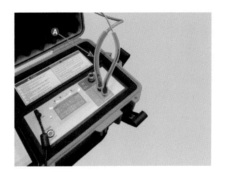

② 헬륨 가스 밸브에 에어 주입 어댑터 호스(A)를 연결한다.

③ 헬륨 가스 밸브를 화살표 방향으로 돌려 헬륨 가스를 주입한다.

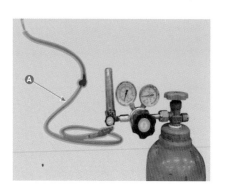

 유의　배터리 시스템 어셈블리(BSA) 내부 압력이 20~30mbar를 초과하면 상부 케이스의 변형이 생길 수 있으므로 헬륨을 500mbar로 약 30초간 가압 후 헬륨 조절 밸브를 닫는다.

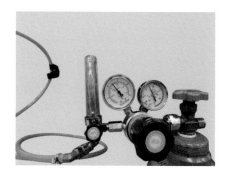

④ 헬륨 가스 누설 감지기를 이용하여 배터리 시스템 어셈블리(BSA) 누설 부위를 점검한다.

 유의　하부 케이스의 용접 부위, 커넥터 체결 부위, 상부 케이스 가스켓 등을 위주로 점검한다.

64) 고전압 배터리 어셈블리(BSA) 탈거의 역순으로 장착한다.

65) 냉각수를 채우고 누수를 확인한다.

 경고

전기차 관련 냉각 시스템과 라디에이터가 뜨거울 때는 고온, 고압의 냉각수가 분출되어 화상을 입을 수 있으니 압력 캡 을 절대로 열지 않는다. 관련 장치들이 충분히 냉각된 상태일 때 개방한다.

주의
- 냉각수 교환시 냉각수가 전기 장치 등에 묻지 않도록 주의한다.
- 서로 다른 상표의 냉각수를 혼합하여 사용하지 않는다.
- 냉각수를 보충하거나 교환 시 압력 캡 라벨과 리저버 탱크의 냉각수 색깔을 확인하고, 현대자동차 순정 냉각수를 사용한다(순정부품은 품질과 성능을 당사가 보증하는 부품이다).
- 저전도 냉각수 압력 캡은 정비사만 탈거하도록 한다.
- 저전도 냉각수는 물과 희석하여 사용하지 않는다.
  ※ 물과 섞이지 않도록 주의한다.
- 녹방지제를 첨가하며 사용하지 않는다.

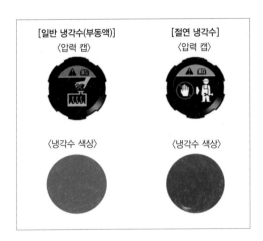

66) 리저버 탱크 압력 캡(A)를 연다.

67) 특수 공구(09253-J2320)(A)를 리저버 탱크에 장착한다.

68) 특수 공구(09253-J2370)(A)를 특수
공구(09253-J2320)에 장착한다.

69) 냉각수 흡입 호스(A)를 특수공구
(09253-J2310) 냉각수 주입 밸브에
연결하고 호스는 신품 냉각수를 담은
통에 넣는다.

70) 특수공구(09253-J2370)(A)의 반대편
을 특수 공구(09253-J2310)에어 가
압 밸브에 연결한다.

71) 특수공구(09253-J2310) 석션 밸브
(A)를 화살표 방향으로 돌려 진공 게
이지 눈금이 0이 될 때까지 신규 냉각
수를 주입 후 석션 밸브를 잠근다.

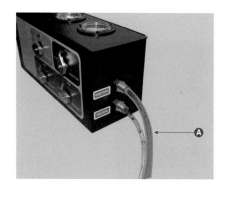

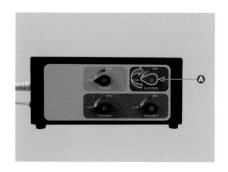

[표 8.1] 고전압 배터리 냉각수

저전도 냉각수		제원	
		160KW(2WD)	70KW+160KW(4WD)
일반형	히트 펌프 미적용 사양	약 8.8L	약 8.8L
	히트 펌프 적용 사양	약 9.4L	약 9.4L
항속형	히트 펌프 미적용 사양	약 11.2L	약 11.7L
	히트 펌프 적용 사양	약 11.6L	약 11.9L

* 서로 다른 상표의 부동액/냉각수를 혼합하여 사용하지 않는다.
* 석션 밸브(A)를 제외한 밸브들이 잠겨있는지 확인한다.

72) 특수공구(09253-J2320)(A)를 탈거한다.

73) 진단기기 강제구동의 '배터리 EWP구동'을 수행한다.

센서데이터 진단	
강제구동	
● 구동항목(14)	
메인 릴레이(-) ON	⊕
프리차지 릴레이 ON	⊕
메인릴레이(-) ON & 프리차지 릴레이 ON	⊕
프리차지 릴레이 ON & 메인 릴레이(-), (+) ON	⊕
급속충전 릴레이(-) ON	⊕
급속충전 릴레이(+) ON	⊕
급속충전 릴레이(-)(+) 동시 ON	⊕
고전압 배터리 히터 릴레이 ON	⊕
메인 릴레이(+) ON	⊕
급속충전 릴레이(+),(-) & 메인릴레이(-),(+) ON	⊕
전자 워터 펌프 최대 RPM 구동	⊕
배터리 밸브 통합모드 동작 ON	⊕
배터리 밸브 분리모드 동작 ON	⊕
배터리 EWP 구동(냉각유로 공기제거/냉각수 순환용)	⊕

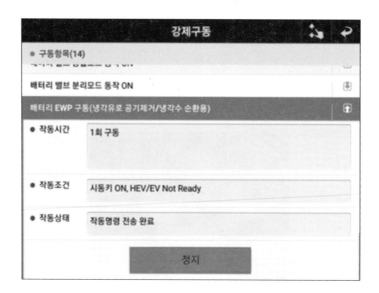

 주의 전자식 워터 펌프(EWP) 강제 구동 시, 배터리 방전을 막기 위해 12V 배터리를 충전시키면서 작업한다.

 유의 전자식 워터 펌프(EWP)가 작동하는 동안 리저버 탱크의 냉각수가 공기방울 발생없이 잘 순환 되는지 육안으로 리저버 탱크 내부를 확인한다.

74) 전자식 워터 펌프(EWP)가 작동하고 냉각수가 순환하면 리저버 탱크를 통해 냉각수를 보충한다.

 유의
- 전자식 워터 펌프(EWP)가 냉각수 없는 상태에서 작동되면 베어링 마찰로 인해 손상될 수 있다.
- 냉각수 흐름이 원활하지 않거나 공기방울이 여전히 발생되면 21~22번 절차를 반복한다.
- 고전압 배터리 전자식 워터 펌프(EWP) 강제 구동은 공기 빼기가 완료될 때까지 작동시킨다.

75) 공기 빼기가 완료되면 고전압 배터리 전자식 워터 펌프(EWP)의 작동을 멈추고 리저 버 탱크의 'MAX' 선까지 냉각수를 채운 후 압력 캡을 잠근다.

 유의
- 배터리 EWP 작동 중 소음이 적어지고 리저버 탱크에서 더 이상 공기 방울이 발생하지 않 으면 냉각 시스템의 공기 빼기는 완료된 것이다.
- 냉각수가 완전히 식었을 때. 냉각 시스템 내부 공기 배출 및 냉각수 보충이 가장 용이하게 이루어지며 냉각수 교환 후 2~3일 정도는 리저버 탱크의 냉각수 용량을 재확인한다.
- 퀵 커넥터가 확실히 장착되었는지 확인한다.

76) 진단기기를 사용하여 서비스 데이터의 '배터리 충전 상태(SOC)'를 점검한다.

77) 차량 시동을 걸고 냉각 호수 및 파이프 연결 부위 누수 여부를 점검한다.

> **참고**
>
> • 배터리 시스템 어셈블리(BMA) 교환 시, 진단장비를 이용하여 SOC 보정 기능을 수행해야 정확한 SOC 값을 확인할 수 있다.
> • SOC 보정 기능을 수행하지 않더라고 주행하면서 30분 이내에 정상적인 SOC로 보정된다.

∅ 조치 사항 확인(결론)

전기자동차 고전압 배터리의 안전성을 위해 충전 중 또는 충전 이후에도 Key off 상태에서 BMU는 고전압 배터리의 상태를 모니터링한다.

① 일반적으로 고장 코드(DTC)는 하나의 불량 조건에 하나의 고장 코드가 매칭되는 반면에 "P1AA600 배터리 비정상 거동 감지" 고장 코드는 배터리 셀 간 전압 편차, 절연파괴, 충전 후 비정상적인 셀 전압값 변화, 과전압, 저전압, 온도 편차 등 많은 고장 원인을 내포하고 있다.

② 고장 코드의 고장 상황 데이터를 확인하는 고장 상세 코드를 확인하여 고장 코드(DTC)의 발생 원인을 찾아야 정확한 원인 분석이 가능하다.

CMU 문제로 EV 경고등 점등

∅ 진단

(1) 차종 : GV70 전기차(JK EV)

(2) 고장 현상

시동(READY) 진입 및 주행은 가능하나 "전기차 시스템을 점검하십시오" 문구가 표출되며 EV 경고등이 점등되고 충전을 위해 외부 충전기의 충전 케이블을 차량의 충전구에 연결하면 2분 이내에 충전이 중단되는 고장 현상이 발생되었다.

그림 8.1 ● 고장 현상

(3) 정비 이력

없음

(4) 고장 코드

진단 장비를 이용하여 전체 시스템의 고장 코드를 확인한 결과 BMU 제어기에서 "P1AA600 배터리 비정상 거동 감지_현재" 고장 코드와 "P0B4500 고전압배터리 3번 전압센싱부 이상_과거" 고장 코드가 확인되었다.

그림 8.2 ● 고장 코드

⊘ 점검

■ **내용**

① DTC(Diagnostic Trouble Code) 매뉴얼을 참고하여 "P1AA600 배터리 비정상 거동 감지_ 현재"와 "P0B4500 고전압 배터리 3번 전압부센싱 이상_과거" 고장 코드 발생 조건을 확인하였다.

② 그 결과 "P1AA600 고장 코드는 배터리 팩 어셈블리(BSA) 감시 중 배터리 내부 비정상 거동" 또는 비정상 데이터 검출 즉시 서비스 램프가 점등되고 판정 조건은 고장 상세 코드를 참조하여 확인할 수 있었고 "P0B4500 고전압 배터리 '3번 모듈' 전압 센싱 부 이상" 고장 코드는 셀 전압 편차 또는 전압 측정 불가 및 CMU 불량일 때 발생되는 고장 코드임을 확인하였다.

기능 및 역할

고전압 배터리 시스템은 고전압 배터리, 배터리 제어 유닛 (BMU) + 셀 모니터링 장치 (CMU), 고전압 차단 스위치, 파워 릴레이 어셈블리 (PRA) 등으로 구성된다.
고전압 배터리 : 가속 및 감속을 위한 전력을 공급 및 저장
BMU : 전압, 전류, 온도를 모니터링하여 고전압 배터리를 제어
PRA : 고전압을 자동으로 연결하여 차단하는 릴레이와 고전압 배터리 전류를 모니터링하는 전류 센서로 구성
고전압 차단 스위치 : 정비사 보호를 위해 기계적으로 고전압을 차단할 수 있다. 그리고 고전압 차단 스위치에는 과전류를 방지하는 안전 퓨즈가 있다.

⯈ 배터리 셀의 기능 및 역할
고전압 배터리 셀은 고전압 배터리 팩의 가장 작은 단위이다.
각 셀의 전압은 약 3.75V이며, 배터리 팩은 2개씩 병렬로 연결된 144개 (기본형) 또는 192개 (항속형)의 셀을 직렬로 연결하여 각각 약 523V (기본형), 697V (항속형) 배터리 시스템을 구성한다.
BMU는 배터리 셀, 배터리 온도 센서, 냉각수 온도 센서 및 셀 모니터링 유닛 (CMU)로 배터리 시스템을 모니터링한다.

⯈ 사양
작동 전압 : 450 ~ 756V (셀 당 2.5 ~ 4.2V)

고장 판정 조건

항목	판정 조건
진단 조건	IGN ON
판정 조건	하기 조건 중 한가지만 만족하더라도 고장 판정 1) 일부 셀 전압 < 0.5V (2회 주행 사이클 연속 발생 시 진단 확정) 2) 일부 CMU 동작 불가 (2회 주행 사이클 연속 발생 시 진단 확정) 3) 전체 셀 전압 측정 불가 (1회 주행 사이클 발생 시 진단 확정)
진단 시간	1주행 사이클 발생 (충전 시) 2주행 사이클 연속 발생 (비충전 시)
경고등 점등	경고등 ON : 1회 (충전 시) 혹은 2회 (비충전 시) 주행 사이클 연속 발생 경고등 OFF : IGN OFF 시
페일세이프 (fail-safe) 비충전 시	충전 파워 : 50% 방전 파워 : 50%
페일세이프 (fail-safe) 충전 시	충전 파워 : 0% (제한 없음) 방전 파워 : 0% (제한 없음)

| 드라이빙 사이클* : Driving Cycle (DC) | [IG ON → EV ON → IG ON]을 실시하면, 드라이빙 사이클* 1회 (1DC)가 완료
'서비스 램프_ON'은 첫번째 드라이빙 사이클* 진행 중 고장이 검출되는 즉시 고장이 확정되고, BMU*에서 '서비스 램프 ON'의 의미를 나타낸다. |

예상 고장 원인

예상 고장 원인	원인 점검
1. 배터리 모듈 ↔ BMU ↔ CMU 체결 커넥터	커넥터 이탈로 인한 접촉불량 및 수분유입으로 인한 손상 유무 확인
2. 상세 데이터 코드 점검 결과	원칩 통신 이상 0V 디바운스 센싱 이상, 전압센싱 이상 (버스바 용접 상태 및 FUSE 박스 점검) 절연 저항값 이상
3. 배터리 모듈 ↔ BMU ↔ CMU 제어 회로	제어 회로 점검
4. 배터리 모듈 (셀)	모듈 단품 불량
5. CMU	CMU 단품 불량

그림 8.3 ● P0B4500 DTC(Diagnostic Trouble Code) 매뉴얼

③ 고장 상황 데이터를 확인하여 고장 코드 발생 당시의 BMU에 기록되어 있는 고전압 배터리 정보를 확인하였다. 두 고장 코드의 상세 데이터를 확인한 결과 최대 전압이 3.72V이고 최소 셀 전압이 3.58V로 최대 셀 전압과 최소 셀 전압의 차이가 140mV 차이가 발생되어 "P0B4500 고전압 배터리" 3번 모듈 "전압 센싱부 이상" 고장 코드가 발생되는 배터리 비정상 거동 감지 조건이 성립됨을 확인하였다.

발생시킨 고장코드 : P1AA600

P1AA600

배터리 비정상 거동 감지 · 현재

최대 셀 전압	3.72	V
최대 셀 전압 셀 번호	121	No.
최소 셀 전압	3.58	V
최소 셀 전압 셀 번호	25	No.
비정상 셀 개수	8	-
배터리 모듈 1 온도	30	℃
배터리 모듈 2 온도	31	℃
배터리 모듈 3 온도	30	℃
배터리 모듈 4 온도	30	℃
배터리 모듈 5 온도	31	℃
배터리 모듈 6 온도	30	℃
배터리 모듈 7 온도	31	℃
배터리 모듈 8 온도	30	℃
배터리 모듈 9 온도	31	℃
배터리 모듈 10 온도	30	℃

발생시킨 고장코드 : P0B4500

P0B4500

고전압 배터리 "3번 전압센싱부" 이상 · 과거

최대 셀 전압	3.72	V
최대 셀 전압 셀 번호	121	No.
최소 셀 전압	3.58	V
최소 셀 전압 셀 번호	25	No.
비정상 셀 개수	8	-
배터리 모듈 1 온도	30	℃
배터리 모듈 2 온도	31	℃
배터리 모듈 3 온도	30	℃
배터리 모듈 4 온도	30	℃
배터리 모듈 5 온도	31	℃
배터리 모듈 6 온도	30	℃
배터리 모듈 7 온도	31	℃
배터리 모듈 8 온도	30	℃
배터리 모듈 9 온도	31	℃
배터리 모듈 10 온도	30	℃

그림 8.4 ● 고장 상황 데이터

④ 고전압 배터리를 구성하고 있는 셀 전압 편차에 의해 고장이 발생된 것으로 판단되어 진단 장비를 이용하여 BMS 제어기의 Svc data를 확인하여 비정상적인 셀 전압을 확인하였다.

센서데이터 진단 (517) 시간 00:00:00		
센서명	센서값	단위	링크업
배터리 셀 전압 16	3.78	V
배터리 셀 전압 17	3.78	V
배터리 셀 전압 18	3.78	V
배터리 셀 전압 19	3.78	V
배터리 셀 전압 20	3.78	V
배터리 셀 전압 21	3.78	V
배터리 셀 전압 22	3.78	V
배터리 셀 전압 23	3.78	V
배터리 셀 전압 24	3.78	V
배터리 셀 전압 25	3.58	V
배터리 셀 전압 26	3.58	V
배터리 셀 전압 27	3.58	V
배터리 셀 전압 28	3.58	V
배터리 셀 전압 29	0.00	V
배터리 셀 전압 30	0.00	V
배터리 셀 전압 31	0.00	V

종지 데이터 캡처 데이터 초기화 고정출력 저장데이터 분석

센서데이터 진단 (517) 시간 00:00:01		
센서명	센서값	단위	링크업
배터리 셀 전압 32	0.00	V
배터리 셀 전압 33	0.00	V
배터리 셀 전압 34	0.00	V
배터리 셀 전압 35	0.00	V
배터리 셀 전압 36	0.00	V
배터리 셀 전압 37	3.78	V
배터리 셀 전압 38	3.78	V
배터리 셀 전압 39	3.78	V
배터리 셀 전압 40	3.78	V
배터리 셀 전압 41	3.78	V
배터리 셀 전압 42	3.78	V
배터리 셀 전압 43	3.78	V
배터리 셀 전압 44	3.78	V
배터리 셀 전압 45	3.78	V
배터리 셀 전압 46	3.78	V

종지 데이터 캡처 데이터 초기화 고정출력 저장데이터 분석

그림 8.5 ◉ BMS Svc data

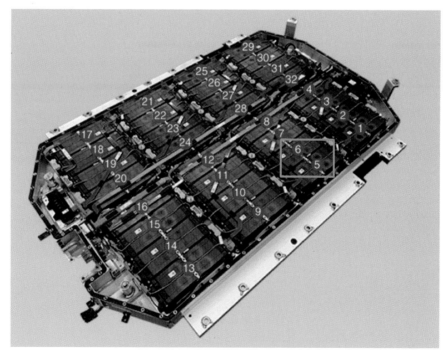

그림 8.6 ◉ GV70 전기차 고전압 배터리 구성도

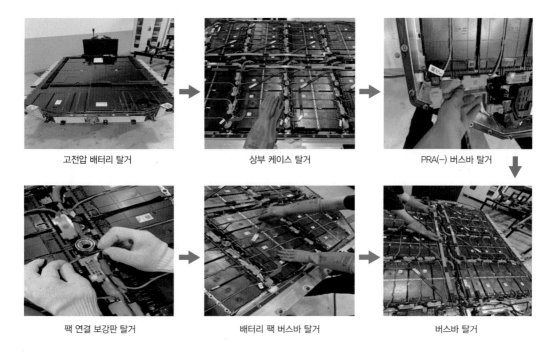

고전압 배터리 탈거	상부 케이스 탈거	PRA(−) 버스바 탈거
팩 연결 보강판 탈거	배터리 팩 버스바 탈거	버스바 탈거

그림 8.7 ● E-GMP 고전압 배터리 탈거 순서

⑤ 차량에서 고전압 배터리를 분리하여 진단 장비의 Svc data에서 확인된 셀 전압이 0V로 출력되는 모듈을 분리한 후 멀티테스터기를 이용하여 고전압 배터리 모듈(BMA)의 전압을 측정하였다. 점검 결과 단품 전압은 23.08V로 확인되었다.

그림 8.8 ● BMA 전압 측정

⑥ 고전압 배터리 모듈(BMA)에는 문제 없음을 확인한 후 해당 고전압 배터리 모듈(BMA)의 셀 전압 및 온도를 측정하여 BMS로 입력하는 3번 CMU 회로를 점검하였다.

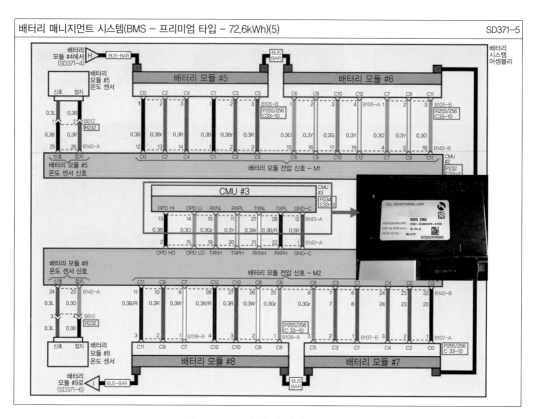

그림 8.9 ● 고전압 배터리 BMS 회로

⑦ 고전압 배터리 3번 CMU 회로의 커넥터 체결 상태 및 핀 텐션을 점검한 결과 특이사항이 없고 배터리 모듈 전압 측정 결과 정상 전압이 확인되어 최종 3번 CMU 단품 불량으로 인한 고전압 배터리 모듈(BMA) 전압 측정 불량 현상이 발생되어 3번 CMU 교환 후 정상 Svc data를 확인하였다.

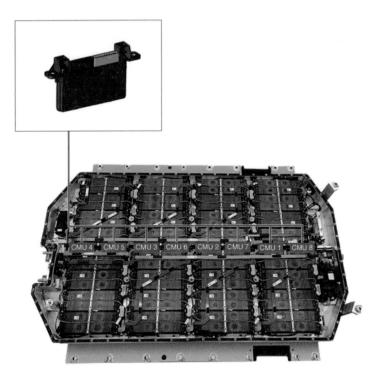

그림 8.10 ● GV70 전기차 고전압 배터리 CMU 구성도

[표 8.1] 셀 번호 및 셀 모니터링 유닛 번호 구분

셀 번호	셀 모니터링 유닛 번호
01 – 24	셀 모니터링 유닛 #1
25 – 48	셀 모니터링 유닛 #2
49 – 72	셀 모니터링 유닛 #3
73 – 96	셀 모니터링 유닛 #4
97 – 120	셀 모니터링 유닛 #5
121 – 144	셀 모니터링 유닛 #6
145 – 168	셀 모니터링 유닛 #7
169 – 192	셀 모니터링 유닛 #8

센서데이터 진단 (517)	시간 00:00:06		
센서명	센서값	단위	링크업
배터리 충전 상태(BMS)	88.0	%	
목표 충전 전압	0.0	V	
목표 충전 전류	0.0	A	
배터리 팩 전류	4.1	A	
배터리 팩 전압	777.0	V	
배터리 최대 온도	31	°C	
배터리 최소 온도	30	°C	
배터리 모듈 1 온도	31	°C	
배터리 모듈 2 온도	31	°C	
배터리 모듈 3 온도	31	°C	
배터리 모듈 4 온도	30	°C	
배터리 모듈 5 온도	31	°C	
배터리 외기 온도	36	°C	
최대 셀 전압	4.04	V	
최대 셀 전압 셀 번호	147	-	
최소 셀 전압	4.04	V	
최소 셀 전압 셀 번호	11	-	

그림 8.11 ● CMU 교환 후 정상 Svc data

Ø 조치

■ 내용

3번 CMU 교환 후 정상 조치하였다.

Ø 조치 방법

경고

- 고전압 시스템 관련 작업 시 반드시 '안전사항 및 주의, 경고' 내용을 숙지하고 준수해야 한다. 미준수 시 감전 또는 누전 등으로 인해 심각한 사고를 초래할 수 있다.
- 고전압 시스템 관련 작업 시 '고전압 차단절차'에 따라 반드시 고전압을 먼저 차단해야 한다. 미준수 시 감전 또는 누전 등으로 인해 심각한 사고를 초래할 수 있다.

참고

고전압 시스템 부품

배터리 시스템 어셈블리(BSA), 모터 어셈블리, 인버터 어셈블리, 고전압 정션 블록, 파워 케이블 등

1) 진단기기를 자기진단 커넥터(DLC)에 연결한다.
2) IG 스위치를 ON한다.
3) 진단기기의 서비스 데이터의 BMS 융착 상태를 확인한다.

규정값 : Relay Welding not detection

🔍	센서데이터 진단		↻	▦

‹	정지	그래프	데이터 캡쳐	강제구동	›

센서명(514)	센서값	단위	링크업
REC 배터리모니터링14	0	-	
REC 배터리모니터링15	0	-	
REC 배터리모니터링16	0	-	
REC 배터리모니터링17	0	-	
REC 배터리모니터링18	62	-	
BMS 메인 릴레이 ON 상태	Open	-	
배터리 사용가능 상태	Battery Power Unusable	-	
BMS 경고	Normal	-	
BMS 고장	Normal	-	
BMS 융착 상태	Relay Welding not detection	-	
VPD 활성화 ON	NO	-	
OPD 활성화 ON	NO	-	
윈터모드 활성화 상태	Installed & On	-	
MCU 준비상태	Mg1 MCU is Alive	-	
MCU 메인릴레이 OFF 요청	NO	-	
MCU 제어가능 상태	NO	-	
VCU/HCU 준비 상태	Drivable	-	
급속충전 정상 진행 상태	YES	-	
충전 표시등 상태	Normal	-	

4) IG 스위치를 OFF한다.

5) 트렁크를 열고 리어 러기지 커버와 보조 12V 배터리 서비스 커버(A)를 탈거한다.

6) 12V 배터리 (−),(+) 단자 터미널을 분리한다.

7) 서비스 인터록 커넥터(A)를 화살표 방향으로 분리한다.

 경고

고전압 시스템의 커패시터가 완전히 방전될 수 있도록 3분 이상 기다린다.

8) 프런트 언더 커버(A)를 탈거한다.

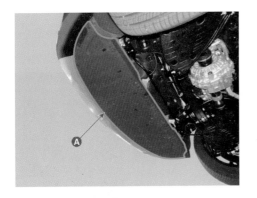

9) 리어 언더 커버(A)를 탈거한다.

10) 리어 언더 커버(A)를 탈거한다.

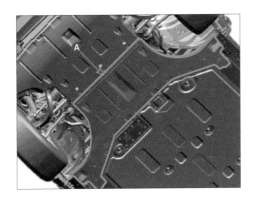

11) 리어 언더 커버(A)를 탈거한다.

12) 고전압 커넥터 커버(A)를 탈거한다.

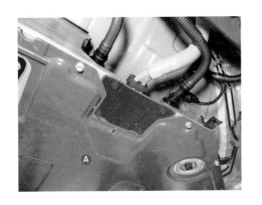

13) 고전압 배터리 프런트 커넥터를 분리한다.

14) 고전압 배터리 리어 커넥터를 분리한다.

15) 프런트 인버터 단자 사이의 전압을 측정한다.

정상 : 30V 이하

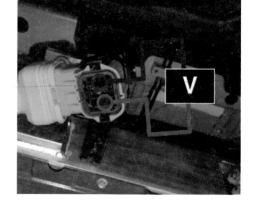

16) 리어 인버터 단자 사이의 전압을 측정한다.

정상 : 30V 이하

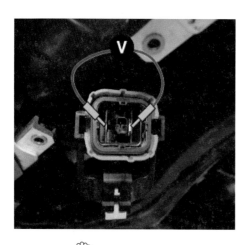

17) 배터리 시스템 어셈블리의 리어 고전압 커넥터 단자간 전압을 측정하여 파워 릴레이 어셈블리의 융착 유무를 점검한다.

정상 : 0V

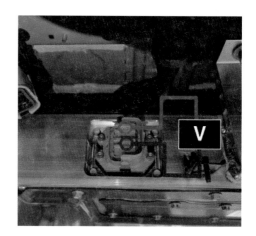

경고

- 전압이 비정상으로 측정된 경우, 고전압 차단이 정상적으로 되지 않을 수 있으므로 메인 퓨즈를 탈거한다.
- 전기차 관련 냉각수 시스템과 라디에이터가 뜨거울 때는 고온, 고압의 냉각수가 분출되어 화상을 입을 수 있으니 압력 캡을 절대로 열지 않는다. 관련 장치들이 충분히 냉각된 상태일 때 개방한다.

18) 배터리와 배터리 라디에이터의 열이 식었
    는지 확인한다.

19) 리저버 탱크 압력 캡(A)을 연다.

참고

스토퍼(A)를 누른 후 압력 캡(B)을 시계방향으로 돌려서 탈거한다.

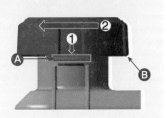

20) 라디에이터 드레인 플러그(A)를 풀고 냉
    각수를 배출한다.

21) 냉각수 배출이 완료되면 라디에이터 드레인 플러그를 잠근다.

22) 사이드 언더 커버(A)를 탈거한다.

[LH]   [RH]

23) 무선 충전장치 (WCCU) 고전압 커넥터 (A)를 분리한다.

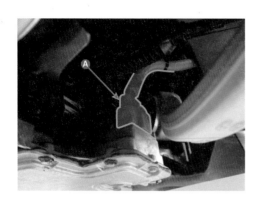

24) 무선 충전장치 (WCCU) 고전압 커넥터(A)를 분리한다.

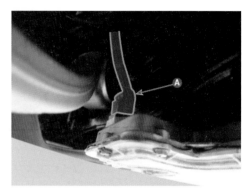

25) 냉각수 호스를 분리한다.

　① 냉각수 인렛 호스(A)를 분리한다.

　② 냉각수 아웃렛 호스(A)를 분리한다.

26) 무선 충전장치 (WCCU)에 플로어 잭 (A)을 받친다.

27) 장착 볼트를 풀고 무선 충전장치 (WCCU)를 탈거한다.

28) BMU 연결 커넥터(A)를 탈거한다.

29) 접지 볼트를 푼 후, 접지(A)를 탈거한다.

체결 토크 : 0.8~1.2 kgf.m

30) 냉각수 인렛 호스(A), 아웃렛 호스(B)를
    분리한다.

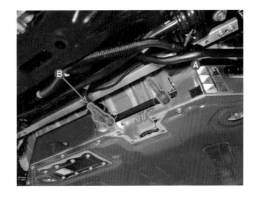

31) 배터리 시스템 어셈블리(BSA) 안에 있는 잔여 냉각수를 특수공구를 이용하여 배출
    한다.

참고

기밀 점검 장비(ULT-M100)와 진단 기기를 이용하여 '냉각수 배출'을 수행한다.

① 냉각수 인렛에 냉각수 라인 피팅[IN]
   (A)을, 냉각수 아웃렛에 냉각수 라인
   피팅[OUT](B)을 설치한다.

참고

냉각수 라인 피팅[IN], [OUT]에 호스를
연결한다.

② 냉각수라인 피팅[OUT] 밸브(A)를
   닫는다.

③ 기밀 테스터에 인렛 호스(A)를 연결
   한다.

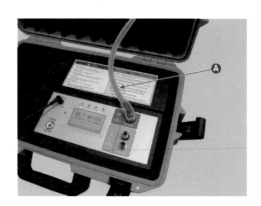

④ 에어 호스(A)를 냉각수를 받을 통에 넣는다.

⑤ 진단 기기를 사용하여 고전압 배터리 팩 '냉각수 배출'을 수행한다.

* [배터리 정보 입력]

배터리 코드를 입력하신 뒤 [확인] 버튼을 누르십시오.

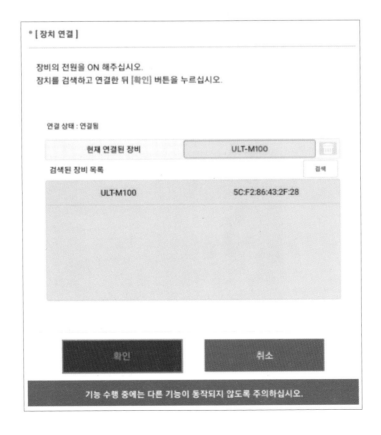

BSXXXXXXXXXXXXXXXXXXXX

배터리 코드 _____

확인	취소

기능 수행 중에는 다른 기능이 동작되지 않도록 주의하십시오.

---

* [장치 연결]

장비의 전원을 ON 해주십시오.
장치를 검색하고 연결한 뒤 [확인] 버튼을 누르십시오.

연결 상태 : 연결됨

| 현재 연결된 장비 | ULT-M100 | 🗑 |

검색된 장비 목록   검색

| ULT-M100 | 5C:F2:86:43:2F:28 |

확인	취소

기능 수행 중에는 다른 기능이 동작되지 않도록 주의하십시오.

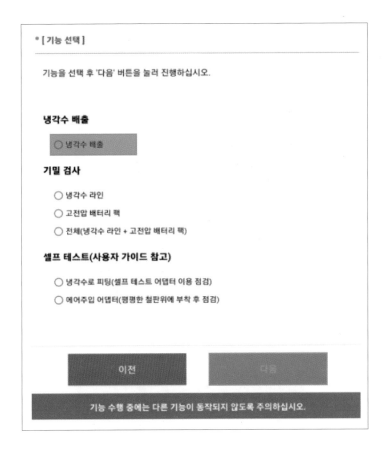

⑥ 냉각수 라인 피팅[OUT] 밸브(A)를 천천히 열어 냉각수를 배출한다.

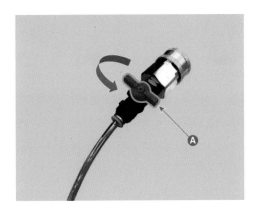

32) 고전압 배터리 어셈블리 중앙부 고정 볼트(A)를 푼다.

체결 토크 : 7.0~9.0 kgf.m

 유의　배터리 시스템 어셈블리 고정 볼트는 재사용하지 않는다.

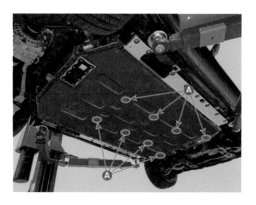

33) 고전압 배터리 어셈블리에 플로어 잭(A)을 받친다.

34) 고전압 시스템 어셈블리 사이드 고정 볼트를 푼다. (18개)
35) 고전압 시스템 어셈블리를 차량으로부터 탈거한다.

체결 토크 : 12.0~14.0kgf.m

 주의　리프트에 의해 배터리의 이물 방지 커버가 손상되지 않도록 주의한다.

- 배터리 시스템 어셈블리 장착 볼트를 탈거한 후에 배터리 시스템 어셈블리가 아래로 떨어질 수 있으므로 플로어 잭으로 안전하게 지지한다.
- 배터리 시스템 어셈블리를 탈거하기 전에 고전압 케이블 및 커넥터가 확실히 탈거되었는지 확인한다.
- 배터리 시스템 어셈블리 하부 보호 및 언더 커버 고정용 스터드 볼트 보호를 위해 플로어 잭 위에 고무 또는 나무를 받친다.
- 배터리 시스템 어셈블리 고정 볼트는 재사용하지 않는다.

36) 특수공구(SST No.09375-K4104)와 크레인 자키를 이용하여 고전압 배터리 시스템 어세블리를 이송한다.

37) 탈거한 고전압 배터리 시스템 어셈블리는 부품 손상을 방지하기 위해 평평한 바닥,매트 위에 내려 놓는다.

38) 배터리 시스템 어셈블리 상부 케이스 장착 볼트(A)를 탈거한다.

체결 토크 : 10.6~15.8kgf.m

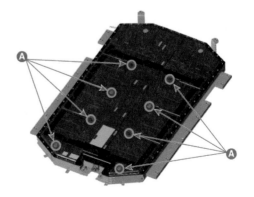

39) 볼트(42 ea)와 너트(28 ea)를 푼 후, 고전압 배터리 수밀 보강 브래킷(A)을 탈거한다.

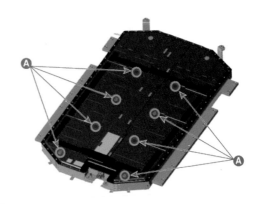

> **체결 토크** • 1단계 : 0.9kgf.m
> • 2단계 : 1.1kgf.m

40) 배터리 시스템 상부 케이스(A)를 탈거한다.

유의

> • 케이스 변형 방지를 위해서 반드시 2인 이상 작업한다.
> • 상부 케이스 이동 시 비대칭으로 들거나 하중을 순간적으로 강하게 가하면 변형이 생길 수 있으므로, 종방향보다 횡방향으로 들어서 이동을 권장한다.

41) 고전압 배터리 시스템 퓨즈 박스 커버(A)를 연다.

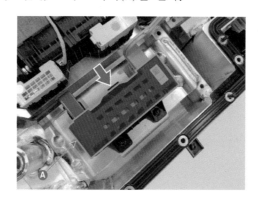

42) 고전압 배터리 버스바(A)를 탈거한다.

체결 토크 : 0.8~1.2kgf.m

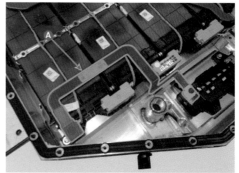

43) 메인 퓨즈 어셈블리를 탈거한다.

체결 토크 : 0.8~1.2 kgf.m

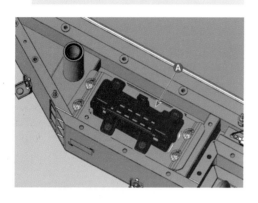

44) 분기 커넥터(A)를 분리한다.

45) 전압 센싱 와이어링 커넥터(A)를 분리한다.

46) 비동기 통신 커넥터(B)를 분리한다.

 유의

전압 센싱 와이어링 커넥터 탈거 전, 셀 모니터링 유닛 측 모든 전압 센싱 와이어링 커넥터(A)를 역순(8 → 7 → 6 → 5 → 4 → 3 → 2 → 1)으로 분리한다

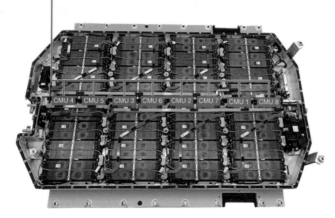

314

47) 고정클립(A)를 분리한다.

48) 볼트를 풀고 셀 모니터링 유닛(A)를 분리한다.

> 체결 토크 • 1단계 : 0.9kgf.m
> • 2단계 : 1.1kgf.m

🔍 유의 셀 모니터링 유닛 장착 볼트는 재사용하지 않는다.

49) 고전압 배터리 어셈블리 상부 케이스 장착은 탈거의 역순으로 장착한다.

참고

필요 시 특수공구(09375-BF000)를 사용하여 배터리 시스템 어셈블리(BSA)를 장착한다.

① 특수공구를 차체 하부에 장착한다(4개).
② 리프트를 이용하여 배터리 시스템 어셈블리(BSA)를 가장착한다.
③ 특수공구가 장착되어 있는 홀 이외에 볼트를 가장착 후 특수공구를 탈거한다.

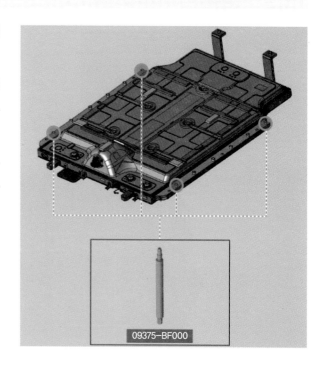

09375-BF000

50) 냉각수 리저버 탱크를 통해 냉각수를 채운다.

> 냉각수 용량 : 약 12.17L

주의

- 냉각수 교환시 냉각수가 전기 장치 등에 묻지 않도록 주의한다.
- 서로 다른 상표의 냉각수를 혼합하여 사용하지 않는다.
- 냉각수를 보충하거나 교환 시 압력 캡 라벨과 리저버 탱크의 냉각수 색깔을 확인하고, 현대 자동차 순정 냉각수를 사용한다.(순정부품은 품질과 성능을 당사가 보증하는 부품이다.)
- 냉각수 압력 캡은 정비사만 탈거하도록 한다.
- 부식방지를 위해서 냉각수의 농도를 최소 45~60%로 유지해야 한다. 냉각수의 농도가 45~60% 미만인 경우 부식 또는 동결의 위험이 있을 수 있다.
- 냉각수의 농도가 60% 이상인 경우 냉각 효과를 감소시킬 수 있으므로 권장하지 않는다.
- 녹방지제를 첨가하여 사용하지 않는다.

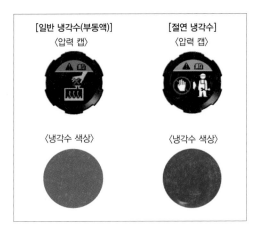

유의   서로 다른 상표의 냉각수를 혼용하지 않는다

51) 진단기기 부가기능의 '전자식 워터 펌프 구동' 항목과 강제구동의 '배터리 EWP구동'을 수행한다.

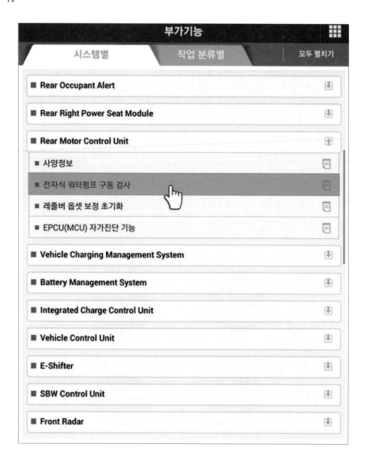

부가기능

• 전자식 워터펌프 구동 검사

검사목적	하이브리드 차량 또는 전기 차량의 EPCU/고전압배터리/냉각 부품(EWP, 3way Valve 등) 정비 후 냉각수 보충시 공기빼기 및 냉각수 순환을 위해 EWP를 구동하는 기능.
검사조건	1. IG ON 2. 시동 전 3. NO DTC(EWP 관련 코드 : P0C73) 4. NO DTC(BMS 수냉각 시스템 정상)
연계단품	하이브리드 차량: Motor Control Unit(MCU), Electric Water Pump(EWP) 전기 차량: Motor Control Unit(MCU), Battery Management System(BMS), Electric Water Pump(BEWP), 배터리용 3way valve, 배터리용 승온히터(옵션), 히트펌프용 3way valve(옵션)
연계DTC	-
불량현상	-
기 타	-

부가기능

■ 전자식 워터펌프 구동 검사

● [전자식 워터펌프 구동 검사]

이 기능은 전기 차량의 구동모터/EPCU/고전압 배터리/냉각부품

(EWP, 3way valve 등) 관련 정비 후, 냉각수 보충시 공기빼기 및

냉각수 순환을 위해 전자식 워터 펌프를 구동하는데 사용됩니다.

● [검사 조건]
  1. IG ON
  2. 시동 전
  3. NO DTC (EWP 관련코드 : P0C73)
  4. NO DTC (BMS 수냉각 시스템 정상)

냉각수 보충 후, [확인] 버튼을 누르세요.

부가기능

■ 전자식 워터펌프 구동 검사

● [전자식 워터펌프 구동 검사]

이 기능은 전기 차량의 구동모터/EPCU/고전압 배터리/냉각부품

(EWP, 3way valve 등) 관련 정비 후, 냉각수 보충시 공기빼기 및

냉각수 순환을 위해 전자식 워터 펌프를 구동하는데 사용됩니다.

● [검사 조건]
1. IG ON
2. 시동 전
3. NO DTC (EWP 관련코드 : P0C73)
4. NO DTC (BMS 수냉각 시스템 정상)

냉각수 보충 후, [확인] 버튼을 누르세요.

부가기능

■ 전자식 워터펌프 구동 검사

● [전자식 워터펌프 구동 검사]

< EWP 구동중 확인 해야될 사항 >

1. 육안으로 리저버 탱크의 냉각수가 순환 되는지 확인

2. 냉각수 부족시 보충해야 되며, EWP는 30분 정도 구동

3.냉각수가 순환 될때 냉각수에 공기 방울이 있다면, 구동이 종료 된 다음 30초후 기능을 재 실행

4. 12V 보조배터리 방전 주의(보조배터리 충전기 연결)

구동을 중지 하려면 [취소] 버튼을 누르십시오.

[[구동 중]]   4 초 경과

부가기능

■ 전자식 워터펌프 구동 검사

● [전자식 워터펌프 구동 검사]

전자식 워터 펌프(EWP) 구동을 완료하였습니다.

⚠ [주의]
1. 냉각수 용기의 용량이 MIN과 MAX 사이에 위치하는지 확인하십시오.
2. 냉각수 용기내에 공기방울이 있는지 확인하십시오.
3. 공기방울이 존재하면 30초 후에 재구동 하십시오.

[확인] 버튼 : 부가기능 종료

주의 전동식 워터 펌프(EWP) 강제 구동 시, 배터리 방전을 막기 위해 12V 배터리를 충전시키면서 작업한다.

52) 전동식 워터 펌프(EWP)가 작동하고 냉각수가 순환하면 냉각수 리저버 탱크를 통해 냉각수를 보충한다.

유의 전동식 워터 펌프(EWP)가 냉각수 없는 상태에서 작동되면 베어링 마찰로 인해 손상될 수 있으므로 주의한다.

53) 전동식 워터 펌프(EWP) 작동 중 소음이 적어지고 리저버 탱크에서 더 이상 공기방울이 발생하지 않으면 냉각 시스템의 공기빼기는 완료된 것이다.

유의
- 전동식 워터 펌프(EWP)는 1회 강제구동으로 약 30분간 작동되나 필요시, 공기빼기가 완료될 때까지 수 회 반복하여 작동시켜야 한다.
- 공기빼기가 완료된 후, 전동식 워터 펌프(EWP)가 작동하는 동안 리저버 탱크의 냉각수가 공기방울 발생없이 잘 순환되는지 육안으로 리저버 탱크 내부를 확인한다. 만일 냉각수 흐름이 원활하지 않거나 공기방울이 여전히 발생되면 50~52항을 반복한다.

54) 공기빼기가 완료되면 전동식 워터 펌프(EWP)의 작동을 멈추고 리저버 탱크의 'MAX' 선까지 냉각수를 채운 후 압력 캡을 잠근다.

유의 냉각수가 완전히 식었을 때, 냉각 시스템 내부공기 배출 및 냉각수 보충이 용이하게 이루어지므로, 냉각수 교환 후 2~3일 정도는 리저버 탱크의 냉각수 용량을 재확인한다.

55) 진단기기를 사용하여 부가기능의 'SOC 보정 기능'을 수행한다.

참고
- 배터리 시스템 어셈블리(BSA) 또는 배터리 모듈 어셈블리(BMA) 교환 시, 진단 장비를 이용하여 SOC 보정 기능을 수행해야 정확한 SOC 값을 확인할 수 있다.
- SOC 보정 기능을 수행하지 않더라도 주행하면서 30분 이내에 정상적인 SOC로 보정된다.

Ø 조치 사항 확인(결론)

전기자동차의 CMU(Cell Monitoring Unit)는 고전압 배터리의 팩(Pack)을 구성하는 각 모듈(Module)의 리튬 이온 전지의 최소 단위인 셀(Cell)을 관리하는 제어기이다.

① 배터리 셀의 전압과 온도를 모니터링하고 있으며 E-GMP 고전압 배터리 어셈블리(BSA)의 경우 모듈 1개당 6개의 셀 전압을 모니터링한다.

② 1개의 CMU는 모듈의 (-)단자를 기준으로 시작해서 각 셀의 전위차를 계산해서 전압을 확인하기 때문에 모듈 내에 하나의 센서 와이어링이 단선되는 경우에는 단선된 회로와 관련 있는 셀의 전압 모니터링이 불가능하다.

③ CMU는 2개의 커넥터로 회로가 구성되는데 A커넥터는 전/후 CMU와 BMU 와의 통신 및 온도 센싱을 담당하고 B 커넥터는 배터리 4개의 모듈의 셀 전압을 센싱한다.

④ CMU는 배터리 모듈 전압 센싱 시 제어기의 전원도 배터리로부터 공급받기 때문에 B 커넥터가 단선되면 CMU의 전원 공급도 중단된다.

⑤ CMU의 전원이 끊어진다면 배터리의 전압, 온도 센싱뿐만 아니라 A커넥터를 통해 진행되던 통신도 같이 중단된다.

⑥ 회로 점검 이후 CMU 고장이 의심되는 경우 동일 차량에 장착된 CMU는 모두 동일한 부품이 적용되기 때문에 다른 CMU와 변경하여 데이터를 모니터링하는 방법으로 고장 상황을 확인할 수 있다.

리어 MCU 회로 문제로
EV 경고등 점등

진단

(1) **차종** : G80 전기차(RG3 EV)

(2) **고장 증상**

주행 중 "전기차 시스템을 점검하십시오" 문구가 출력되며 경고등이 점등되었다.

그림 9.1 ● 고장 현상

(3) **정비 이력**

없음

(4) **고장 코드**

진단 장비를 이용하여 전체 시스템의 고장 코드를 진단한 결과 MCU Rear 제어기에서 "U111200 배터리 센서와 ECU간 LIN통신 이상_현재"고장 코드와 "P0C7300 전동식 워터펌프(EWP) 성능 이상_현재" 고장 코드가 출력됨을 확인하였다.

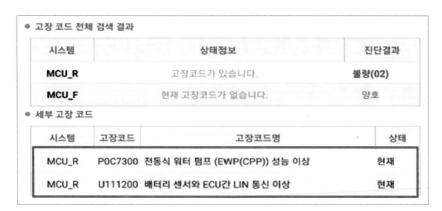

그림 9.2 ● 고장 코드

Ø 점검

■ 내용

① DTC(Diagnostic Trouble Code) 매뉴얼을 참고하여 "U111200 배터리 센서와 ECU간 LIN통신 이상" 현재 고장과 "P0C7300 전동식 워터펌프(EWP) 성능 이상" 현재 고장 코드 발생 조건을 확인하였다.

② 그 결과 P0C7300 고장 코드는 EWP 속도가 요청 속도 대비 800rpm 미만일 경우 발생되는 고장 코드임을 확인하였다.

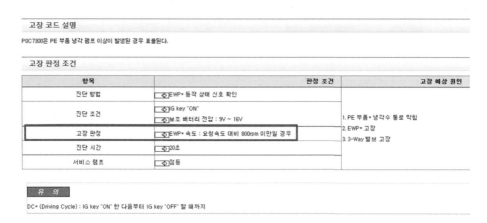

그림 9.3 ● P0C7300 DTC(Diagnostic Trouble Code) 매뉴얼

③ 고장 상황 데이터를 확인한 결과 고장 코드 발생 당시 EWP 동작 요청 속도는 정상적인 1000rpm으로 제어신호를 출력하였으나 EWP 실제 회전수는 '0' rpm으로 EWP 작동 불량으로 고장 코드가 출력되는 조건이 성립됨을 확인하였다.

④ 진단 장비를 이용하여 고장 코드를 소거하고 주행 테스트를 통해 실제 EWP 작동 조건에서 EWP Svc data를 확인한 결과 EWP 속도 지령은 1992rpm이나 EWP 실제 회전수는 0rpm으로 확인하였다.

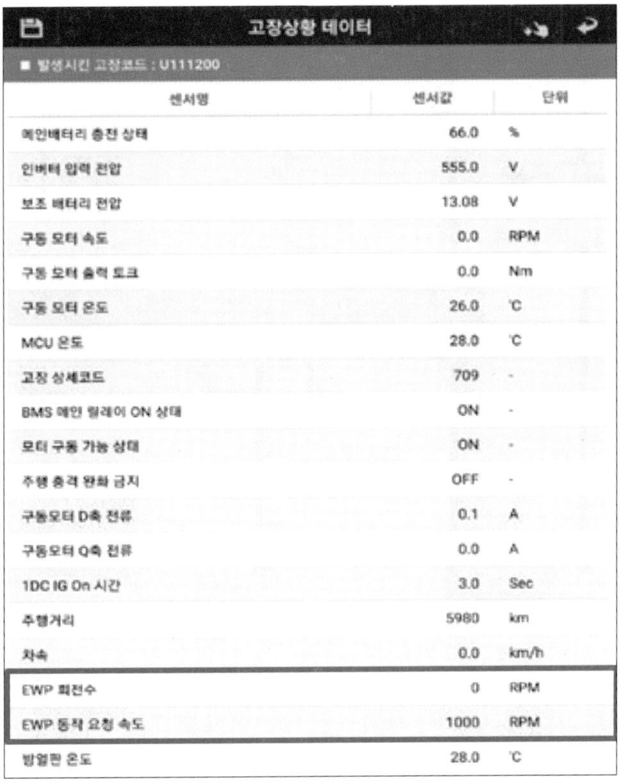

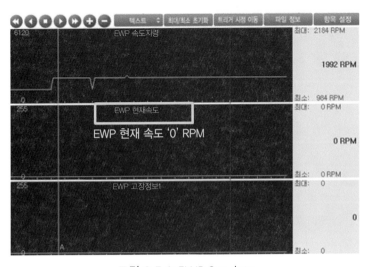

센서명	센서값	단위
메인배터리 충전 상태	66.0	%
인버터 입력 전압	555.0	V
보조 배터리 전압	13.08	V
구동 모터 속도	0.0	RPM
구동 모터 출력 토크	0.0	Nm
구동 모터 온도	26.0	℃
MCU 온도	28.0	℃
고장 상세코드	709	-
BMS 메인 릴레이 ON 상태	ON	-
모터 구동 가능 상태	ON	-
주행 충격 완화 금지	OFF	-
구동모터 D축 전류	0.1	A
구동모터 Q축 전류	0.0	A
1DC IG On 시간	3.0	Sec
주행거리	5980	km
차속	0.0	km/h
EWP 회전수	0	RPM
EWP 동작 요청 속도	1000	RPM
방열판 온도	28.0	℃

■ 발생시킨 고장코드 : U111200

그림 9.4 ● 고장 상황 데이터

그림 9.5 ● EWP Svc data

⑤ 배터리 센서 LIN 통신 라인과 리어 구동 모터 MCU 회로도를 참고하여 EWP 전원 접지 제어 라인의 회로를 점검하고 커넥터 체결 상태 및 수분 유입, 핀 텐션을 점검하였다.

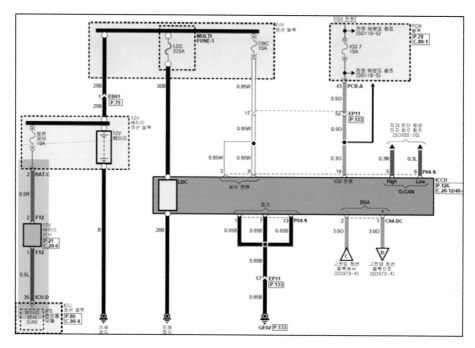

그림 9.6 ◈ 배터리센서 회로도

⑥ 리어 인버터에서 EWP을 LIN 통신으로 제어하는 P31−S 커넥터 12번 핀 텐션을 점검한 결과 핀 텐션 헐거움이 확인되어 커넥터를 인위적으로 움직이며, 유동을 가하니 간헐적으로 EWP가 정상 작동되는 Svc data를 확인할 수 있었다.

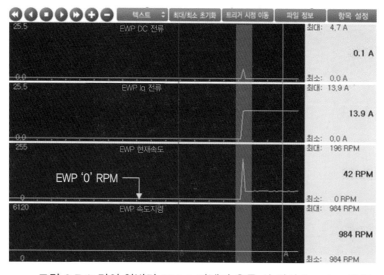

그림 9.7 ◈ 리어 인버터 P31-S 커넥터 유동 시 정상 Svc data출력

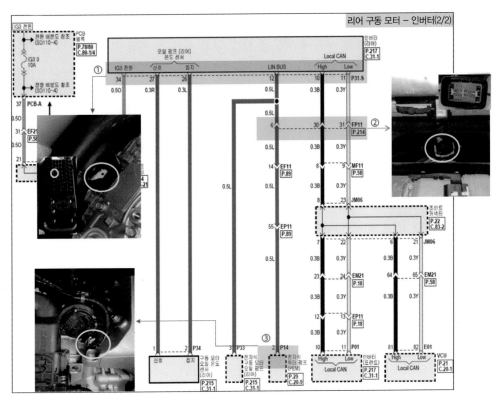

그림 9.8 ● 리어 구동 모터 MCU(인버터) 회로도

⌀ 조치

■ **내용**

리어 MCU(인버터) P31-S 커넥터 12번 핀 텐션을 수정하여 정상 조치하였다.

⌀ 조치 사항 확인(결론)

전동식 워터펌프(EWP: Electric Water Pump)는 전기자동차 시스템 중 PE(Power Electric) 시스템인 인버터, ICCU, 구동 모터의 오일 쿨러 내부로 냉각수를 순환시켜 구성 부품들을 냉각시키는 장치이다.

① EWP는 MCU가 고장 여부를 판단할 수 있도록 LIN 통신을 통해 정상 작동 여부를 모니터링하고 조건에 따라 RPM을 제어하여 유량을 조절한다.

② 리어 MCU에서 LIN 통신으로 목표 RPM을 요청하면, EWP는 명령을 수행하고 현재 RPM을 피드백 해준다. 그 외 피드백 항목에는 구동 전압, 구동 전류 및 고장 정보 등이 담겨있다.

③ 냉각수가 부족하여 EWP를 통과하는 유량이 작아져서 EWP의 소모 전류가 낮아지면 클러스터에 "인버터 냉각수를 보충하십시오"라는 점검 문구가 점등되며, 과열 방지를 위해 출력이 제한된다.

④ 냉각수 양 확인은 EWP를 구동했을 때 냉각수가 부족하거나 공기가 많다면 EWP의 회전수가 정상보다 빠를 것이며 이 회전수로 간접 판단하여 경고 문구를 출력시킨다.

⑤ 고전압 배터리의 과온 또는 인버터의 과온 관련 고장 코드 출력 및 출력 제한 경고등 점등 시 제어기 자체 문제 보다는 대부분 EWP 작동 불량과 냉각 라인 막힘 및 공기 빼기 불량에 의한 냉각 성능 저하에 의해 발생된다.

⑥ EWP의 점검 방법은 진단 장비를 이용한 부가기능을 통해 EWP를 강제 구동시켜 작동 여부를 확인할 수 있다.

⑦ 냉각수 교환 작업을 했다면 냉각 라인의 공기 빼기 작업을 위해 반드시 이 기능을 수행해 주어야 한다.

사례 10

ICCU 문제로
EV 경고등 점등

⌀ 진단

(1) 차종 : 아이오닉 5 전기차(NE EV)

(2) 고장 증상

정상 주행은 가능하나 "전기차 시스템을 점검하십시오" 문구와 "전력 공급 장치 점검! 안전한 곳에 정차하십시오" 점검 문구가 출력되었다.

그림 10.1 ● 고장 현상

(3) 정비 이력

없음

(4) 고장 코드

진단 장비를 이용하여 전체 시스템의 고장 코드를 점검한 결과 ICCU 제어기에서 "P1A9096 DC/DC 컨버터 입력 전압 센서 고장_과거"와 PCM 제어기에서 "C183F00 PLC 신호 이상-과거" 고장 코드가 출력되었다.

시스템 / 고장코드 설명	상태
ICCU | 통합충전제어장치 P1A9096 DC/DC 컨버터 입력 전압 센서 고장	과거
PCM | 전력선 통신 모듈 C183F00 PLC 신호 이상	과거

그림 10.2 ● 고장 코드

⊘ 점검

■ **내용**

① DTC(Diagnostic Trouble Code) 매뉴얼을 참고하여 "P1A9096 DC/DC 컨버터 입력 전압 센서 고장"과 PCM 제어기에서 "C183F00 PLC 신호 이상" 과거 고장 코드 발생 조건을 확인하였다.

② 고장 코드가 발생될 당시의 고장 상황 데이터를 확인하여 P1A9096 고장 코드의 고장 상황 데이터를 확인한 결과 LDC 출력 전류 0A, LDC 입력 전압은 고전압 배터리의 전압이 출력되어야 하나 5V로 출력되었고 출력 전류 역시 −40A로 출력되는 값이 확인되어 관련 계통에 이상이 있음을 확인하였다.

③ P1A9096 고장 코드는 LDC 입력 전압이 5V로 확인되어 고장 판정 조건 항목의 경우3에 해당되어 예상 고장 원인 부위인 LDC 입/출력단 와이어링 하네스 및 회로를 점검하였다.

고장 판정 조건

항목		판정 조건
진단 방법		배선 상태 점검, LDC 입력전압 (센서데이터), MCU 인버터 전압 (센서데이터), BMS 배터리팩 전압 (센서데이터)
진단 조건		IG ON 보조 배터리 전압 7 ~ 18V MCU 인버터 전압이 255 ~ 870V 사이 BMS 배터리팩 전압이 255 ~ 870V 사이 U011087, U011187 미발생
경우1 (입력전압센서 전압 낮음)	판정 조건	LDC 입력전압이 0V 미만
	진단 시간	1초
	상세 코드	1
경우2 (입력전압센서 전압 낮음)	판정 조건	LDC 입력전압이 1066V 초과
	진단 시간	1초
	상세 코드	2
경우3 (입력전압센서 정합성 이상)	판정 조건	LDC 입력전압이 MCU 인버터 전압, BMS 배터리팩 전압과의 차이가 각각 50V 초과
	진단 시간	1초
	상세 코드	3
DTC 확정		1 주행 사이클 혹은 1 충전 사이클
서비스 램프		점등

예상 고장 원인

예상 고장 원인	원인 점검
1. ICCU 퓨즈 이상	ICCU 퓨즈 점검
2. LDC 입/출력단 커넥터	느슨함, 접촉 불량, 구부러짐, 부식, 오염, 변형, 수분유입 또는 손상 점검
3. LDC 입/출력단 와이어하네스	LDC 입/출력단 와이어하네스 및 회로점검
4. ICCU (LDC) 이상	단품불량 / 정상적인 ICCU 교체 후 고장 코드 재검색

그림 10.3 ● P1A9096 DTC(Diagnostic Trouble Code) 매뉴얼

고장 판정 조건

항목		판정 조건	고장 예상 원인
진단 방법		통신 상태 점검	
고장 판정	경우 1	SLAC 단계 실패 (감쇠 기준 이상)	
	경우 2	충전기에서 SDP 응답을 12.5 초 이내 받지 못함 (총 50 회 시도)	
	경우 3	지원 앱 프로토콜 요청 후 4초 이내 응답 없음	
	경우 4	세션 설정 요청 후 4초 이내 응답 없음	
	경우 5	서비스 탐색 요청 후 4초 이내 응답 없음	
	경우 6	서비스 상세 요청 후 4초 이내 응답 없음	차량 ↔ 충전장치 간 외부 통신 (PLC) 오류
	경우 7	서비스 결제 선택 요청 후 4초 이내 응답 없음	
	경우 8	계약서 설치 요청 후 4초 이내 응답 없음	커넥터 접촉불량
	경우 9	결제 내역 요청 후 4초 이내 응답 없음	모듈전원공급 이상
	경우 10	계약 인증 요청 후 4초 이내 응답 없음	PCM통신회로 이상
	경우 11	과금 파라미터 발견 요청 후 4초 이내 응답 없음	충전기 (EVSE) 이상 ☞ 『현장사례 01』 제공
	경우 12	케이블 점검 요청 후 4초 이내 응답 없음	PCM 내부 PLC 이상
	경우 13	프리 차지 요청 후 4초 이내 응답 없음	PCM 이상
	경우 14	요청시 전원 공급 후 10 초 이내 응답 없음	
	경우 15	현재 요구 요청 후 2.5 초 이내 응답 없음	
	경우 16	계량 수신 요청 후 4초 이내 응답 없음	
	경우 17	전원 차단 요청 후 10 초 이내 응답 없음	
	경우 18	용접 검출 요청 후 4초 이내 응답 없음	
	경우 19	세션 중지 요청 후 4초 이내 응답 없음	
진단 시간		고장 판정 내 진단 시간 참조	

그림 10.4 ◉ C183F00 DTC(Diagnostic Trouble Code) 매뉴얼

고장상황 데이터

센서명(33)	센서값	단위
주행거리	48295.2	km
LDC 출력 전압	12.2	V
LDC 지령 전압	12.2	V
LDC 출력 전류	0.0	A
LDC 입력 전압	5.0	V
LDC 파워모듈 온도	32	℃
LDC 디레이팅 상태	Normal	-
보조배터리 센서 전압	12.3	V
보조배터리 센서 전류	-47.0	A
보조배터리 센서 SOC	255	%
보조배터리 센서 온도	18	℃
LDC 주상태	4	-
LDC 보조상태	64	-
LDC DTC 상세코드	3	-

그림 10.5 ◉ 고장 상황 데이터

④ LDC 입력 전압이 5V로 확인되어 저전압 배터리를 충전하는 LDC 기능과 고전압 배터리를 충전하는 VCM 기능이 통합된 ICCU 제어 회로를 점검하였다.

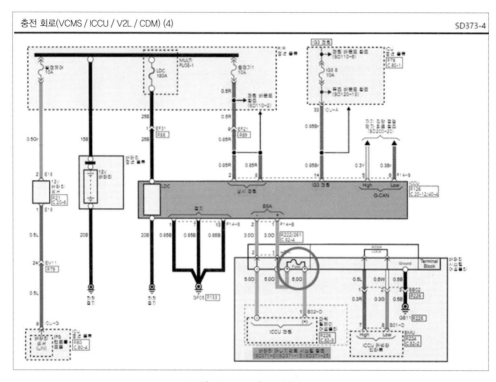

그림 10.6 ● 충전 회로

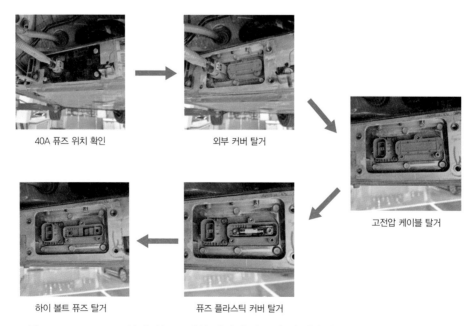

40A 퓨즈 위치 확인   외부 커버 탈거   고전압 케이블 탈거

하이 볼트 퓨즈 탈거   퓨즈 플라스틱 커버 탈거

그림 10.7 ● ICCU로 입력되는 고전압 배터리 시스템 어셈블리(BSA) 하이 볼트 퓨즈 점검

⑤ 고전압 배터리 시스템 어셈블리(BSA) 퓨즈를 탈거하여 멀티미터로 단선 유무를 점검한 결과 단선 상태를 확인하였다.

그림 10.8 ● 고전압 배터리 시스템 어셈블리(BSA) 하이 볼트 퓨즈 단선

⑥ 고전압 배터리 시스템 어셈블리(BSA)의 하이 볼트 퓨즈가 단선되는 원인을 점검하기 위해 P1A9096 DTC(Diagnostic Trouble Code) 매뉴얼과 고장 예상 원인을 확인한 결과 ICCU 내부 불량으로 판단되어 ICCU 교환 후 Svc data를 점검한 결과 정상적인 Svc data를 확인하였다.

센서데이터 진단

	센서명	센서값	단위	링크업
	LDC 출력 전압	13.961	V	
	LDC 출력 전류	46.73	A	
	LDC 입력 전압	733.3	V	
	LDC 구동 전압	13.662	V	
	보조배터리 센서 전류	35.94	A	
	보조배터리 센서 SOC	255	%	
	보조배터리 센서 전압	13.657	V	
	보조배터리 센서 온도	20.0	℃	
	보조배터리 센서 Recal. Fail	Fail	-	
	보조 배터리 센서 고장 진단	NORMAL	-	
	보조 배터리 센서 통신 오류	NORMAL	-	
	보조 배터리 센서 상태	Recal. Fail	-	
	LDC 입력전압센싱 보정 완료 유무	Finished	-	
	LDC 출력전압센싱 보정 완료 유무	Finished	-	
	LDC 제어 정확도 보정 완료 유무	Finished	-	
	EOL 모드 진입 완료 상태	OFF	-	

그림 10.9 ● 하이 볼트 퓨즈 및 ICCU 교환 후 정상 Svc data

⊘ 조치

■ 내용

고전압 배터리 시스템 어셈블리(BSA)의 하이 볼트 퓨즈와 ICCU를 교환한 후 정상 조치하였다.

⊘ 조치 방법

경고

- 고전압 시스템 관련 작업 시 반드시 '안전사항 및 주의, 경고' 내용을 숙지하고 준수해야 한다. 미준수 시 감전 또는 누전 등으로 인해 심각한 사고를 초래할 수 있다.
- 고전압 시스템 관련 작업 시 '고전압 차단절차'에 따라 반드시 고전압을 먼저 차단해야 한다. 미준수 시 감전 또는 누전 등으로 인해 심각한 사고를 초래할 수 있다.

참고

고전압 시스템 부품

배터리 시스템 어셈블리(BSA), 모터 어셈블리, 인버터 어셈블리, 고전압 정션 블록, 파워 케이블 등

1) 진단기기를 자기진단 커넥터(DLC)에 연결한다.
2) IG 스위치를 ON한다.
3) 진단기기의 서비스 데이터의 BMS 융착 상태를 확인한다.

규정 값 : Relay Welding not detection

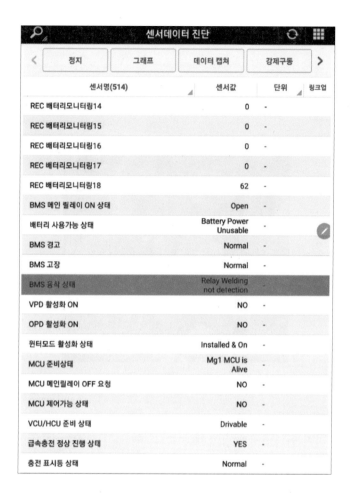

4) IG 스위치를 OFF한다.

5) 12V 배터리 (−),(+) 단자 터미널을 분리한다.

6) 서비스 인터록 커넥터(A)를 화살표 방향으로 분리한다.

경고

고전압 시스템의 커패시터가 완전히 방전될 수 있도록 3분 이상 기다린다.

7) 인버터 단자 사이의 전압을 측정하여 인버터 커패시터가 방전되었는지 확인한다.

① 리프트를 이용하여, 차량을 들어올린다.

② 프런트, 리어 언더버커를 탈거한다.

③ 고전압 커넥터 커버(A)를 탈거한다.

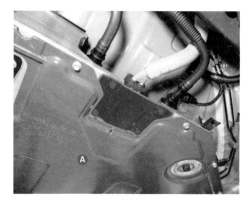

8) 고전압 배터리 프런트 커넥터를 분리한다.

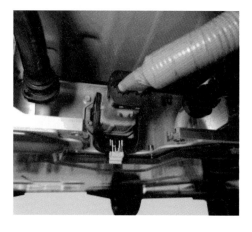

9) 고전압 배터리 리어 커넥터를 분리
한다.

10) 프런트 인버터 단자 사이의 전압을 측
정한다.

정상 : 30V 이하

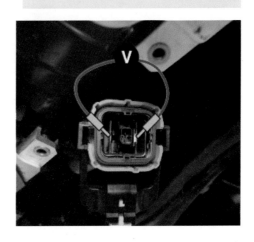

11) 리어 인버터 단자 사이의 전압을 측정
한다.

정상 : 30V 이하

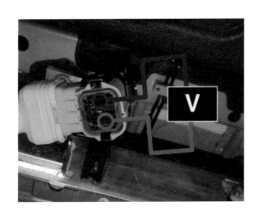

12) 배터리 시스템 어셈블리의 리어 고전압
커넥터 단자 간 전압을 측정하여 파워 릴
레이 어셈블리의 융착 유무를 점검한다.

정상 : 0V

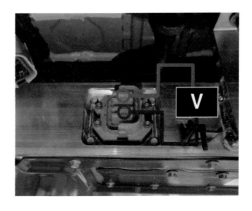

경고

전압이 비정상으로 측정된 경우, 고전압 차단이 정상적으로 되지 않을 수 있으므로 메인
퓨즈를 탈거한다.

13) 배터리와 배터리 라디에이터의 열이 식었는지 확인한다.

14) 리저버 탱크 압력 캡(A)을 연다.

15) 프런트 언더 커버(A)를 탈거한다.

16) 리어 언더 커버(A)를 탈거한다.

17) 드레인 플러그(A)를 풀고 냉각수를 배출한다.

18) 냉각수 배출이 완료되면 라디에이터 드레인 플러그를 잠근다.

19) 리어 시트 트랙 커버를 열고 앞쪽 리어 시트 장착 볼트(A)를 푼다.

20) 트렁크 트림을 탈거한다.

21) 러기지 파트 하단 트림(A)를 탈거한다.

22) 뒤쪽 리어 시트 장착 볼트(A)를 푼다.

23) 리어 시트 안전 벨트 버클 커넥터(A)를 분리하고 장착 볼트(B)를 푼다.

24) 리어 시트 메인 커넥터(A)를 분리한다.

25) 리어 시트 어세블리[LH] (A)를 탈거한다.

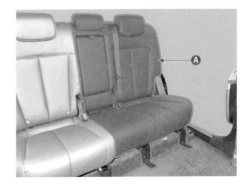

26) 리어 시트 트랙 커버를 열고 앞쪽 리어 시트 장착 볼트(A)를 푼다.

27) 뒤쪽 리어 시트 장착 볼트(A)를 푼다.

28) 리어 시트 안전 벨트 버클 커넥터(A)를 분리하고 장착 볼트(B)를 푼다.

29) 리어 시트 메인 커넥터(A)를 분리한다.

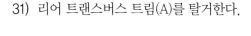

30) 리어 시트 어세블리 [LH] (A)를 탈거한다.

31) 리어 트랜스버스 트림(A)를 탈거한다.

32) 리어 사이드 트림(A)를 탈거한다.

33) 리어 사이드 트림 커넥터(A)를 분리한다.

34) ICCU 장착 볼트를 푼 후, 접지(A)를 탈
   거한다.

35) ICCU AC 커넥터(A)를 분리한다.

36) ICCU DC 커넥터(A)를 분리한다.

37) ICCU 신호 커넥터(B)를 분리한다.

38) 장착 볼트를 푼 후, LDC 플러스(A)를 탈거한다.

체결 토크 : 0.7~1.0 kgf.m

39) 냉각수 퀵-커넥터(A)를 분리한다.

40) 장착 볼트를 푼 후, ICCU(A)를 탈거한다.

체결 토크 : 0.8~1.2 kgf.m

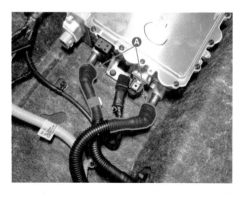

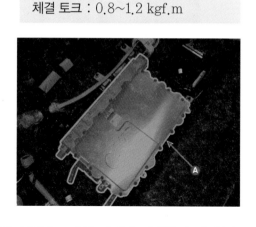

41) ICCU 고전압 커넥터(A)를 분리한다.

42) ICCU 고전압 커넥터 어셈블리 커버(A)를 탈거한다.

체결 토크 : 0.8~1.2 Kgf.m

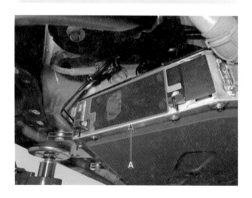

43) ICCU 퓨즈 커버(A)를 탈거한다.

44) ICCU 퓨즈(A)를 탈거한다.

체결 토크 : 0.45~0.55 kgf.m

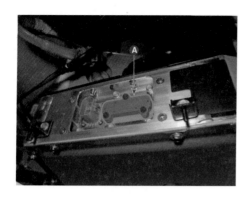

45) ICCU 퓨즈와 ICCU 장착은 탈거의 역순으로 진행한다.

46) 부동액과 물 혼합액(45~50%)을 모터 리저버 탱크에 천천히 채운다.

[모터 냉각수 용량]

냉각수		제 원	
		160KW(2WD)	70KW+160KW(4WD)
일반형	히트 펌프 미적용 사양	약 6.4L	약 6.8L
	히트 펌프 적용 사양		
항속형	히트 펌프 미적용 사양		
	히트 펌프 적용 사양		

유의

• 서로 다른 상표의 냉각수를 혼합하여 사용하지 않는다.
• 냉각수의 농도가 60% 이상인 경우 냉각 효과를 감소시킬 수 있으므로 권장하지 않는다.

47) 진단기기 부가기능의 '전자식 워터 펌프 구동' 항목을 수행한다.

48) 냉각수 리저버 탱크를 통해 냉각수를 채운다.

냉각수 용량 : 약 6.8L

주의
- 냉각수 교환시 냉각수가 전기 장치 등에 묻지 않도록 주의한다.
- 서로 다른 상표의 냉각수를 혼합하여 사용하지 않는다.
- 냉각수를 보충하거나 교환 시 압력 캡 라벨과 리저버 탱크의 냉각수 색을 확인하고, 현대자동차 순정 냉각수를 사용한다(순정부품은 품질과 성능을 당사가 보증하는 부품이다).
- 냉각수 압력 캡은 정비사만 탈거하도록 한다.
- 부식방지를 위해서 냉각수의 농도를 최소 45~60%로 유지해야 한다. 냉각수의 농도가 45~60% 미만 인 경우 부식 또는 동결의 위험이 있을 수 있다.
- 냉각수의 농도가 60% 이상인 경우 냉각 효과를 감소시킬 수 있으므로 권장하지 않는다.
- 녹방지제를 첨가하여 사용하지 않는다.

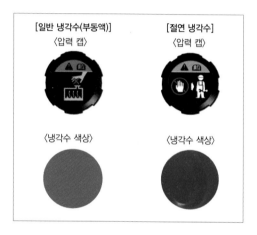

유의
서로 다른 상표의 냉각수를 혼용하지 않는다.

49) 진단기기 부가기능의 '전자식 워터 펌프 구동' 항목과 강제구동의 '배터리 EWP구동'을 수행한다.

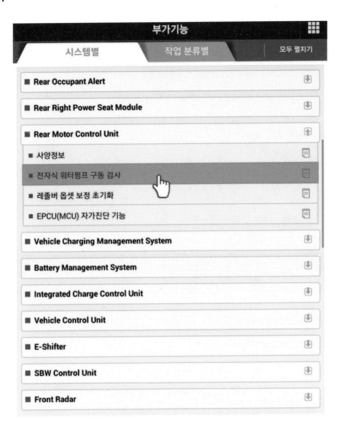

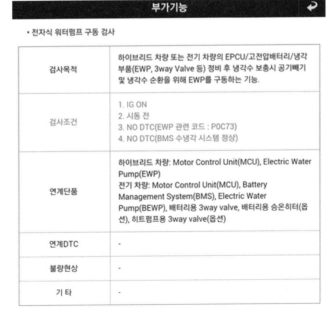

• 전자식 워터펌프 구동 검사

검사목적	하이브리드 차량 또는 전기 차량의 EPCU/고전압배터리/냉각 부품(EWP, 3way Valve 등) 정비 후 냉각수 보충시 공기빼기 및 냉각수 순환을 위해 EWP를 구동하는 기능.
검사조건	1. IG ON 2. 시동 전 3. NO DTC(EWP 관련 코드 : P0C73) 4. NO DTC(BMS 수냉각 시스템 정상)
연계단품	하이브리드 차량: Motor Control Unit(MCU), Electric Water Pump(EWP) 전기 차량: Motor Control Unit(MCU), Battery Management System(BMS), Electric Water Pump(BEWP), 배터리용 3way valve, 배터리용 승온히터(옵션), 히트펌프용 3way valve(옵션)
연계DTC	-
불량현상	-
기 타	-

부가기능

■ 전자식 워터펌프 구동 검사

● [전자식 워터펌프 구동 검사]

이 기능은 전기 차량의 구동모터/EPCU/고전압 배터리/냉각부품

(EWP, 3way valve 등) 관련 정비 후, 냉각수 보충시 공기빼기 및

냉각수 순환을 위해 전자식 워터 펌프를 구동하는데 사용됩니다.

> ● [검사 조건]
> 1. IG ON
> 2. 시동 전
> 3. NO DTC (EWP 관련코드 : P0C73)
> 4. NO DTC (BMS 수냉각 시스템 정상)

냉각수 보충 후, [확인] 버튼을 누르세요.

부가기능

■ 전자식 워터펌프 구동 검사

● [전자식 워터펌프 구동 검사]

< EWP 구동중 확인 해야될 사항 >

1. 육안으로 리저버 탱크의 냉각수가 순환 되는지 확인

2. 냉각수 부족시 보충해야 되며, EWP는 30분 정도 구동

3. 냉각수가 순환 될때 냉각수에 공기 방울이 있다면, 구동이 종료 된 다음 30초후 기능을 재 실행

4. 12V 보조배터리 방전 주의(보조배터리 충전기 연결)

구동을 중지 하려면 [취소] 버튼을 누르십시오.

[[구동 중]]   4 초 경과

부가기능

■ 전자식 워터펌프 구동 검사

● [전자식 워터펌프 구동 검사]

전자식 워터 펌프(EWP) 구동을 완료하였습니다.

⚠ [주의]
1. 냉각수 용기의 용량이 MIN과 MAX 사이에 위치하는지 확인하십시오.
2. 냉각수 용기내에 공기방울이 있는지 확인하십시오.
3. 공기방울이 존재하면 30초 후에 재구동 하십시오.

[확인] 버튼 : 부가기능 종료

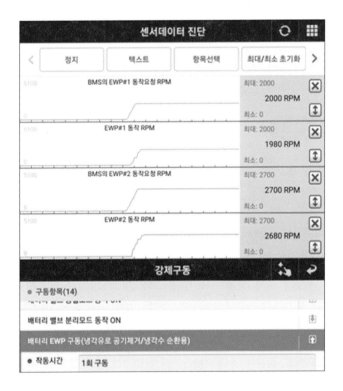

 주의 전동식 워터 펌프(EWP) 강제 구동시, 배터리 방전을 막기 위해 12V배터리를 충전시키면서 작업한다.

50) 전동식 워터 펌프(EWP)가 작동하고 냉각수가 순환하면 냉각수 리저버 탱크를 통해 냉각수를 보충한다.

 유의 전동식 워터 펌프(EWP)가 냉각수 없는 상태에서 작동되면 베어링 마찰로 인해 손상될 수 있으므로 주의한다.

51) 전동식 워터 펌프(EWP) 작동 중 소음이 적어지고 리저버 탱크에서 더 이상 공기방울이 발생하지 않으면 냉각 시스템의 공기빼기는 완료된 것이다.

 유의
• 전동식 워터 펌프(EWP)는 1회 강제 구동으로 약 30분간 작동되나 필요시, 공기빼기가 완료될 때까지 여러번 반복하여 작동시켜야 한다.
• 공기빼기가 완료된 후, 전동식 워터 펌프(EWP)가 작동하는 동안 리저버 탱크의 냉각수가 공기방울 발생없이 잘 순환되는지 육안으로 리저버 탱크 내부를 확인한다. 만일 냉각수 흐름이 원활하지 않거나 공기방울이 여전히 발생되면 50~52항을 반복한다.

52) 공기빼기가 완료되면 전동식 워터 펌프(EWP)의 작동을 멈추고 리저버 탱크의 'MAX' 선까지 냉각수를 채운 후 압력 캡을 잠근다.

 유의 냉각수가 완전히 식었을 때, 냉각 시스템 내부공기 배출 및 냉각수 보충이 용이하게 이루어지므로, 냉각수 교환 후 2~3일 정도는 리저버 탱크의 냉각수 용량을 재확인한다.

53) 차량 시동 후, 냉각 호수 및 파이프 연결부위 누수여부를 점검한다.

∅ 조치 사항 확인(결론)

ICCU(Intergrated Charging Control Unit)는 OBC, V2L, LDC 기능을 수행하는 통합 전력 변환 시스템이다.

① 완속 충전을 위해 외부 교류(AC) 220V를 직류(DC)로 변환하여 고전압 배터리를 충전하는 차량용 완속 충전(OBC) 기능
② 고전압 배터리에 저장된 직류(DC)의 고전압을 교류(AC) 220V로 변환하여 전기차의 고전압 배터리로 실외에서 가전 제품을 사용할 수 있도록 전력 변환을 통해 차량 외부로 공급해주는 기술인 V2L(Vehicle to Load) 기능
③ 고전압 배터리의 고전압 직류(DC)를 저전압 직류(DC) 12V로 감압하여 전장 시스템의 전원을 공급하고 보조배터리를 충전하는 LDC(Low DC-DC Converter) 기능

④ LDC 기능 작동 시 ICCU는 내부 LDC 회로를 통해 고전압 배터리에서 입력받는 직류(DC)
   고전압을 LDC DC-DC 컨버터로부터 입력받아 약 14V로 감압하여 12V 배터리를 충전한다.

⑤ LDC 출력 전압은 보조배터리 센서가 측정한 센서 전압과 ICCU 제어기의 LDC 입력 전압,
   LDC 출력 전압이 약 14V로 출력되어야 정상적인 LDC 출력 전압이다.

센서명(198)	센서값	단위	링크업
BMS 고전압 배터리 전압	676.7	V	
LDC 입력 전압	674.8	V	🗒
LDC 출력 전압	14.885	V	🗒
보조배터리 센서 전압	14.714	V	🗒
LDC 구동 전압	14.504	V	🗒

그림 10.10 ● ICCU LDC 작동 단계별 정상 센서 데이터 전압(예시)

사례

11

전동식 컴프레서
인터록 회로 문제로 시동 불가

∅ 진단

(1) **차종** : 아이오닉 5 전기차(NE EV)

(2) **고장 증상**

주행 중 또는 에어컨 작동 시 "전기차 시스템을 점검하십시오" 문구가 출력되며 시동(Ready)이 꺼진 후 재시동 불가 현상이 발생되었다.

그림 11.1 ● 고장 현상

(3) **정비 이력**

없음

(4) **고장 코드**

진단 장비를 이용하여 전체 시스템의 고장 코드를 확인한 결과 AIRCON 제어기에서 "B247013 전동식 컴프레서 인터록 이상_과거" 고장 코드가 발생되었다.

고장코드 검색

AIRCON | 에어컨
B247013 전동식 컴프레서 인터록 이상   과거

그림 11.2 ● 고장 코드

∅ 점검

■ **내용**

① DTC(Diagnostic Trouble Code) 매뉴얼을 참고하여 " B247013 전동식 컴프레서 인터록 이상_과거"고장 코드 발생 조건을 확인하였다.

② B247013 고장 코드는 인터록 전압이 12V이거나 회로 단선이 감지되는 경우 발생되는 고장 코드로 AIRCON I 에어컨 회로에서 고전압이 사용되는 전동식 에어컨 컴프레서 (E-comp)의 회로를 점검하였다.

고장 코드 판정 조건

항목	판정 조건	고장 예상 원인
진단 방법	☑전압 점검	1.커넥터 접촉불량
진단 조건	☑점화 스위치 ON	2.고전압선 연결 불량
고장 판정	☑Interlock 전압이 12V이거나 회로 단선이 감지되는 경우	3.전동 압축기 이상
페일 세이프	☑E-Compressor 작동중지	4.에어컨 컨트롤 모듈 이상

그림 11.3 ● B247013 DTC(Diagnostic Trouble Code) 매뉴얼

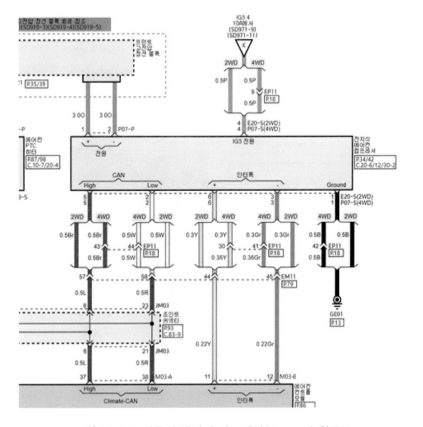

그림 11.4 ● 전동식 에어컨 컴프레서(E-comp) 회로도

③ 전동식 에어컨 컴프레서(E-comp) 회로도를 참고하여 실차에서 고전압 커넥터와 저전
압 커넥터 체결 상태를 육안 점검해본 결과 체결 상태는 양호하였다.

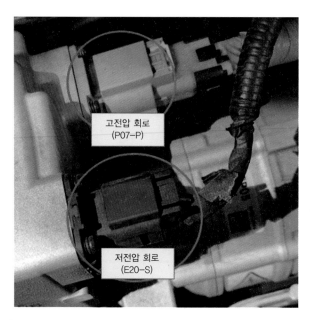

그림 11.5 ◈ 전동식 에어컨 컴프레서(E-comp) 커넥터 체결 상태

④ 전동식 에어컨 컴프레서(E-comp)를 제어하는 저전압 회로의 E20-S 커넥터핀 텐션을 점
검한 결과 특이사항은 없었다.

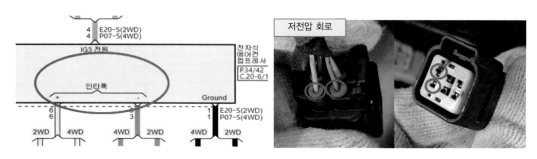

그림 11.6 ◈ 전동식 에어컨 컴프레서(E-comp) 저전압 커넥터(E20-S)

⑤ 전동식 에어컨 컴프레서(E-comp) 인터록 회로가 구성된 고전압 커넥터(P07-P)를 점
검하기 위해 커넥터 체결 상태를 점검하는 중에 경고등이 점등되며 현재 고장이 발생되
었다.

그림 11.7 ◉ 전동식 에어컨 컴프레서(E-comp) 고전압 커넥터(PO7-P) 유동 시 고장 코드 발생

⑥ 전동식 에어컨 컴프레서(E-comp) 고전압 커넥터(PO7-P)를 분리하여 핀 텐션을 점검 하기 위해 육안 확인 결과 인터록 회로의 단자 밀림현상이 발생되어 고전압 커넥터 (PO7-P) 인터록 회로 접촉 불량으로 회로 단선되어 고장 코드가 발생되고 경고등이 점 등되는 현상이 발생되는 원인을 확인하였다.

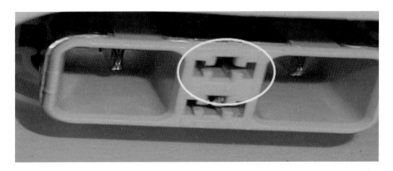

그림 11.8 ◉ 전동식 에어컨 컴프레서(E-comp) 고전압 커넥터(PO7-P) 인터록 회로 핀 밀림

⑦ 전동식 에어컨 컴프레서(E-comp) 고전압 커넥터(PO7-P) 구성하는 단자를 분리하여 핀 텐션을 수정하고 정상 고정하여 조치하였다.

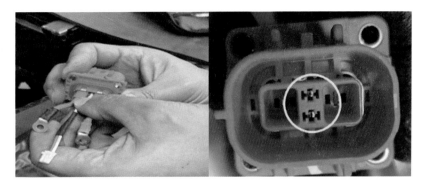

그림 11.9 ◉ 전동식 에어컨 컴프레서(E-comp) 고전압 커넥터(PO7-P) 핀 수리 과정

⊘ 조치

■ 내용

전동식 에어컨 컴프레서(E-comp) 고전압 커넥터(PO7-P)의 인터록 회로의 단자 밀림 현상이 확인되어 정위치로 수정한 후 정상 조치하였다.

⊘ 조치 사항 확인(결론)

전기자동차(EV)의 고전압 회로에서 인터록 회로는 고전압 커넥터의 연결 상태를 감시하는 회로이다.

① 고전압 회로의 케이블 또는 커넥터가 탈거된다면 고전압이 외부에 바로 노출되는 상태가 되므로 매우 위험한 상태가 된다.
② 고전압이 노출되는 상태를 방지하기 위해 고전압 회로 각각의 커넥터에 별도의 저전압 회로를 구성하여 커넥터의 탈거 여부를 감지할 수 있도록 구성된 회로가 인터록 회로이다.
③ 인터록 회로의 원리는 고전압 회로를 구성하는 각각의 제어기에서 인터록 단자에 5V의 Pull-Up 전원를 인가하여 고전압 회로 또는 커넥터가 체결되면 두 배선이 단락되고 0V가 감지되어 제어기는 정상적으로 커넥터가 체결되었다고 판단한다.
④ 커넥터가 탈거되면 인가된 Pull-Up 전원이 그대로 유지되므로 제어기는 커넥터가 미 체결되었다고 판단한다.
⑤ 인터록 커넥터 체결시 0V, 인터록 커넥터 미체결 시 5V가 입력되어 고전압 회로 또는 케이블의 커넥터가 체결되었는지의 상태를 감시하는 회로이다.
⑥ 고전압 커넥터가 분리되었다면 고전압 회로를 구성하는 제어기는 BMU와 협조 제어를 통해 PRA의 메인 릴레이 (+), (−)를 제어하여 고전압을 차단시킨다.
⑦ 인터록 커넥터가 분리되어 있는 상태에서는 전기자동차(EV)의 시동(READY)이 되지 않고 클러스터에 고전압 시스템 점검 문구가 출력되며 고장 코드가 발생된다.

사 례 12

Maintenance Cases

고전압 정션 블록 인터록 회로 문제로 시동 불가

진단

(1) **차종** : 포터 전기차(HR EV)

(2) **고장 증상**

간헐적으로 "전기차 시스템을 점검하십시오" 문구가 출력되며 시동(Ready)불가 현상이 발생되었다.

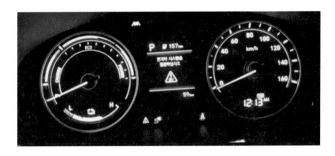

그림 12.1 ◈ 고장 현상

(3) **정비 이력**

없음

(4) **고장 코드**

고장 현상이 발생 중일 때 진단 장비를 이용하여 전체 시스템의 고장 코드를 확인한 결과 MCU(인버터) 제어기에서 "P0A0D 고전압 시스템 인터록 회로 미체결_현재" 고장 코드가 출력되었다.

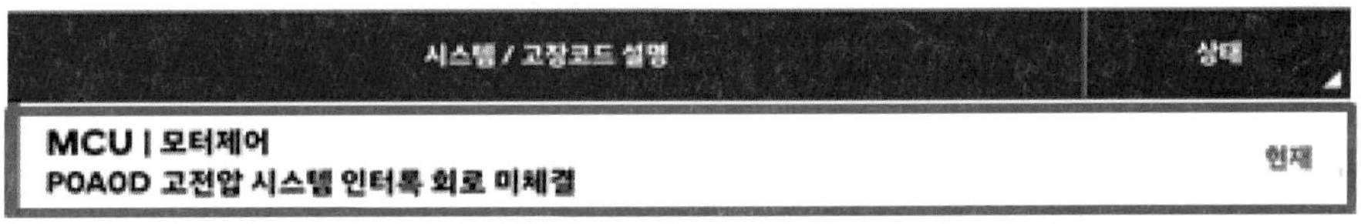

시스템 / 고장코드 설명	상태
MCU | 모터제어 P0A0D 고전압 시스템 인터록 회로 미체결	현재

그림 12.2 ◈ 고장 코드

⌀ 점검

■ 내용

① DTC(Diagnostic Trouble Code) 매뉴얼을 참고하여 " P0A0D 고전압 시스템 인터록 회로 미체결_현재"고장 코드의 발생 조건을 확인하였다.

고장 판정 조건

항목		판정 조건	고장 예상 원인
진단 방법		◎ 전압 감지	
진단 조건		◎ IG key 'ON' ◎ 보조배터리 전압 : 8V ~ 18V	1. 인터락 사이드 커버 장착 불량 (인터락 센싱 고장) 2. '고전압 정션 블록' 측 고전압 케이블 체결 불량 (커버 인터락 센싱 고장) 3. '고전압 정션 블록'과 EPCU+ 간 배선 단선/접촉불량 (커버 인터락 센싱 고장) 4. EPCU+ 내부 인터락 센싱 회로 고장
고장 판정	인터락 센싱 고장	◎ 고전압 케이블 인터락+ 전압 : 4.75V 초과	
	커버 인터락 센싱 고장	◎ EPCU 내부 인터락 전압 : 4.75V 초과	
진단 시간		◎ 100ms	
MIL 램프		◎ 즉시	
서비스 램프		◎ 점등	

그림 12.3 ● P0A0D DTC(Diagnostic Trouble Code) 매뉴얼

② P0A0D 고장 코드는 고전압 회로의 인터록 회로의 단선 및 고전압 커넥터 체결 불량 등으로 인터록 센싱 전압이 4.75V 이상 초과되었을 때 발생되는 고장 코드로 확인되어 진단 장비를 이용하여 고전압 인터록 회로의 Svc data 확인 후에 실차에서 관련 회로를 점검하였다.

③ 고장 현상이 발생되지 않는 상태에서 시동(READY)이 가능할 때 EC51 커넥터를 외력의 힘으로 흔들면 고장 현상이 재현되는 것을 확인하였다. EC51 커넥터의 인터록 회로 핀 텐션 불량 또는 단자의 삽입 상태가 불량할 것으로 판단되어 EC51 커넥터 핀 텐션 및 단자 상태를 점검하였으나 이상 없음을 확인하였다.

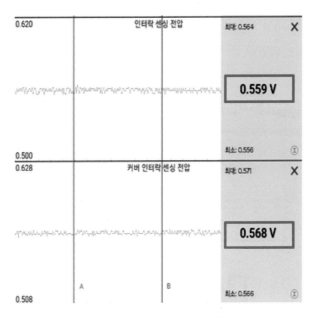

그림 12.4 ◉ 정상 조건에서 측정한 Svc data

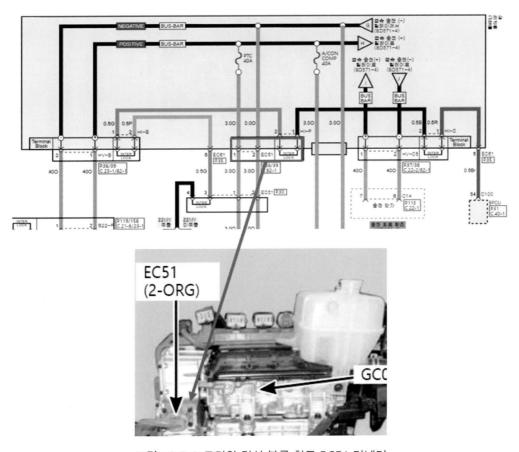

그림 12.5 ◉ 고전압 정션 블록 회로 EC51 커넥터

④ 고전압 정션 블록 내부 HI-P 인터록 커넥터 핀 텐션 및 단자 체결 상태를 점검하였으나 특이사항이 미확인되었다.

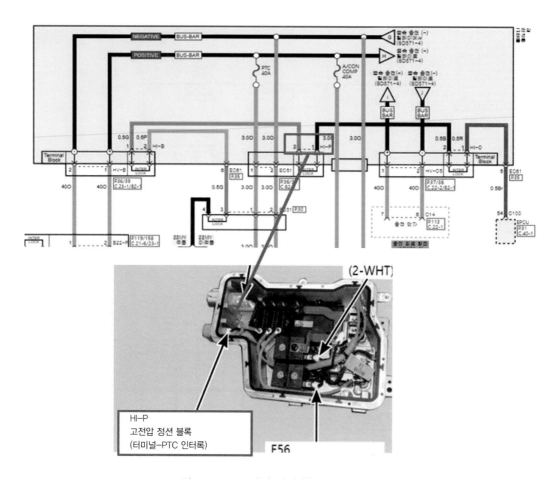

HI-P
고전압 정션 블록
(터미널-PTC 인터록)

그림 12.6 ● 고전압 정션 블록 HI-P 커넥터

⑤ 고전압 정션 블록 회로의 EC61 6번 핀(인터록 접지 회로) 점검 결과 단자 밀림으로 인해 인터록 회로 접지 회로가 단선되어 현상 발생 원인을 확인하였다.

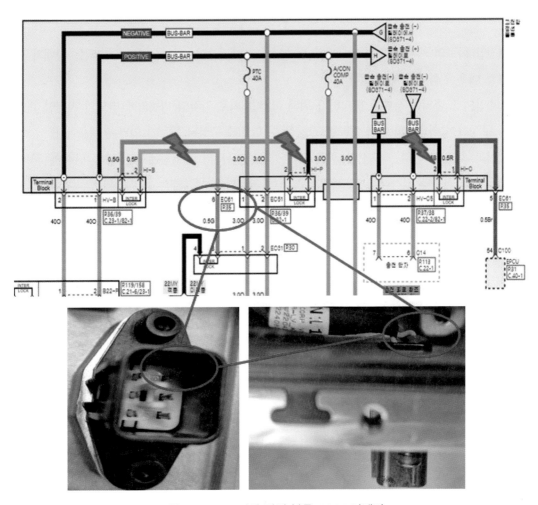

그림 12.7 ● 고전압 정션 블록 EC61 커넥터

⦿ 조치

■ **내용**

고전압 정션 블록 회로의 EC61 커넥터 6번 핀(인터록 접지 회로) 단자 밀림 현상이 확인되어 정위치로 수정한 후 정상 조치하였다.

조치 사항 확인(결론)

전기자동차(EV)의 고전압 회로에서 인터록 회로는 고전압 커넥터의 연결 상태를 감시하는 회로이다.

① 고전압 회로의 케이블 또는 커넥터가 탈거된다면 고전압이 외부에 바로 노출되는 상태가 되므로 매우 위험한 상태가 된다.

② 고전압이 노출되는 상태를 방지하기 위해 고전압 회로 각각의 커넥터에 별도의 저전압 회로를 구성하여 커넥터의 탈거 여부를 감지할 수 있도록 구성된 회로가 인터록 회로이다.

③ 인터록 회로의 원리는 고전압 회로를 구성하는 각각의 제어기에서 인터록 단자에 5V의 Pull-Up 전원를 인가하여 고전압 회로 또는 커넥터가 체결되면 두 배선이 단락되고 0V가 감지되어 제어기는 정상적으로 커넥터가 체결되었다고 판단한다.

④ 커넥터가 탈거되면 인가된 Pull-Up 전원이 그대로 유지되므로 제어기는 커넥터가 미체결되었다고 판단한다.

⑤ 인터록 커넥터 체결시 0V, 인터록 커넥터 미체결 시 5V가 입력되어 고전압 회로 또는 케이블의 커넥터가 체결되었는지의 상태를 감시하는 회로이다.

⑥ 고전압 커넥터가 분리되었다면 고전압 회로를 구성하는 제어기는 BMU와 협조 제어를 통해 PRA의 메인 릴레이 (+), (-)를 제어하여 고전압을 차단시킨다.

⑦ 인터록 커넥터가 분리되어 있는 상태에서는 전기자동차(EV)의 시동(READY)이 되지 않고 클러스터에 고전압 시스템 점검 문구가 출력되며 고장 코드가 발생된다.

구동 모터 절연 파괴로 P단 체결 후 주행 불가

◈ 진단

(1) 차종 : 아이오닉 전기차(AE EV)

(2) 고장 증상

정상 시동 후 주행 중 약 1분 경과 시 클러스터에 "전기차 시스템을 점검하십시오." 경고 문구가 출력되며 변속단이 N단으로 빠진 이후 차량 정차 시 P단 자동 체결되며 주행이 불가하는 현상이 발생되었다.

그림 13.1 ● 고장 현상

(3) 정비 이력

1번 CMU, BMS, BSA 내부 와이어링을 교환한 이력이 있다.

(4) 고장 코드

진단 장비를 이용하여 전체 시스템의 고장 코드를 확인한 결과 BMS 제어기에서 "P0B3B 고전압 1번 전압 센싱부 이상_과거" 고장 코드가 출력되었다.

시스템 / 고장코드 설명	상태
BMS | 배터리제어 P0B3B 고전압 배터리 "1번 전압센싱부" 이상	과거
IBU-BCM | IBU-BCM B121100 전방 중앙 좌측 센서 이상	현재

그림 13.2 ● 고장 코드

Ø 점검

■ 내용

① DTC(Diagnostic Trouble Code) 매뉴얼을 참고하여 제어기의"P0B3B 고전압 1번 전압 센싱부 이상_과거" 고장 코드의 발생 조건을 확인하였다.

② 1번 모듈의 셀 전압이 0.5V 미만이며 25초 이상 유지되었을 때 출력되는 고장 코드임을 확인하였다.

고장 코드 설명

이 고장은 전기차 배터리 "1번 모듈" 전압센싱부 이상 시 발생하는 DTC 이다. 현재 고장이 발생하면 서비스 램프를 점등시킨다. 만약 정상 상태로 회복되면 현재의 고장코드는 삭제되고 과거고장 코드(DTC 코드 끝부분에 H 표시)가 검출 된다. 이때 서비스 램프는 소등되며 과거 고장코드는 GDS를 사용하여 소거시킬 수 있다. 고전압 배터리 모듈 전압센싱부 이상 진단 시 조건에 따라 '메인릴레이 ON' 또는 '메인릴레이 OFF' 유지한다. 대부분의 경우 전압센싱부 이상 진단 시 '메인릴레이 ON 정상 유지' 한다. 한 모듈 이상 전압 센싱 불가한 경우에 한하여 진단 시 '메인릴레이 OFF 유지' 한다.

고장 판정 조건

항목	판정 조건		고장예상 원인
검출목적	☞ 전기차 배터리 전압센싱부 이상 방지		
	☞ 잘못된 전압 정보에 의한 제어오류 차단		
검출조건	☞ 점화스위치 "ON"		
	☞ 보조배터리 정상전압(9~16V)		
	☞ 절연파괴 고장 없음		
고장코드발생기준값	☞ 셀 전압 0.5V 미만이며 25초 이상 (1번 모듈)		1.전기차 배터리 모듈과 BMS간 배선 및 커넥터 접속 불량 또는 단선
고장코드해제기준값	☞ 셀 전압 0.5V 이상이며 25초 이상 (1번 모듈)		2. BMS
안전 모드	전압감쇄	충전제한	50%
		방전제한	50%
	Fan 컨트롤	-
	Relay 컨트롤	유지
	서비스램프	ON 조건	2회 주행사이클
		OFF 조건	점화스위치 "OFF"
	DTC 확정	2회 주행사이클
	경고등	ON

그림 13.3 ● P0B3B DTC(Diagnostic Trouble Code) 매뉴얼

③ 고장 코드 상세 데이터를 확인하여 고장 코드 발생 당시 전체 셀의 전압이 5.30V로 상승되었던 것을 확인하였다.

④ 5.30V로 출력된 전압은 고전압 배터리 셀의 전압이 실제로 상승되어 출력되는 전압은 아니며, 초기값 또는 입력시 나오는 오류값으로 판단되어 고장 상황 데이터를 추가로 확인한 결과 원칩 통신 이상과 절연 저항 출력값이 규정값 이하로 출력되는 절연이 파괴된 출력값이 확인되었다.

배터리 최대 온도	30 ℃	모터 제어기 준비	YES
배터리 최소 온도	29 ℃	MCU 메인릴레이 OFF 요청	NO
배터리 외기 온도	31 ℃	MCU 제어가능 상태	YES
최대 셀 전압	5.10 V	VCU 준비 상태	YES
최대 전압 셀 위치	6	VCU 메인 릴레이 OFF 요청	NO
최소 셀 전압	5.10 V	VCU EV 준비상태	YES
최소 전압 셀 위치	1	에어컨 메인 릴레이 OFF 요청	NO
셀 단수	1	총 동작 시간	25126838 Sec
밸 리드백 주파수	0 Hz	고장 추가 정보 1	6
보조 배터리 전압	13.9 V	고장 추가 정보 2	0
절연 저항	9 kOhm	고장 추가 정보 3	0
인버터 커패시터 전압	374 V	고장 추가 정보 4	0
모터 회전수	1500 RPM	급속 충전 릴레이 후단전압	4.9 V
모터 제어기 준비	YES	(고장 추가 정보)원칩 통신이상	ON

그림 13.4 ◎ 고장 상황 데이터

⑤ 고장 상황 데이터에 확인된 절연 저항 출력값이 규정값 이하로 확인되어 진단 장비를 이용하여 부가기능 항목인 절연파괴 부품 검사를 실행하여 원인 부품을 점검한 결과 "MCU 협조제어 오류에 의한 검사 실패! 케이블 및 제어기 전원 등 점검 필요" 팝업 창이 출력되고 이와 함께 고장 코드가 발생되는 현상이 확인되었다.

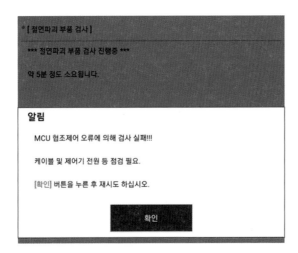

그림 13.5 ◎ 절연파괴 부품 검사

⑥ 상기와 같은 점검 과정으로 구동모터의 절연 불량이 사료되어 절연 저항계를 이용하여 구동모터 절연 저항을 측정한 결과 U, V, W 3상 모두 절연이 파괴된 원인을 확인하였다.

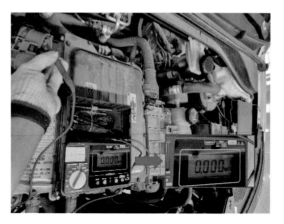

그림 13.6 ● 절연 저항계를 이용한 구동모터 절연 저항 측정

⑦ 구동 모터를 탈거하여 회전자를 회전시킨 결과 내부 손상에 의한 축 방향 유격 및 이상 소음이 발생되는 원인을 확인하였다.

그림 13.7 ● 구동 모터

⊘ 조치

■ 내용

구동 모터를 교환 후 정상 조치하였다.

⊘ 조치 방법

경고

- 고전압 시스템 관련 작업 시 반드시 '안전사항 및 주의, 경고' 내용을 숙지하고 준수해야 한다. 미준수 시 감전 또는 누전 등으로 인해 심각한 사고를 초래할 수 있다.
- 고전압 시스템 관련 작업 시 '고전압 차단절차'에 따라 반드시 고전압을 먼저 차단해야 한다. 미준수 시 감전 또는 누전 등으로 인해 심각한 사고를 초래할 수 있다.

주의

- 스크루 드라이버 또는 리무버로 탈거할때 부품이 손상되지 않도록 보호 테이프를 감아서 사용한다.
- 손을 다치지 않도록 장갑을 착용한다.

유의

트림과 패널이 손상을 주지 않도록 주의한다.

1) 점화 스위치를 OFF하고 보조 배터리(12V)의 (−)케이블을 분리한다.

2) 트렁크 러기지 보드를 탈거한다.

3) 안전 플러그 서비스 커버(A)를 탈거한다.

4) 안전플러그(A)를 탈거한다.

참고 ●●●●●●

아래와 같은 절차로 안전 플러그를 탈거한다.

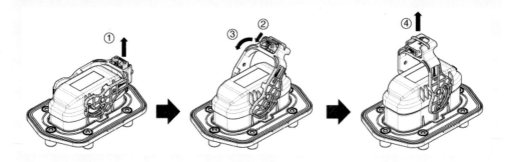

5) 안전 플러그 탈거 후 인버터 내에 있는 커패시터의 방전을 위하여 반드시 5분 이상 대기한다.

6) 인버터 커패시터 방전 확인을 위하여 인버터 단자전압을 측정한다.

① 차량을 돌린다.

② 장착 너트를 푼 후 고전압 배터리 하부 커버(A)를 탈거한다.

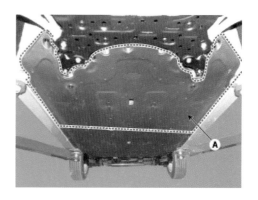

③ 고전압 케이블(A)을 탈거한다.

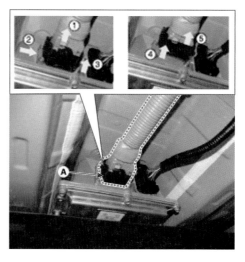

④ 인버터 내에 커패시터 발전 확인을 위하여, 고전압단자간 전압을 측정한다.

30V 이하 : 고전압 회로 정상 차단

30 초과 : 고전압 회로 미상

경고

30V 이상의 전압이 측정된 경우, 안전 플러그 탈거 상태를 재확인한다. 안전 플러그가 탈거되었음에도 불구하고 30V 이상의 전압이 측정됐다면, 고전압 회로에 중대한 문제가 발생했을 수 있으므로 이러한 경우 DTC 고장진단 점검을 먼저 실시하고, 고전압 시스템과 관련된 부분을 점검하지 않는다.

7) 전기차 관련 시스템과 라디에이터가 식었는지 확인한다.

8) 라디에이터 드레인 플러그(A)를 풀어 냉각수를 배출시킨다. 원활한 배출을 위하여 리저버 캡(B)을 열어둔다.

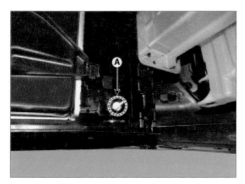

9) 냉각수 배출이 끝나면 드레인 플러그를 다시 조인다.

10) (+) 와이어링 케이블(A)를 분리한다.

체결 토크 : 너트 (B) : 0.9 ~ 1.4 kgf.m

11) 리저버 호스 파이프 고정 볼트(A)를 탈거하고 전자식 인히비터 스위치 커넥터(B)를 분리한다.

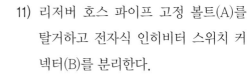

12) 에어컨 컴프레서 고전압 케이블(A)을 분리한다.

13) 리저버 호스 파이프 고정 볼트(A)를 탈거하고 에어컨 컴프레서 커넥터 브라켓 고정 볼트(B)를 탈거한다.

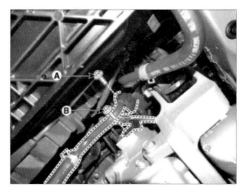

14) 차량의 리프트를 이용하여 들어올린 후 프런트 휠 너트를 풀고 휠 및 타이어(A)를 프런트 허브에서 탈거한다.

체결 토크 : 11.0 ~ 13.0kgf.m

유의   프런트 휠 및 타이어를 탈거할 때 허브 볼트가 손상되지 않도록 주의한다.

15) 프런트 허브에서 코킹너트(A)를 탈거한다.

체결 토크 : 28.0 ~ 30.0kgf.m

유의
- 코킹 너트 교환 시 새 것으로 사용한다.
- 코킹 너트(A)를 체결한 후, 치즐과 망치를 이용해 코킹 깊이에 맞춰 2점 코킹을 한다.

  코킹량 : 1.5mm 이상

16) 특수공구를 사용하여 타이로드 엔드 볼 조인트를 탈거한다.

① 분할 핀(C)을 탈거한다.

② 캐슬너트(B)를 탈거한다.

③ 특수공구(09568-1S100)를 사용하여 타이로드 엔드 볼 조인트(A)를 탈거한다.

체결 토크 : 8.0 ~ 10.0kgf.m

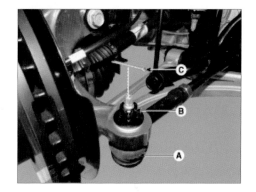

17) 로어 암 체결 너트를 풀고 특수공구(09568-1S100)를 이용하여 로어 암을 분리한다.

체결 토크 : 8.0 ~ 10.0kgf.m

① 분할 핀(C)을 탈거한다.

② 캐슬너트(B)를 탈거한다.

③ 특수공구(09568-1S100)를 사용하여 타이로드 엔드 볼 조인트(A)를 탈거한다.

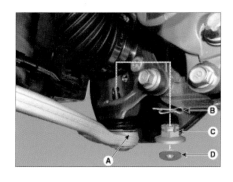

370

유의   로어 암 볼 조인트 체결 너트는 재사용하지 않는다.

18) 너트(A)를 풀어 쇽 업 쇼버에서 스태빌
라이저 바 링크를 탈거한다.

체결 토크 : 10.0 ~ 12.0kgf.m

19) 플라스틱 해머를 사용하여 프런트 드라
이브 샤프트(B)를 너클 어셈블리(A)로
부터 분리한다.

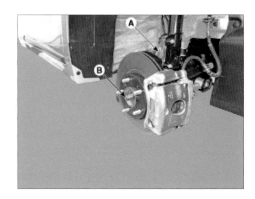

유의   스태빌라이저 바 링크를 탈거할 때 링크의 아웃터 헥사를 고정하고 너트를 탈거한다.

20) 프라이 바를 이용하여 드라이브 샤프트를
탈거한다.

유의
• 조인트와 변속기가 손상되지 않도록 하기 위해 프라이 바를 사용한다.
• 프라이 바를 너무 깊게 끼울 경우 오일실에 손상을 줄 수 있다.
• 드라이브 샤프트를 바깥에서 무리한 힘으로 당길 경우, 조인트 키트 내부가 이탈되어 부트
찢어짐 및 베어링부의 손상을 가져올 수 있다.
• 오염을 방지하기 위해 변속기 케미스의 구멍을 오일실 캡으로 막는다.
• 드라이브 샤프트를 적절하게 지지한다.
• 변속기 케이스에서 드라이브 샤프트를 탈거할 때마다 리테이너링을 교환한다.

21) 에어컨 컴프레서 고정 볼트를 풀고 에
어컨 컴프레서(A)를 로어암 측면에 위
치한다.

22) 모터 위치 및 온도 센서 커넥터(A)를 분
리하고 고정 볼트(C)를 풀어 3상 냉각수
밸브(B)를 분리한다.

23) 냉각수 인렛 호스(A) 및 아웃렛 호스(B)
를 분리한다.

24) 고전압 케이블(A)을 분리한다.

유의

- 잠금 핀(A)을 누른 후, 화살표 방향으로 레버(B)를 잡아 당겨 해제한다.
- 레버 해제 전 고전압 케이블 커버 고정부를 탈거한다.

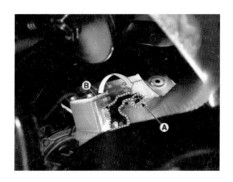
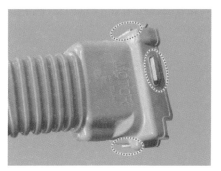

25) 모터 하부에 잭을 받친다.

26) 모터 마운팅 브라켓 관통 볼트(A)를 탈 거한다.

체결 토크 : 11.0 ~ 13.0kgf.m

유의　모터와 잭 사이에 나무 블록 등을 넣어 모터의 손상을 방지한다.

27) 감속기 마운팅 브라켓 관통 볼트(A)를 탈거한다.

체결 토크 : 11.0 ~ 13.0kgf.m

28) 리어 롤 마운팅 브라켓 관통 볼트(A)를 탈거한다.

체결 토크 : 11.0 ~ 13.0kgf.m

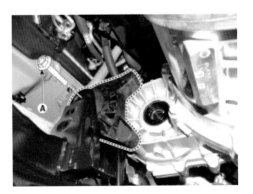

29) 차량을 서서히 들어올려 모터 및 감속기 어셈블리를 차상에서 탈거한다.

유의
- 모터 및 감속기 어셈블리를 탈거하기 전에 호스 및 커넥터가 확실히 탈거되었는지 확인한다.
- 모터 및 감속기 어셈블리 탈거 시 기타 주변장치에 손상이 가지 않도록 주의한다.
- 고전압 커넥터 부분이 손상되지 않도록 주의한다.

30) 모터 서포트 브라켓(A)를 탈거한다.

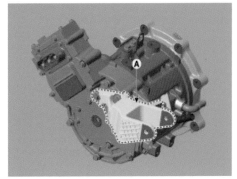

31) 탈거의 역순으로 구동 모터와 분리된 부품을 장착한다.

32) U, V, W의 3상 파워 케이블을 정확한 위치에 조립한다.

주의
파워 케이블을 잘못 조립할 경우 인버터, 구동 모터 및 고전압 배터리에 심각한 손상을 초래할 수 있을 뿐만 아니라 사용자 및 작업자의 안전을 위협할 수 있으므로, 이 점에 각별히 주의하여 조립하도록 한다.

33) 냉각수 주입 후 누수 여부를 확인한다.

유의
냉각수 주입 시 진단기기를 이용하여 전자식 워터 펌프(EWP)를 강제 구동시켜 공기 빼기를 실시한다.

부가기능

| 시스템별 | 작업 분류별 | 모두 펼치기 |

- 모터제어
  - 사양정보
  - 전자식 워터 펌프 구동
  - 레졸버 옵셋 자동 보정 초기화
  - EPCU(MCU) 자가진단 기능
- 배터리제어
- VCULDC
- SCC/AEB
- VDC/AHB
- 에어백(1차충돌)
- 에어백(2차충돌)
- 승객구분시스템
- 에어컨
- 완속충전기
- Charging Control Module
- 파워스티어링

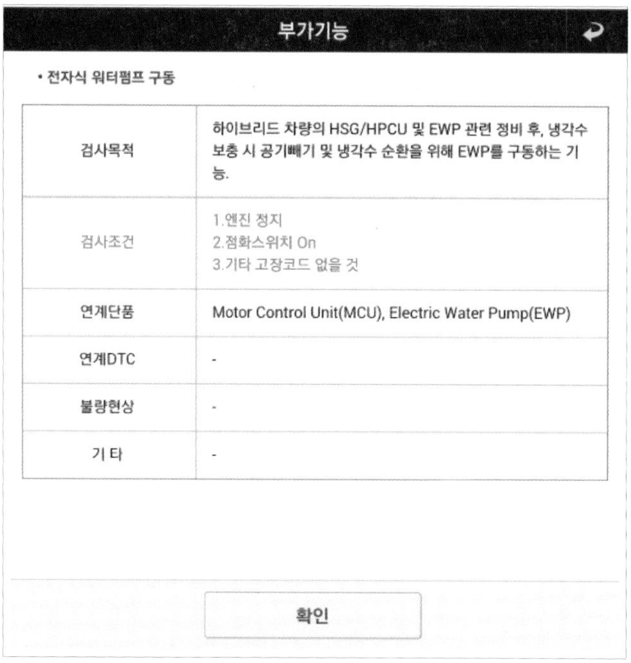

부가기능

• 전자식 워터펌프 구동

검사목적	하이브리드 차량의 HSG/HPCU 및 EWP 관련 정비 후, 냉각수 보충 시 공기빼기 및 냉각수 순환을 위해 EWP를 구동하는 기능.
검사조건	1.엔진 정지 2.점화스위치 On 3.기타 고장코드 없을 것
연계단품	Motor Control Unit(MCU), Electric Water Pump(EWP)
연계DTC	-
불량현상	-
기 타	-

확인

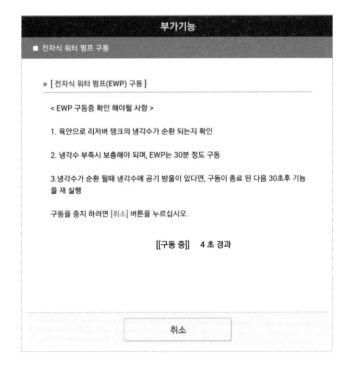

34) 전자식 워터 펌프(EWP)가 작동하고 냉각수가 순환하면 냉각수가 리저버 탱크 'MAX'
와 'MIN' 사이에 오도록 냉각수를 채운다.

35) 전자식 워터 펌프(EWP) 작동 중 리저버 탱크에서 더 이상 공기방울이 발생하지 않으
면 냉각 시스템의 공기빼기는 완료된 것이다.

유의

- 전자식 워터 펌프(EWP)는 1회 강제 구동으로 약 30분간 작동되나 필요 시, 공기빼기가 완
  료될 때까지 여러번 반복하여 작동시켜야 한다.
- 공기빼기가 완료된 후, 전자식 워터 펌프(EWP)가 작동하는 동안 리저버 탱크의 냉각수가
  공기방울 발생없이 잘 순환되는지 육안으로 리저버 탱크 내부를 확인한다. 만일 냉각수
  흐름이 원활하지 않거나 공기방울이 여전히 발생되면 25~28항을 반복한다.

36) 공기빼기가 완료되면 전자식 워터 펌프(EWP)의 작동을 멈추고 리저버 탱크의 "MAX"
선까지 냉각수를 채운 후 압력 캡을 잠근다.

참고

냉각수가 완전히 식었을 때, 냉각수 시스템 내부공기 배출 및 냉각수 보충이 가장 용이하게 이루어
지므로, 냉각수 교환 후 2~3일 정도는 리저버 탱크의 냉각수 용량을 재확인한다.

37) 진단 장비 부가기능의 '레졸버 옵셋 자동 보정 초기화' 항목을 수행한다.

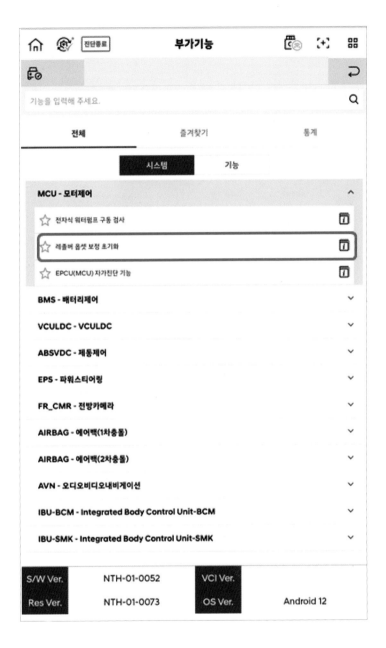

38) 검사 조건과 차량 상태 확인 후 '확인'을 선택한다(검사 조건 : 점화 스위치 on).

39) 검사 조건 확인 후 '확인'을 선택한다(조건 : IG ON).

40) 최종 초기화 완료 후 '확인'을 선택한다.

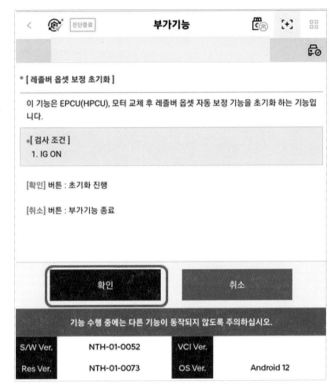

※ 진단 장비로 레졸버 옵셋 자동 보정 기능이 초기화된 후에도 "P0C17 구동모터 위치센서 미보정" 고장 코드와 서비스 램프 는 점등되며 레졸버 주행 학습이 필요하다. 레졸버 주행 학습 모드는 차량을 약 20~50kph 속도로 주행하면서 APS와 무관 하게 2초 이상 타력 주행 상태로 주행하며 레졸버 보정을 실시 한다. 레졸버 주행 학습이 완료되면 MCU는 자동으로 주행 학 습 모드를 종료하고 고장 코드도 자동으로 소거된다.

⚙ 조치 사항 확인(결론)

고전압 부품이 장착되어 있는 전기자동차는 승객의 감전 방지를 위한 안전 확보를 위해서 차량 (섀시)과 고전압 측이 완전하게 절연되어야 한다.

① 고전압 부품의 절연 파괴는 고전압 배터리 시스템 내에 BMU가 고전압 회로의 전체 절연 여부 를 측정한다.

② 고전압 회로 절연 파괴 시 고장 코드(DTC)를 표출한다.

③ 고장 코드 발생 시 고전압 배터리 시스템뿐만 아니라 고전압 회로 전체를 점검해야 한다.

④ 단순히 고전압 부품 불량 이외에도 고전압 케이블의 손상 및 수분 유입으로 인한 절연 파괴 현상이 발생될 수 있다.

⑤ BMU는 고전압 시스템에서 절연 파괴 상태를 감지할 경우 "P0AA600 고장 코드와 전기차 시스템을 점검하십시오" 문구를 클러스터에 표출한다.

사 례 14

승온 히터 절연 파괴로 불규칙적으로 EV 경고등 점등

∅ 진단

(1) 차종 : 코나 전기차(OS EV)

(2) 고장 증상

주행 중 정상 주행은 가능하나 불규칙적으로 "전기차 시스템을 점검하십시오." 문구가 출력되는 고장 현상이 발생되었다.

그림 14.1 ◉ 고장 현상

(3) 정비 이력

EPCU, BMS, 고전압 정션 블록, 고전압 케이블을 교환한 정비 이력이 있다.

(4) 고장 코드

진단 장비를 이용하여 전체 시스템의 고장 코드를 확인한 결과 BMS(고전압배터리제어)에서 "P0AA600 고전압 부품 절연파괴_과거" 고장 코드가 출력되었다.

그림 14.2 ◉ 고장 코드

⊘ 점검

■ **내용**

① DTC(Diagnostic Trouble Code) 매뉴얼을 참고하여 "P0AA600 고전압 부품 절연 파괴_과거" 고장 코드의 발생 조건을 확인하였다.

② 고장 코드 발생 기준이 절연 저항이 $300k\Omega$ 이하로 108초 이상 유지되었을 때 고장 코드가 출력되어 고장 코드 발생 기준을 확인하였다.

고장 판정 조건

항목	판정조건		
검출목적	절연파괴에 의한 안전사고 방지		
검출조건	점화스위치 "ON" 보조배터리 정상전압 (9~16V)		
고장코드 발생 기준	절연저항 300kΩ 이하로 108초 이상		
고장코드 해제 기준	절연저항 900kΩ 이상으로 108초 이상		
안전모드	가용파워	충전	100%
		방전	100%
	배터리시스템 릴레이 제어	유지	
	서비스램프	점등조건	1회 주행사이클
		소등조건	점화스위치 "OFF"
	DTC 확정	1회 주행사이클	
	경고등	ON	

예상고장부위	예상고장 부품별 양부판정법 및 기준값
1. 고전압 배터리 부 (릴레이 전단)	- 서비스 플러그 절연저항 점검 : 절연저항 값 측정 (메가 옴 미터) - BMU : 절연저항 값 측정 (메가 옴 미터) - PRA : 절연저항 값 측정 (메가 옴 미터) - 배터리 모듈 1 : 절연저항 값 측정 (메가 옴 미터) - 배터리 모듈 2 : 절연저항 값 측정 (메가 옴 미터) - 배터리 모듈 3 : 절연저항 값 측정 (메가 옴 미터) - 배터리 모듈 4 : 절연저항 값 측정 (메가 옴 미터) - 배터리 모듈 5 : 절연저항 값 측정 (메가 옴 미터)
2. 고전압 입력 부 (릴레이 후단)	- 배터리 승온 히터 : 절연저항 값 측정 (메가 옴 미터 or 더미 커넥터) - 실내 PTC 히터 : 절연저항 값 측정 (메가 옴 미터 or 더미 커넥터) - 고전압 정선 블록 : 절연저항 값 측정 (메가 옴 미터) - OBC : 절연저항 값 측정 (메가 옴 미터) - EUPC : 절연저항 값 측정 (메가 옴 미터)
3. 모터 3상 부	- 구동 모터의 절연 저항값 측정 (메가 옴 미터)
4. 에어컨 컴프레서 부	- 전동 컴프레서의 절연 저항값 측정 (메가 옴 미터 or 더미 커넥터)

그림 14.3 ● P0AA600 DTC(Diagnostic Trouble Code) 매뉴얼

③ 진단 장비를 이용하여 부가 기능 항목의 절연 파괴 부품 검사를 실행하였으나 절연 파괴 부위가 검출되지 않았다.

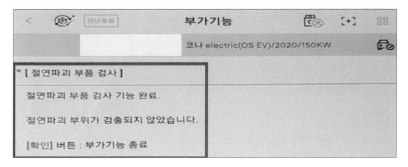

그림 14.4 ◉ 절연 파괴 부품 검사 부가 기능 실행 결과

④ 진단 장비를 이용하여 고장 상황 데이터를 확인한 결과 고장 상세코드 1, 2, 3, 4, 5, 6 항목 모두 "0"으로 출력됨을 확인하였다.

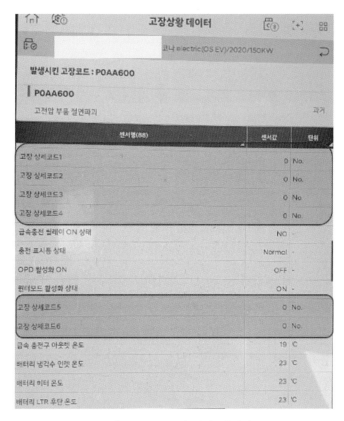

그림 14.5 ◉ 고장 상황 데이터

⑤ 진단 장비의 부가 기능 항목을 이용하여 고전압 부품 절연 저항 검사를 실행하여 고전압 부품의 절연 저항을 확인하였다.

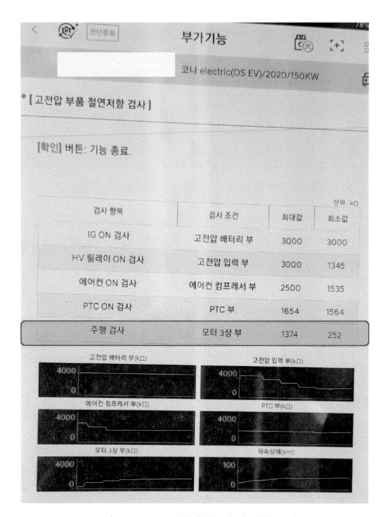

그림 14.6 ● 고전압 부품 절연 저항 검사

⑥ 진단 장비를 이용하여 측정된 구동 모터의 절연 저항 측정값이 규정값 이하로 확인되어 구동 모터를 교환하고 장시간 시운전 테스트를 실시한 결과 동일 현상이 발생되었다.

⑦ 진단 장비를 이용하여 고장 코드를 확인한 결과 "P0AA600 고전압 부품 절연파괴_현재" 고장 코드가 출력되었고 고장 상황 데이터를 확인한 결과 절연 저항이 184kΩ으로 출력된 것을 확인하였다.

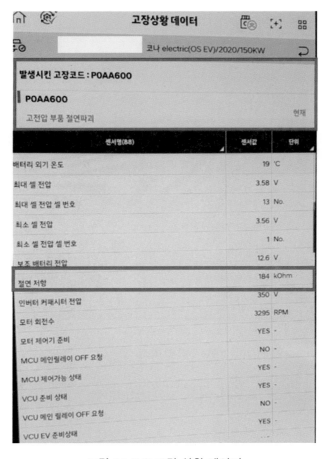

그림 14.7 ● 고장 상황 데이터

⑧ 다시 한번, 진단 장비의 부가 기능 항목을 이용하여 고전압 부품 절연 저항 검사를 실행
하여 고전압 부품의 절연 저항을 확인한 결과 PTC 항목에서 절연 저항 출력값이 규정값
이내로 확인되나 현저히 낮게 출력되는 측정값을 확인하였다.

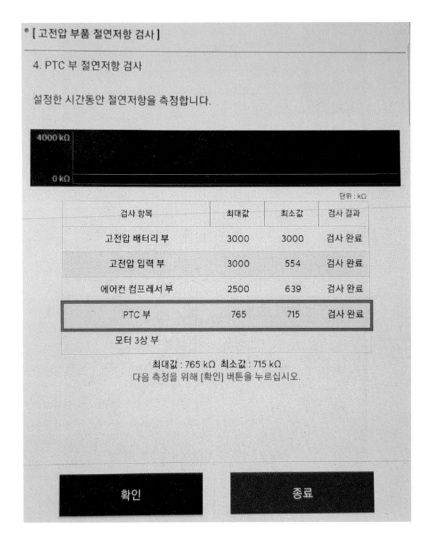

그림 14.6 ● 고전압 부품 절연 저항 검사

⑨ 확인된 절연 저항값을 근거로 고전압 회로 중 PTC부와 관련된 공조 장치의 PTC 히터와 승온 히터를 절연 저항 측정계로 점검한 결과 승온 히터의 절연 저항이 불량함을 확인하였다.

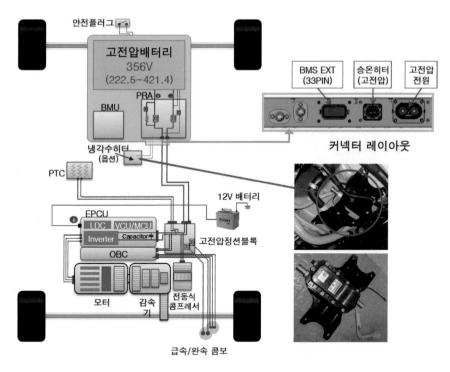

그림 14.9 ● 고전압 회로와 승온 히터

⊘ 조치

■ 내용

승온 히터를 교환하여 정상 조치하였다.

⊘ 조치 방법

경고

- 고전압 시스템 관련 작업 시 반드시 '안전사항 및 주의, 경고' 내용을 숙지하고 준수해야 한다. 미준수 시 감전 또는 누전 등으로 인해 심각한 사고를 초래할 수 있다.
- 고전압 시스템 관련 작업 시 '고전압 차단절차'에 따라 반드시 고전압을 먼저 차단해야 한다. 미준수 시 감전 또는 누전 등으로 인해 심각한 사고를 초래할 수 있다.

주의
- 스크루 드라이버 또는 리무버로 탈거할때 부품이 손상되지 않도록 보호 테이프를 감아서 사용한다.
- 손을 다치지 않도록 장갑을 착용한다.

유의　트림과 패널이 손상을 주지 않도록 주의한다.

1) 점화 스위치를 OFF하고 보조 배터리(12V)의 (−) 케이블을 분리한다.

2) 트렁크 러기지 보드를 탈거한다.

3) 안전 플러그 서비스 커버(A)를 탈거한다.

4) 안전플러그(A)를 탈거한다.

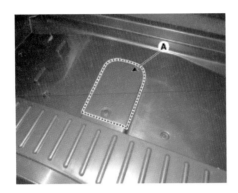 

아래와 같은 절차로 안전 플러그를 탈거한다.

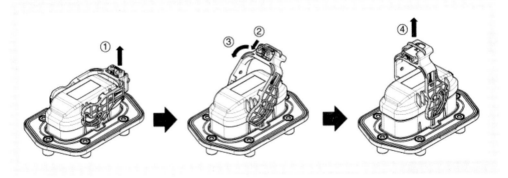

5) 안전 플러그 탈거 후 인버터 내에 있는 커패시터의 방전을 위하여 반드시 5분 이상 대기한다.

6) 인버터 커패시터 방전 확인을 위하여 인버터 단자 전압을 측정한다.

　① 차량을 돌린다.

② 장착 너트를 푼 후 고전압 배터리 하부 커버 (A)를 탈거한다.

③ 고전압 케이블(A)을 탈거한다.

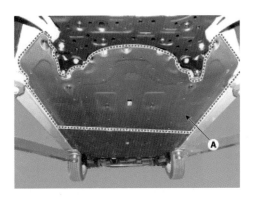
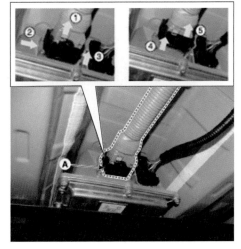

④ 인버터 내에 커패시터 발전 확인을 위하여 고전압 단자간 전압을 측정한다.

- 30V 이하 : 고전압 회로 정상 차단
- 30V 초과 : 고전압 회로 미상

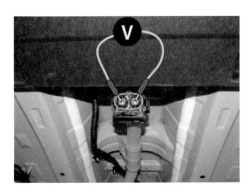

 경고

30V 이상의 전압이 측정된 경우 안전 플러그 탈거 상태를 재확인한다. 안전 플러그가 탈거되었음에도 불구하고 30V 이상의 전압이 측정됐다면, 고전압 회로에 중대한 문제가 발생했을 수 있으므로 이러한 경우 DTC 고장진단 점검을 먼저 실시하고, 고전압 시스템과 관련된 부분을 점검하지 않는다.

7) 전기차 관련 시스템과 라디에이터가 식었는지 확인한다.

8) 라디에이터 드레인 플러그(A)를 풀어 냉각수를 배출시킨다. 원활한 배출을 위하여 리저버 캡(B)를 열어둔다.

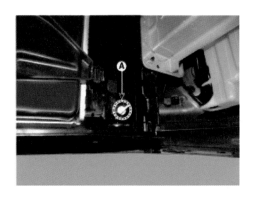 

9) 냉각수 배출이 끝나면 드레인 플러그를 다시 조인다.

10) (+) 와이어링 케이블(A)를 분리한다.

체결 토크 : 너트 (B) : 0.9 ~ 1.4 kgf.m

11) PTC 워머 인렛 수온센서 커넥터(A)를 분리한다.

12) PTC 히터 펌프 아웃렛 호스(B)를 분리한다.

13) 히터 커넥터(A)를 분리한다.

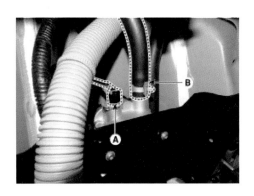 

14) 배터리 인렛 호스(A)를 분리한다.

15) PTC 히트 펌프 접지 볼트(B)를 푼다.

> PTC 히트 펌프 장착 볼트(B) : 0.89~0.98kgf.m

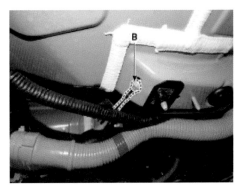

16) PTC 히트 펌프 장착 너트(B)를 푼 후, PTC 히트 펌프(C)를 차량 하부로 탈거한다.

> PTC 히트 펌프 장착 너트(B) : 0.89~0.98kgf.m

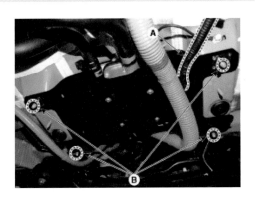

17) 장착 볼트(A)를 푼 후, PTC 히트 펌프를 브라켓(B)으로부터 탈거한다.

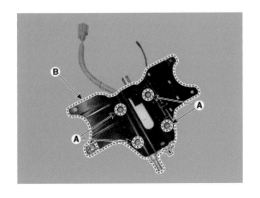
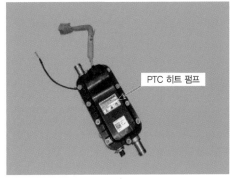

PTC 히트 펌프

18) 장착은 탈거의 역순이다.

19) 냉각수를 리저버 탱크에 주입 후 누수 여부를 확인한다.

 유의 냉각수 주입 시 진단기기를 이용하여 전자식 워터 펌프(EWP)를 강제 구동시켜 공기 빼기를 실시한다.

20) 진단기기 부가기능의 '전자식 워터 펌프 구동' 항목을 수행한다.

 주의 전자식 워터 펌프(EWP) 강제 구동시, 배터리 방전을 막기 위해 12V 배터리를 충전시켜서 작업한다.

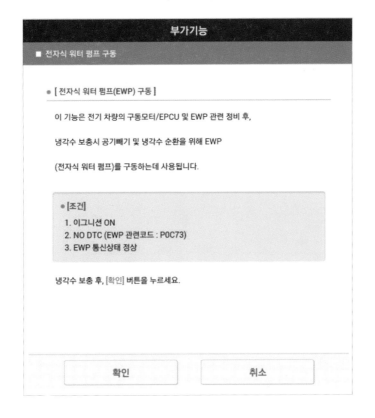

부가기능

• 전자식 워터펌프 구동

검사목적	하이브리드 차량의 HSG/HPCU 및 EWP 관련 정비 후, 냉각수 보충 시 공기빼기 및 냉각수 순환을 위해 EWP를 구동하는 기능.
검사조건	1.엔진 정지 2.점화스위치 On 3.기타 고장코드 없을 것
연계단품	Motor Control Unit(MCU), Electric Water Pump(EWP)
연계DTC	-
불량현상	-
기 타	-

확인

부가기능

■ 전자식 워터 펌프 구동

● [전자식 워터 펌프(EWP) 구동]

이 기능은 전기 차량의 구동모터/EPCU 및 EWP 관련 정비 후,

냉각수 보충시 공기빼기 및 냉각수 순환을 위해 EWP

(전자식 워터 펌프)를 구동하는데 사용됩니다.

● [조건]
1. 이그니션 ON
2. NO DTC (EWP 관련코드 : P0C73)
3. EWP 통신상태 정상

냉각수 보충 후, [확인] 버튼을 누르세요.

확인   취소

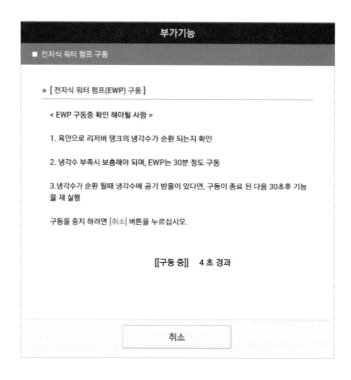

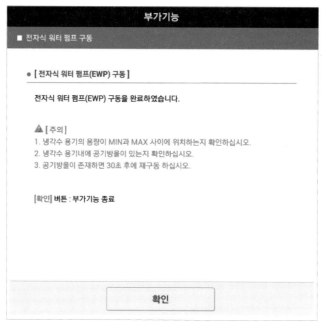

21) 전자식 워터 펌프(EWP)가 작동하고 냉각수가 순환하면 냉각수가 리저버 탱크 'MAX' 와 'MIN' 사이에 오도록 냉각수를 채운다.

22) 전자식 워터 펌프(EWP) 작동 중 리저버 탱크에서 더 이상 공기 방울이 발생하지 않으면
    냉각 시스템의 공기빼기는 완료된 것이다.

유의

- 전자식 워터 펌프(EWP)는 1회 강제구동으로 약 30분간 작동되나 필요 시, 공기 빼기가
  완료될 때까지 수회 반복하여 작동시켜야 한다.
- 공기빼기가 완료된 후, 전자식 워터 펌프(EWP)가 작동하는 동안 리저버 탱크의 냉각수가
  공기방울 발생없이 잘 순환되는지 육안으로 리저버 탱크 내부를 확인한다. 만일 냉각수
  흐름이 원활하지 않거나 공기방울이 여전히 발생되면 20~23항을 반복한다.

23) 공기빼기가 완료되면 전자식 워터 펌프(EWP)의 작동을 멈추고 리저버 탱크의 'MAX'
    선까지 냉각수를 채운 후 압력캡을 잠근다.

> **참고**
>
> 냉각수가 완전히 식었을 때, 냉각수 시스템 내부공기 배출 및 냉각수 보충이 가장 용이하게 이
> 루어지므로, 냉각수 교환 후 2~3일 정도는 리저버 탱크의 냉각수 용량을 재확인한다.
>
> **냉각수 용량**
>
> ① 일반형(150kw)
> - 히트 펌프 미적용 사양 : 약 12.5 ~ 13.0L
> - 히트 펌프 적용 사양 : 약 13.0 ~ 13.4L
>
> ② 도심형(99kw)
> - 히트 펌프 미적용 사양 : 약 10.3 ~ 10.7L
> - 히트 펌프 적용 사양 : 약 10.7 ~ 11.2L

⚙ 조치 사항 확인(결론)

전기자동차의 승온 히터는 고전압을 이용한 전기 히터로, 고전압 배터리 충전 또는 공조 작동
시에 작동되며 주행 중에는 사용자의 선택에 따라 작동된다.

① 승온 히터를 제어하는 승온 히터 릴레이는 저온 시 고전압 배터리 열관리 시스템의 냉각수
   를 가열하여 배터리의 온도를 올려주는 장치로 BMU에서 승온 히터 릴레이를 제어하여 작
   동된다.

② 고전압 전원을 인가하기 때문에 단계별 제어는 불가능하다.

③ 승온 히터의 출력은 차종 마다 상이하나 약 4~4.5kW 수준으로 큰 전력이 소모되기 때문에
   충전 시 배터리 SOC, 온도, 충전 전력 등을 고려하여 가장 높은 속도로 충전할 수 있도록

작동 여부를 결정한다.

④ 승온 히터는 BMU가 릴레이 제어를 하기 때문에 릴레이의 고장, 단선, 단락 같은 고장에 대한 피드백을 받을 수 없다.

⑤ 승온 히터 동작 후 승온 히터 내 장착되어 있는 온도 센서의 변화값을 모니터링하여 간접적으로 정상 작동 여부를 판단한다.

⑥ 승온 히터 내부에 온도 센서가 장착되어 있어 약 132℃에 도달하면 회로가 차단된다.

⑦ 주행 중 불규칙적으로 "전기차 시스템을 점검하십시오" 문구가 출력되며, 고장 현상이 발생된 이유는 승온히터의 작동 유무에 따라 고장 현상이 간헐적으로 재현되었기 때문이다.

사례 15

LDC 출력단 체결 불량으로
EV 경고등 점등 및 시동 꺼짐

진단

(1) 차종 : 코나 전기차(OS EV)

(2) 고장 증상

주행 중 불규칙적으로 각종 경고등이 점등되며 "전기차 시스템을 점검하십시오." 문구가
출력되며 시동이 꺼지는 현상이 발생되었다.

그림 15.1 ◎ 고장 현상

(3) 정비 이력

없음

(4) 고장 코드

진단 장비를 이용하여 전체 시스템의 고
장 코드를 확인한 결과 VCU/LDC 제어
기에서 "P1A8D - LDC 출력 전압 센싱
고장" 코드가 검출되었다.

그림 15.2 ◎ 고장 코드

∅ 점검

■ 내용

① DTC(Diagnostic Trouble Code) 매뉴얼을 참고하여 "P1A8D – LDC 출력 전압 센싱 고장" 코드 발생 조건을 확인하였다.

② 고장 코드 검출 조건을 참고하여 고장이 발생될 수 있는 원인 부품을 예상하였다. VCU/LDC 출력 전압과 제어전원 차이의 절대값이 8V이상 차이가 발생될 때 고장 코드가 출력됨을 확인하였다.

항목	판정조건	고장(
진단방법	온도 확인	
진단조건	IG KEY ON 배터리전압 9V이상 16V이하	1. 신호선 커넥터 접촉불량
고장판정	출력전압과 제어전원 차이의 절대값이 8V 이상	2. 정션박스 퓨즈 이상
진단시간	1초	3. 출력전압센싱 회로 이상
DTC	1회의 주행 싸이클	4. LDC 고장
서비스램프	점등	

그림 15.3 ● DTC(Diagnostic Trouble Code) manual

③ VCU/LDC 회로도를 참고하여 LDC회로를 점검하였다.

④ 점검 결과 VCU/LDC 제어기의 출력 단자와 저전압 배터리(+) 단자가 연결되는 케이블의 고정 볼트로 체결되는 부위에서 유격이 확인되었다. LDC 제어기의 (+) 출력 단자를 확인한 결과 단자와 케이블이 체결되는 볼트의 길이가 상이한 이종품이 조립되어 정상 체결이 되지 못하고 유동되어 상기 고장 현상이 발생됨을 확인하였다.

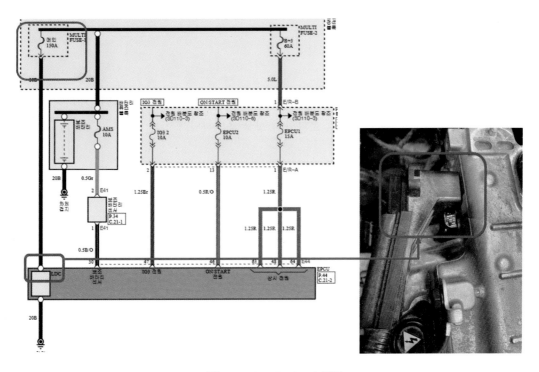

그림 15.4 ● VCU/LDC 회로

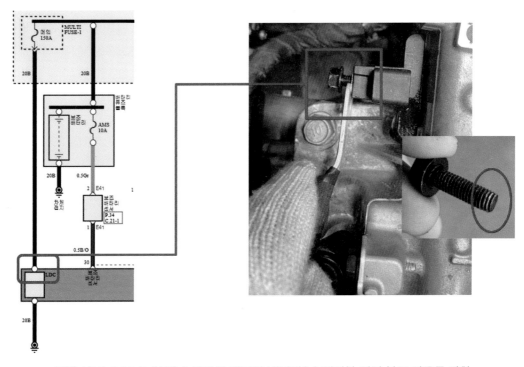

그림 15.5 ● LDC 출력(+) 단자와 저전압 배터리(+) 케이블 체결 볼트 이종품 장착

◎ 조치

■ 내용

EPCU의 LDC 출력(+) 단자와 저전압 배터리의 (+) 단자를 연결하는 저전압 배터리 케이블을 고정하는 볼트를 규정 볼트로 교환하여 정상 조치하였다.

◎ 조치 사항 확인(결론)

현대자동차에서 출시된 2세대 전기자동차인 코나(OS EV) 및 니로 전기차(DE EV)의 LDC(Low voltage DC-DC Converter)는 전력 통합 제어장치(EPCU)에 포함되어 있으며 고전압 배터리에 저장된 직류(DC)의 고전압을 차량 전장 부하에 사용 가능한 수준인 12V로 감압 변환하는 기능을 수행한다.

① LDC는 고전압 배터리의 전압을 저전압의 직류(DC) 12V로 변환하여 내연기관에 적용된 알터네이터와 같이 보조 배터리를 충전하는 역할을 한다.

② LDC는 전기자동차(EV)의 12V의 저전압을 사용하는 전장 시스템의 전원을 공급하는 장치이다.

③ 12V 배터리는 배터리 센서를 통해 EPCU 내부 구성 부품인 LDC로 LIN 통신을 통해 메시지를 보내면, 이 신호를 가지고 VCU가 12V 저전압 보조 배터리의 충전율(SOC)를 계산해서 LDC는 출력 전압을 조절한다.

사 례 16

Maintenance Cases

MCU 온도센서 문제로 EV 경고등 점등

진단

(1) 차종 : 포터 전기차(HR EV)

(2) 고장 증상

"전기차 시스템을 점검하십시오." 문구가 출력되며 시동(Ready) 불가 현상이 발생되었다.

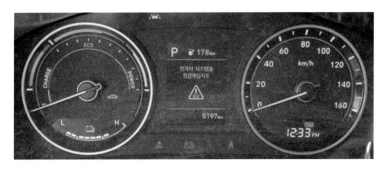

그림 16.1 고장 현상

(3) 정비 이력

없음

(4) 고장 코드

① 진단 장비를 이용하여 전체 시스템의 고장 코드를 확인한 결과 MCU(인버터) 제어기에서 "P0A3C 구동 모터 인버터 과열" 외 5개의 고장 코드가 출력되었다.

MCU | 모터제어 P0A3C 구동 모터 인버터 과열	과거
MCU | 모터제어 P0A8B 구동모터 파워모듈 전원 이상	과거
MCU | 모터제어 P0AEF 구동 모터 인버터 온도센서 전압 낮음	과거
MCU | 모터제어 P0A93 인버터 A 냉각 시스템 성능 이상	과거
MCU | 모터제어 P0A7C 구동 모터 인버터 과열 이상	과거
ABSVDC | 제동제어 C182508 MCU CAN 신호 이상	현재

그림 16.2 고장 코드

② MCU(인버터) 제어기에서 다수의 고장 코드가 확인되어 진단 장비의 부가기능 항목인 EPCU(MCU) 자가진단을 실시한 결과 게이트보드 SMPS 고장(MCU) 코드를 확인할 수 있었다.

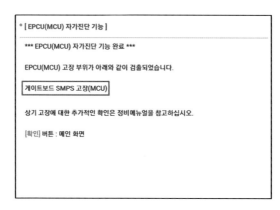

그림 16.3 ● 진단 장비의 EPCU(MCU) 자가진단 기능

③ 진단 장비를 이용하여 확인된 고장 코드 항목과 EPCU(통합전력제어장치) 자가진단 결과를 종합하여 MCU(인버터) 제어기 불량으로 예상되어 해당 제어기의 센서 데이터 항목을 점검하였다.

④ 그 결과 인버터 온도 센서의 센서 출력값이 비정상적으로 출력되는 것을 확인할 수 있었다.

센서명(226)	센서값	단위
구동 모터 온도	2	℃
인버터 온도	214	℃
방열판 온도	4	℃
IGBT 온도	4	℃
EWP 냉각수 부족 클러스터 신호	Normal	-
EWP 냉각수 부족 진단 가능 신호	Disable	-
EWP(CPP) 강제 구동 상태	OFF	-
전동식 워터 펌프 (EWP(CPP)) 고장 상태	NO FAULT	-
전동식 워터 펌프 (EWP(CPP)) 속도	0	RPM

그림 16.4 ● MCU(모터 제어) 제어기 센서 데이터 항목

⑤ 인버터 온도 센서는 EPCU(통합전력제어장치) 내부에 장착된 구성 부품으로 단품 점검이 불가하여 EPCU를 교체하여 인버터 온도 센서 출력값을 확인한 결과 정상적인 인버터 온도센서 출력값이 출력되는 것을 확인할 수 있었다.

센서명	센서값	단위
구동 모터 온도	2	°C
인버터 온도	214	°C
방열판 온도	4	°C
IGBT 온도	4	°C

EPCU 교체 전 센서 데이터

센서명	센서값	단위
구동 모터 온도	10	°C
인버터 온도	20	°C
방열판 온도	18	°C
IGBT 온도	18	°C

EPCU 교체 후 센서 데이터

그림 16.5 ● EPCU(통합전력제어장치) 교체 전 후 센서 데이터

⊘ 조치

■ 내용

EPCU(통합전력제어장치) 교환하여 조치하였다.

그림 16.6 ● 포터 전기차 EPCU(통합전력제어장치)

⊘ 조치 방법

경고 ✋⊗

- 고전압 시스템 관련 작업 시 반드시 '안전사항 및 주의, 경고' 내용을 숙지하고 준수해야 한다. 미준수 시 감전 또는 누전 등으로 인해 심각한 사고를 초래할 수 있다.
- 고전압 시스템 관련 작업 시 '고전압 차단절차'에 따라 반드시 고전압을 먼저 차단해야 한다. 미준수 시 감전 또는 누전 등으로 인해 심각한 사고를 초래할 수 있다.

참고 ······

고전압계 부품

고전압 배터리, 파워 릴레이 어셈블리(PRA), 급속 충전 릴레이 어셈블리(QRA), 모터, 파워 케이블, BMS ECU, 인버터, LDC, 차량 탑재형 충전기(OBC), 메인릴레이, 프리챠지 릴레이, 프리챠지 레지스터, 배터리 전류 센서, 서비스 플러그, 메인 퓨즈, 배터리 온도 센서, 버스바, 충전 포트, 전동식 컴프레서, 전자식 파워 컨트롤 유닛(EPCU), 고전압 히터, 고전압 히터 릴레이 등

1) 진단기기를 자기 진단 커넥터(DLC)에 연결한다.

2) IG스위치를 ON한다.

3) 진단기기 서비스 데이터의 BMS 융착 상태를 확인한다.

규정값 : NO

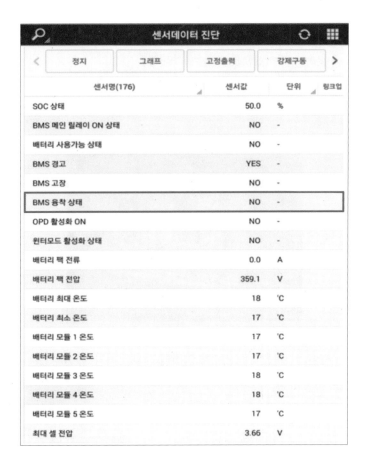

센서명(176)	센서값	단위	링크업
SOC 상태	50.0	%	
BMS 메인 릴레이 ON 상태	NO	-	
배터리 사용가능 상태	NO	-	
BMS 경고	YES	-	
BMS 고장	NO	-	
BMS 융착 상태	NO	-	
OPD 활성화 ON	NO	-	
윈터모드 활성화 상태	NO	-	
배터리 팩 전류	0.0	A	
배터리 팩 전압	359.1	V	
배터리 최대 온도	18	℃	
배터리 최소 온도	17	℃	
배터리 모듈 1 온도	17	℃	
배터리 모듈 2 온도	17	℃	
배터리 모듈 3 온도	18	℃	
배터리 모듈 4 온도	18	℃	
배터리 모듈 5 온도	17	℃	
최대 셀 전압	3.66	V	

4) IG 스위치를 OFF한다.

5) 12V 배터리(−) 터미널(A)을 분리한다.

> 체결 토크 : 0.8~1.2kgf.m

6) 서비스 인터록 커넥터(A)를 분리한다.

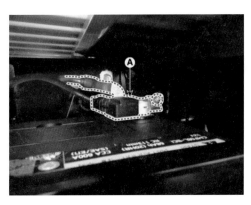

406

경고

- 케이블을 분리한 후 최소한 3분 이상 기다린다.
- 고전압 차단이 필요한 경우에 서비스 인터록 커넥터, 서비스 플러그를 탈거할 수 없다면 서비스 인터록 커넥터 케이블을 절단한다.

7) 인버터 단자 사이의 전압을 측정하여 인버터 커패시터가 방전되었는지 확인한다.

① 리프트를 이용하여, 차량을 들어올린다.

② 고전압 케이블 커넥터(A)를 분리한다.

참고

아래와 같은 순서로 고전압 케이블 커넥터를 분리한다.

③ 인버터 단자 사이의 전압을 측정한다.

　　　정상 : 30V 이하

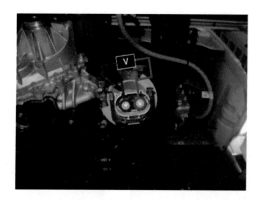

> 30V 이상의 전압이 된 경우, 서비스 플러그 탈거 상태를 재확인한다. 서비스 플러그가 탈거되었음에도 불구하고 30V 이상의 전압이 측정되었다면, 고전압 회로에 중대한 문제가 발생했을 수 있으므로 이러한 경우 DTC 고장진단 점검을 먼저 실시하고, 고전압 시스템과 관련된 부분을 건드리지 않는다.

8) 배터리 시스템 어셈블리의 고전압 커넥터 단자간 전압을 측정하여 파워 릴레이 어셈블리의 융착 유무를 점검한다.

정상 : 0V

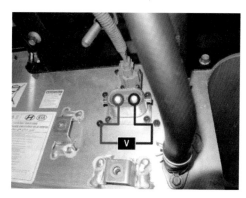

> 전압이 비정상으로 측정된 경우, 고전압 차단이 정상적으로 되지 않았을 수 있으므로 메인 퓨즈를 탈거한다.

[메인퓨즈 점검 방법]

① 고전압 차단절차를 수행한다.

② 리프트를 이용하여 차량을 들어올린다.

③ 장착 볼트를 푼 후, 메인 퓨즈 서비스 커버(A)를 탈거한다.

체결 토크 : 0.8~1.2kgf.m

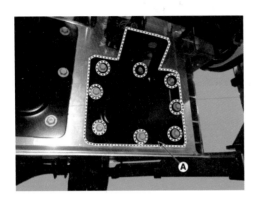

④ 고정 후크(A)를 해제하고, 메인 퓨즈 커버(B)를 분리한다.

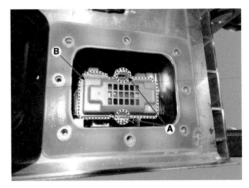

⑤ 장착 너트를 푼 후, 메인 퓨즈(A)를 탈거한다.

체결 토크 : 0.8~1.2kgf.m

메인 퓨즈

⑥ 메인 퓨즈 양 끝단 사이의 저항을 측정한다.

규정값 : 1Ω 이하(20℃)

9) 엔진 서비스 커버(A)를 탈거한다.

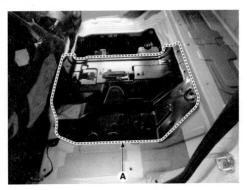

 경고

전기차 관련 냉각시스템과 라디에이터가 뜨거울 때는 고온, 고압의 냉각수가 분출되어 화상을 입을 수 있으니 절대로 열지 않는다. 관련 장치들이 충분히 냉각된 상태일 때 개방한다.

 주의

- 냉각수 교환시 냉각수가 전기 장치 등에 묻지 않도록 주의한다.
- 서로 다른 상표의 냉각수를 혼합하여 사용하지 않는다.
- 냉각수를 보충하거나 교환 시 압력 캡 라벨과 리저버 탱크의 냉각수 색깔을 확인하고, 현대자동차 순정 냉각수를 사용한다(순정부품은 품질과 성능을 당사가 보증하는 부품이다).
- 저전도 냉각수 압력 캡은 정비사만 탈거하도록 한다.
- 저전도 냉각수는 물과 희석하여 사용하지 않는다.
  ※ 물과 섞이지 않도록 주의한다.
- 녹방지제를 첨가하여 사용하지 않는다.

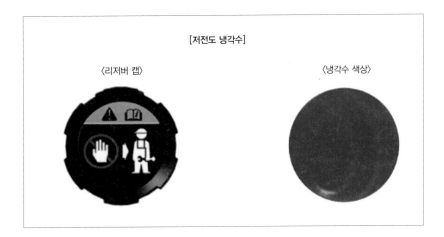

[저전도 냉각수]

〈리저버 캡〉   〈냉각수 색상〉

10) 압력 캡(A)을 연다.

 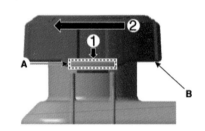

참고

압력 캡 탈거 방법

① 스토퍼(A)와 압력 캡(B) 사이에 (−)드라이버를 삽입한다.

② (−)드라이버를 1번 방향으로 누른다.

③ 압력 캡을 2번 방향으로 돌린다.

11) 냉각수 드레인 플러그(A)를 풀어 냉각수를 배출한다.

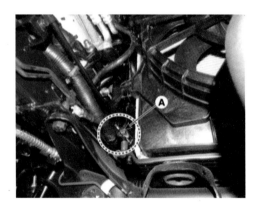

12) 냉각수 배출이 끝나면 드레인 플러그를
    조인다.

13) 와이어링 및 커넥터(A)를 분리한다.

14) 고전압 정션 박스 커넥터(A)와 PTC 히터 펌프 커넥터(B)를 분리한다.

15) 차량 탑재형 충전기(OBC) 고전압 커넥터(A)를 분리한다.

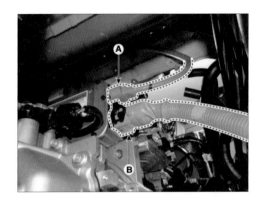

16) 장착 볼트를 푼 후, 브라켓(A)를 탈거한다.

17) 컴프레서 커넥터(A)를 탈거한다.

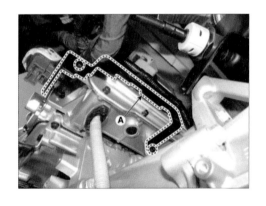

18) 차량 탑재형 충전기 사이드 커버(A), EPCU 사이드 커버(B)를 탈거한다.

체결 토크 : 0.4~0.6kgf.m

19) 차량탑재형 충전기 ↔ 고전압 정션 박스 버스바 연결 볼트(A)를 탈거한다.

20) EPCU ↔ 고전압 정션박스 버스바 연결 볼트(B)를 탈거한다.

체결 볼트   (A) : 0.4~0.6kgf.m

                (B) : 0.9~1.1kgf.m

 유의   볼트가 내부로 유입되지 않도록 유의한다.

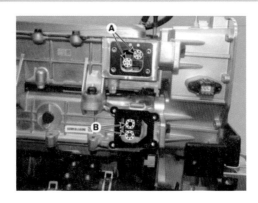

21) 장착 볼트를 푼 후, 고전압 정션 박스(A)를 탈거한다.

장착 볼트 : 1.6~2.4kgf.m

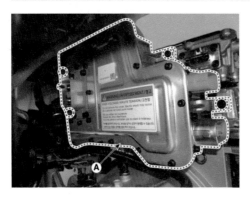

고전압 정션 박스

22) 차량 탑재형 충전기(OBC) 냉각 호스(A)를 분리한다.

23) 장착 볼트를 푼 후, 차량 탑재형 충전기(OBC)를 탈거한다.

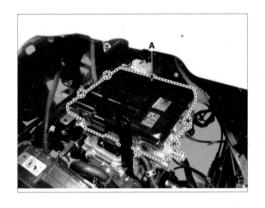

24) 제어보드 신호 커넥터(A)를 분리한다.

25) 전장 & 배터리 전자식 워터 펌프(EWP) (A)를 탈거한다.

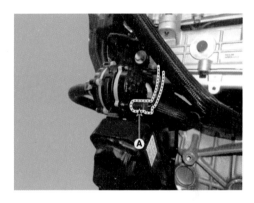

26) 전자식 워터 펌프(EWP) 호스(A)를 분리한다.

27) 전자식 워터 펌프(EWP) (A)를 마운팅 브라켓과 함께 탈거한다.

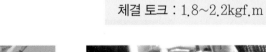

체결 토크 : 1.8~2.2kgf.m

28) 전자식 워터 펌프(EWP) 마운팅 브라켓
(A)을 탈거한다.

29) 전력 제어 장치(EPCU1) 냉각 호스(A)
와 접지(B)를 분리한다.

30) 장착 볼트를 푼 후, 접지(A, B)를 분리한다.

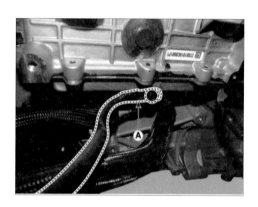

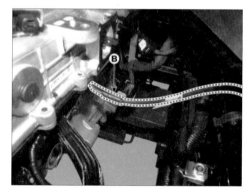

31) 장착 볼트를 푼 후, 3상 커버 어셈블리(A)를 탈거한다.

체결 토크 : 0.4~0.6kgf.m

32) 전력 제어 장치(EPCU1) ↔ 모터 버스바 연결 볼트(A), 전력 제어 장치(EPCU) ↔ 모터 장착 볼트(B)를 푼 후, 전력 제어 장치(EPCU)(C)를 탈거한다.

체결 토크　　(A) : 0.9~1.1kgf.m

　　　　　　　　(B) : 5.0~6.5kgf.m

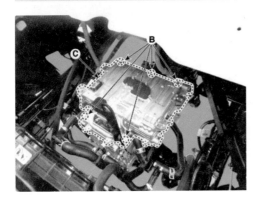
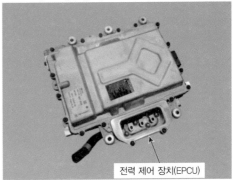

전력 제어 장치(EPCU)

33) 장착은 탈거의 역순으로 한다.

⚠ **주의**　EPCU ↔ 고전압 정션박스 버스바 연결 볼트(A) 조립 시, 차량 상태에서 작업 공간이 협소하고 볼트를 육안 식별이 어렵다. 그러나 적절한 길이의 마그네틱 소켓을 이용하여 반드시 가체결한 후, 수공구를 이용하여 기준 토크로 체결한다.(볼트를 가체결하지 않거나 전동 공구를 이용하여 조립할 경우, 내부 부품의 파손 및 오조립으로 인한 부품 문제 발생 및 차량 주행에 심각한 결함을 발생시킬 수 있다.

34) 차량 탑재형 충전기(OBC) 기밀 점검을 실행한다.

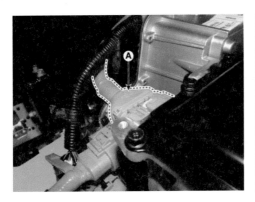

35) 차량 탑재형 충전기(OBC) 커넥터(A)와 제어보드 신호 커넥터(A)를 분리하고 SST
(09360-K4000)를 사용하여, OBC의 기밀 점검 테스트를 실행한다.

① SST(09360-K4000)의 기밀 유지 OBC 커넥터(A),(B)를 장착한다.

 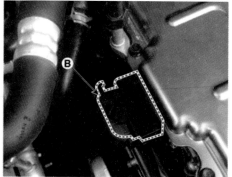

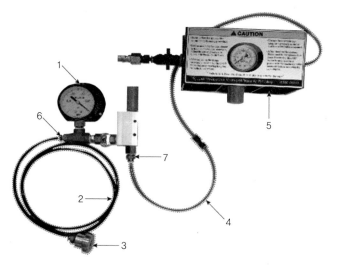

② SST(09360-K4000)의 에어 호스(하늘색)를 SST(09360-K4000)의 진공 게이지
입구에 장착한다.

③ SST(09360-K4000)의 에어 호스(검정색)를 SST(09360-K4000)의 진공 게이지 출구에 장착한다.

④ SST(09360-K4000)의 압력 조정제 어댑터를 SST(09360-K4000)의 에어 호스(검정색)를 연결한다.

⑤ SST(09580-3D100)의 에어 브리딩 툴의 호스와 SST(09360-K4000)의 에어 호스(하늘색)를 연결한다.

번 호	명 칭	번 호	명 칭
1	진공 게이지	5	에어 브리딩 툴
2	에어 호스(검정색)	6	출구
3	압력 조정제 어댑터	7	입구
4	에어 호스(하늘색)		

참고

호스의 조리 방법은 원터치 피팅 타입이며, 호스를 탈거시에는 Release Sleeve(A)를 반드시 화살표 방향으로 누른 후 탈거한다.

⑥ SST(09360−K4000)의 진공게이지
   밸브(A)와 SST(09580−3D100)의 에
   어 브리딩 툴의 밸브(B)를 OFF 위치
   에 둔다.

⑦ OBC의 압력 조정제 주변의 겉면을
   닦아주어 이물질을 제거한다.

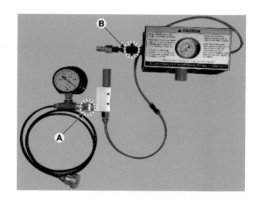

 이물질이 깨끗이 제거되지 않고 SST 않을 시 압력 누설의 원인이 될 수 있으니 주의한다.

⑧ SST(09580−3D100)의 에어 브리딩 툴(A)에 에어 공급 라인(B)을 연결한다.

 SST(09580−3D100)의 에어 블리딩 툴은 에어 공급 라인과 연결 전에 조절 밸브(A)를 항상
   왼쪽으로 돌려서 압력을 해제한다.

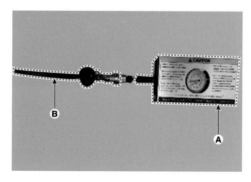

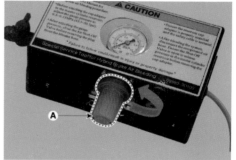

⑨ SST(09360-K4000)의 진공 게이지 밸브(A)와 SST(09580-3D100)의 에어 브리딩 툴의 밸브(B)를 ON 위치에 둔다.

⑩ SST(09580-3K400)의 압력 조정제 어댑터(A)를 손바닥에 밀착시킨 후 SST(09580-3D100)의 에어 브리딩 툴의 조절 밸브(B)를 오른쪽으로 회전시켜 SST(09360-K4000)의 진공 게이지 눈금을 0.02Mpa (0.2bar)에 맞춘다.

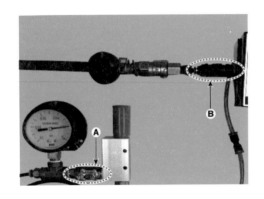

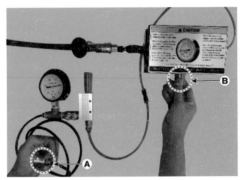

⑪ OBC의 압력조정제 위에 SST(09360-K4000)의 압력 조정제 어댑터(A)를 화살표 방향으로 밀면서 5초간 유지하며 어댑터가 흡착되도록 한다.

> **참고** ⋯⋯⋯⋯
>
> 약 5초간 누른 후 손을 떼도 진공 압력에 의해 SST(09360-K4000)의 압력 조정제 어댑터는 떨어지지 않는다.

⑫ OBC의 내부 압력이 0.02Mpa(0.2bar)가 될 때까지 진공시킨다.

⑬ SST(09360-K4000)의 진공게이지 밸브(A)를 닫고 OBC 내부 압력이 0.02Mpa(0.2bar)로 유지되는지 확인한다.

⑭ OBC의 압력 누설 여부를 확인하다.

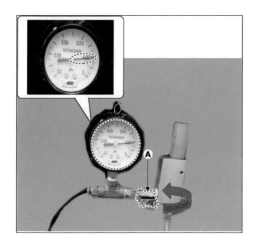

36) 저전도 냉각수를 반드시 확인한 다음 리저버 탱크에 냉각수 주입 후 누수 여부를 확인한다.

> 냉각수 용량 : 약 11.4L

37) 진단기기 부가기능의 "전자식 워터 펌프 구동" 항목을 수행한다.

 주의 전자식 워터 펌프(EWP) 강제 구동 시, 배터리 방전을 막기 위해 12V 배터리를 충전시키면서 작업한다.

부가기능

• 전자식 워터펌프 구동

검사목적	하이브리드 차량의 HSG/HPCU 및 EWP 관련 정비 후, 냉각수 보충 시 공기빼기 및 냉각수 순환을 위해 EWP를 구동하는 기능.
검사조건	1.엔진 정지 2.점화스위치 On 3.기타 고장코드 없을 것
연계단품	Motor Control Unit(MCU), Electric Water Pump(EWP)
연계DTC	-
불량현상	-
기 타	-

확인

부가기능

■ 전자식 워터 펌프 구동

● [전자식 워터 펌프(EWP) 구동]

이 기능은 전기 차량의 구동모터/EPCU 및 EWP 관련 정비 후,

냉각수 보충시 공기빼기 및 냉각수 순환을 위해 EWP

(전자식 워터 펌프)를 구동하는데 사용됩니다.

● [조건]
1. 이그니션 ON
2. NO DTC (EWP 관련코드 : P0C73)
3. EWP 통신상태 정상

냉각수 보충 후, [확인] 버튼을 누르세요.

확인 취소

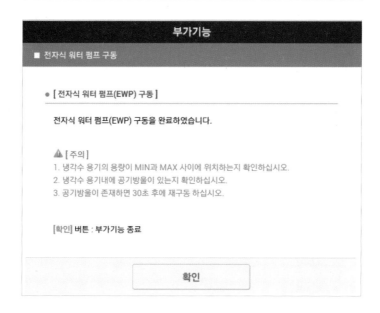

38) 전자식 워터 펌프(EWP)가 작동하고 냉각수가 순환하면 냉각수가 리저버 탱크 'MAX'
   와 'MIN' 사이에 오도록 냉각수를 채운다.

39) 전자식 워터 펌프(EWP) 작동 중 리저버 탱크에서 더 이상 공기 방울이 발생하지 않으
   면 냉각 시스템의 공기빼기는 완료된 것이다.

- 전자식 워터 펌프(EWP)는 1회 강제 구동으로 약 30분간 작동되나, 필요시 공기빼기가 완료될 때까지 여러번 반복하여 작동시켜야 한다.
- 공기빼기가 완료된 후, 전자식 워터 펌프(EWP)가 작동하는 동안 리저버 탱크의 저전도 냉각수가 공기방울 발생없이 잘 순환되는지 육안으로 리저버 탱크를 확인한다. 만일 저전도 냉각수 흐름이 원활하지 않거나 공기방울이 여전히 발생되면 37~39항을 반복한다.

40) 공기빼기가 완료되면 전자식 워터 펌프(EWP)의 작동을 멈추고 리저버 탱크의 'MAX' 선까지 냉각수를 채운 후 압력 캡을 잠근다.

냉각수가 완전히 식었을 때, 냉각 시스템 내부공기 배출 및 냉각수 보충이 가장 용이하게 이루어지므로, 냉각수 교환 후 2~3일 정도는 리저버 탱크의 용량을 육안으로 확인한다.

41) 차량 시동 후, 냉각 호스 및 파이프 연결 부위를 점검한다.
42) 진단 장비를 이용하여 구동 모터의 레졸버 옵셋 자동 보정 초기화 항목을 수행하기 위해 점화 스위치 'OFF', 자기진단 커넥터에 GDS를 연결한다.
43) 변속단 P 위치 & 점화스위치 'ON'(Power 버튼 LED 'Red'), '부가기능' 모드를 선택한다.
44) 부가기능의 '레졸버 옵셋 자동 보정 초기화' 항목을 수행한다.

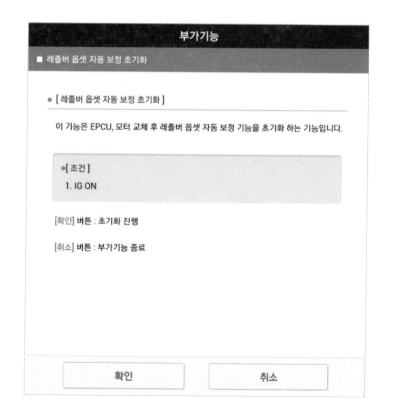

부가기능

• 레졸버 옵셋 자동 보정 초기화

검사목적	ePCU 또는 모터 교환 후 레졸버 옵셋 자동 보정을 초기화 하는 기능.
검사조건	1. 점화스위치 On
연계단품	EPCU, Motor
연계DTC	P0C17
불량현상	경고등 점등
기 타	보정작업 미수행 시 최고 출력 저하 및 주행거리 단축.

확인

부가기능

■ 레졸버 옵셋 자동 보정 초기화

● [레졸버 옵셋 자동 보정 초기화]

이 기능은 EPCU, 모터 교체 후 레졸버 옵셋 자동 보정 기능을 초기화 하는 기능입니다.

● [조건]
1. IG ON

[확인] 버튼 : 초기화 진행

[취소] 버튼 : 부가기능 종료

확인   취소

∅ 조치 사항 확인(결론)

전기자동차(EV)의 대표적인 전력 제어 장치인 EPCU를 구성하는 시스템은 전기자동차의 최상위 제어기인 VCU와 모터 구동을 위해 직류(DC)를 교류(AC)로 전력 변환하고 전력을 제어하여 모터의 속도를 제어하는 MCU(인버터)와 고전압 배터리의 고전압 직류(DC)를 저전압 직류(DC)로 전력 변환하는 LDC가 일체로 구성되어 있는 전기자동차의 전력 통합 제어 모듈이다.

① EPCU 내부에는 제어 보드와 반도체 소자들로 구성된다.
② EPCU 내부 부품은 별도 교체가 불가능하다.
③ EPCU(Electric Power Control Unit)를 고장에 의해 교환하였다면 진단 장비를 이용하여 부가기능 항목의 차대번호(VIN) 쓰기 및 LDC 활성화 검사, 전지식 워터펌프 구동 검사와 구동 모터의 레졸버 옵셋 보정 초기화 항목을 실행해야 한다.

충전 단자 도어 모듈 회로 문제로 불규칙적으로 충전 후 시동 불가

⊘ 진단

(1) 차종 : 포터 전기차(HR EV)

(2) 고장 증상

불규칙적으로 외부 충전기(EVES)로 고전압 배터리를 충전한 후 각종 경고등이 점등되며 시동(Ready) 불가 현상이 발생되었다.

그림 17.1 ● 고장 현상

(3) 정비 이력

없음

(4) 고장 코드

① 현상 발생 중 진단 장비를 이용하여 전체 시스템의 고장 코드를 확인한 결과 P-CAN 통신 시스템 제어기에서 통신 실패 현상이 확인되었다. 통신이 가능한 조건에서도 현재 고장으로 출력되는 고장 코드가 출력되었으며 고장 코드를 확인한 결과, P-CAN

회로의 제어기가 CAN DATA를 전송하지 못할 때 발생되는 CAN BUS OFF 고장 코드가 출력되었다.

② P–CAN 통신 회로의 문제로 추정되어 P–CAN 통신 회로를 점검하였다.

그림 17.2 ● 현상 발생 시 다수의 제어기 통신 불량

그림 17.3 ● 통신 가능 조건에서 출력되는 고장 코드

점검

■ 내용

① 먼저 P-CAN 통신 회로의 단선 단락 차체 접지 등을 점검하기 위해 멀티미터를 이용하여 P-CAN 통신회로의 종단 저항을 측정한 결과 약 60Ω 으로 정상 측정값을 확인하였다.

　CAN 통신 회로에서 종단 저항은 고속 신호 전송 시 네트워크 상에서 반사파 에너지를 흡수함으로써 신호의 안전성 확보와 일정한 전압 레벨을 유지하기 위한 적절한 부하를 제공하기 위함이다. 종단 저항은 다수의 제어기가 서로 통신이 가능하게 해주는 역할을 하는데 이 종단 저항이 정상적으로 측정된다는 의미는 P-CAN 통신 회로의 주선은 이상이 없다는 것을 의미한다.

그림 17.4 ◈ P-CAN 통신 회로 종단 저항 측정

② P-CAN 회로도를 참고하여 EF-31 커넥터에서 P-CAN 파형을 측정하며 P-CAN 전체 회로를 점검하였다.

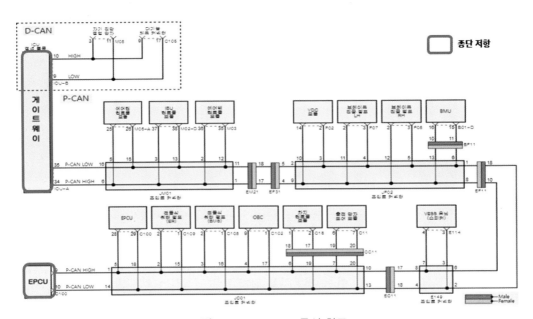

그림 17.5 ◈ P-CAN 통신 회로

③ 점검 결과 P-CAN High, Low 통신 회로에서 출력되는 파형이 기준 전압을 기준으로
각각 비정상적으로 출력됨을 확인하였다.

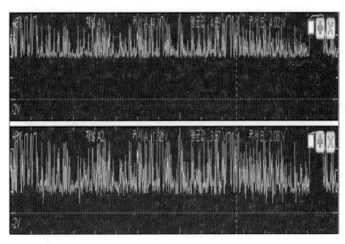

그림 17.6 ◉ P-CAN 출력 파형(위 : High, 아래 : Low)

④ P-CAN 파형 측정 상태에서 P-CAN 회로를 구성하는 중간 연결 커넥터를 하나씩 탈거
하며 고장 예상 부위를 점검하였다. P-CAN 구성 회로에서 EF11 커넥터를 탈거한 결과
정상적인 P-CAN 파형이 출력됨이 확인되었다.

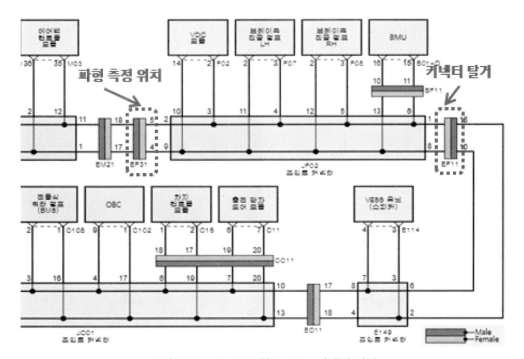

그림 17.7 ◉ P-CAN 회로 EF11 커넥터 위치

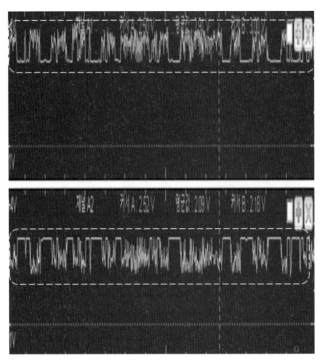

그림 17.8 ● P-CAN 정상 파형

⑤ 이후 EC11 커넥터를 탈거하여도 정상 파형이 확인되어 EC11 커넥터 이후 P-CAN 통신 회로에서 고장 발생 원인으로 예상되었다. 이때 CC11 중간 커넥터를 탈거하여 동일 현상 발생 유무를 확인한 결과 동일하게 정상 파형이 출력되어 최종 충전 단자 도어 모듈과 차징 컨트롤 모듈을 고장 원인으로 예상하였다.

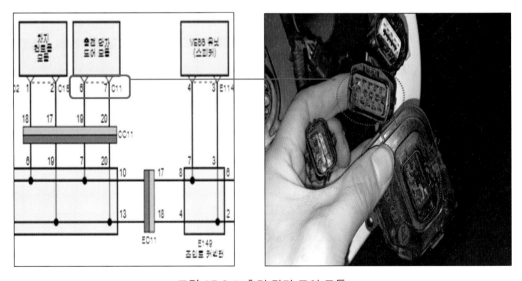

그림 17.9 ● 충전 단자 도어 모듈

⑥ 최종 원인 부품으로 예상되는 차지 컨트롤 모듈과 충전 단자 도어 모듈 점검 중 충전 단자 도어 모듈 커넥터를 탈거한 결과 그림과 같이 커넥터에서 다량의 수분이 유입되어 부식까지 진행된 상태를 확인하였다.

⌀ 조치

■ **내용**

콤보 차저 와이어링을 교환하여 조치하였다.

⌀ 조치 방법

경고

- 고전압 시스템 관련 작업 시 반드시 '안전사항 및 주의, 경고' 내용을 숙지하고 준수해야 한다. 미준수 시 감전 또는 누전 등으로 인해 심각한 사고를 초래할 수 있다.
- 고전압 시스템 관련 작업 시 '고전압 차단절차'에 따라 반드시 고전압을 먼저 차단해야 한다. 미준수 시 감전 또는 누전 등으로 인해 심각한 사고를 초래할 수 있다.

참고

고전압계 부품

고전압 배터리, 파워 릴레이 어셈블리(PRA), 급속 충전 릴레이 어셈블리(QRA), 모터, 파워 케이블, BMS ECU, 인버터, LDC, 차량 탑재형 충전기(OBC), 메인릴레이, 프리챠지 릴레이, 프리챠지 레지스터, 배터리 전류 센서, 서비스 플러그, 메인 퓨즈, 배터리 온도 센서, 버스바, 충전 포트, 전동식 컴프레서, 전자식 파워 컨트롤 유닛(EPCU), 고전압 히터, 고전압 히터 릴레이 등

1) 진단기기를 자기 진단 커넥터(DLC)에 연결한다.
2) IG스위치를 ON한다.
3) 진단기기 서비스 데이터의 BMS 융착 상태를 확인한다.

   규정값 : NO

센서명(176)	센서값	단위	링크업
SOC 상태	50.0	%	
BMS 메인 릴레이 ON 상태	NO	-	
배터리 사용가능 상태	NO	-	
BMS 경고	YES	-	
BMS 고장	NO	-	
BMS 융착 상태	NO	-	
OPD 활성화 ON	NO	-	
윈터모드 활성화 상태	NO	-	
배터리 팩 전류	0.0	A	
배터리 팩 전압	359.1	V	
배터리 최대 온도	18	℃	
배터리 최소 온도	17	℃	
배터리 모듈 1 온도	17	℃	
배터리 모듈 2 온도	17	℃	
배터리 모듈 3 온도	18	℃	
배터리 모듈 4 온도	18	℃	
배터리 모듈 5 온도	17	℃	
최대 셀 전압	3.66	V	

4) IG 스위치를 OFF한다.

5) 12V 배터리 (−)터미널(A)을 분리한다.

> 체결 토크 : 0.8~1.2kgf.m

6) 서비스 인터록 커넥터(A)를 분리한다.

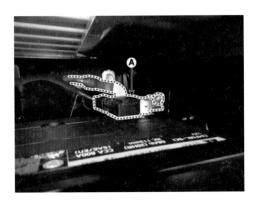

경고

- 케이블을 분리한 후 최소한 3분 이상 기다린다.
- 고전압 차단이 필요한 경우에 서비스 인터록 커넥터, 서비스 플러그를 탈거할 수 없다면 서비스 인터록 커넥터 케이블을 절단한다.

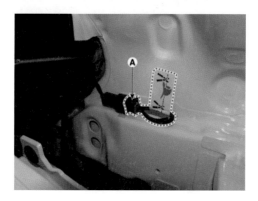

7) 인버터 단자 사이의 전압을 측정하여 인버터 커패시터가 방전되었는지 확인한다.

① 리프트를 이용하여, 차량을 들어올린다.

② 고전압 케이블 커넥터(A)를 분리한다.

참고 ●●●●●●

아래와 같은 순서로 고전압 케이블 커넥터를 분리한다.

 →  →

③ 인버터 단자 사이의 전압을 측정한다.

> 정상 : 30V 이하

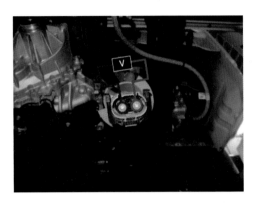

경 고

> 30V 이상의 전압이 된 경우, 서비스 플러그 탈거 상태를 재확인한다. 서비스 플러그가 탈거되었음에도 불구하고 30V 이상의 전압이 측정되었다면, 고전압 회로에 중대한 문제가 발생했을 수 있으므로 이러한 경우 DTC 고장진단 점검을 먼저 실시하고, 고전압 시스템과 관련된 부분을 건드리지 않는다.

8) 배터리 시스템 어셈블리의 고전압 커넥터 단자간 전압을 측정하여 파워 릴레이 어셈블리의 융착 유무를 점검한다.

> 정상 : 0V

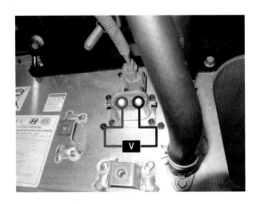

경 고

> 전압이 비정상으로 측정된 경우, 고전압 차단이 정상적으로 되지 않았을 수 있으므로 메인 퓨즈를 탈거한다.

[메인퓨즈 점검 방법]

① 고전압 차단절차를 수행한다.

② 리프트를 이용하여, 차량을 들어올린다.

③ 장착 볼트를 푼 후, 메인 퓨즈 서비스 커버(A)를 탈거한다.

체결 토크 : 0.8~1.2kgf.m

④ 고정 후크(A)를 해제하고, 메인 퓨즈 커버(B)를 분리한다.

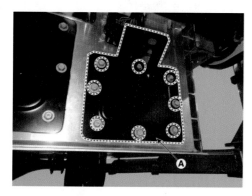 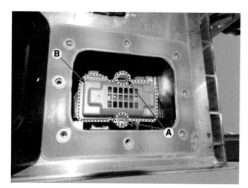

⑤ 장착 너트를 푼 후, 메인 퓨즈(A)를 탈거한다.

체결 토크 : 0.8~1.2kgf.m

메인 퓨즈

⑥ 메인 퓨즈 양 끝단 사이의 저항을 측정한다.

규정값 : 1Ω 이하(20℃)

9) 충전 포트 도어를 오픈하여 고정 볼트를 풀고 출전 포트 도어(A)를 탈거한다.

10) 커넥터(A)를 분리한다.

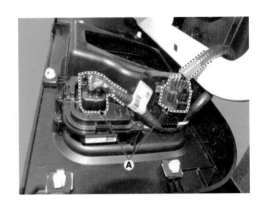

11) 급속 충전 케이블 커넥터(A)를 분리한다.

12) 차량 탑재형 충전기(OBC) 고전압 입력 커넥터(A)를 분리한다.

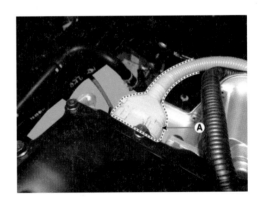

13) 급속/완속 충전 커넥터(A)를 탈거한다.

14) 와이어링 고정 클립(A)를 제거한다.

15) 리어 데크를 탈거한다.

① 리어 콤비네이션 램프(양쪽) 커넥터를 분리한다.

② 리어 번호판 등 커넥터(A)를 분리한다.

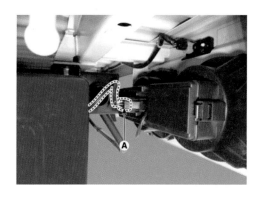
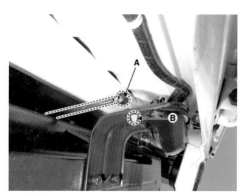

16) 리어 데크 장착 너트와 스크루를 풀고 리어 데크 플로어부의 로프훅크(A)에 와이어(B)를 걸어 크레인(C) 등을 사용하여 리어 데크(D)를 탈거한다.

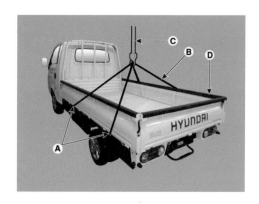

17) 장착 볼트를 푼 후, 충전 포트 케이블 브라켓(A)을 탈거한다.

체결 토크 : 1.0~1.2kgf.m

18) 고정 볼트 A를 푼 후, 급속 충전 포트(B)를 탈거한다.

체결 토크 : 1.0~1.2kgf.m

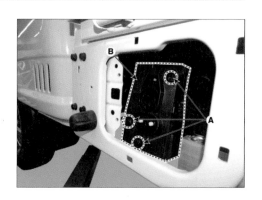

19) 장착은 탈거의 역순으로 한다.

유의

- 고전압 커넥터 장착이 안되는 경우 핀이 휘어 있는지 확인한다.
- 고전압 커넥터를 강한 힘으로 가격하거나 강제 삽입하지 않는다.

⊘ 조치 사항 확인(결론)

전기자동차의 충전 방식은 입력 전류의 파형에 따라 교류(AC)와 직류(DC) 방식으로 구분되고, 충전 시간에 따라 5~6시간 충전이 이뤄지는 완속 충전과 15~30분 충전의 급속 충전 두 가지 방식으로 나눠진다.

① 완속 충전 방식은 미국·일본·한국이 공통적으로 5핀 방식으로 통일되어 있다.

② 급속 충전 방식은 차데모 방식, A.C. 3상 방식과 DC 콤보1 3가지 방식으로 분류되는데 우리 나라에서는 2018년도에 자동차 제조사·충전기 제조사, 충전 사업자 등과 협의를 거쳐 '콤보 1' 방식으로 통일하기로 했다.

③ 콤보1 타입으로 통일된 데에는 기본적으로 급속과 완속 충전을 자동차 충전구 한곳에서 사용할 수 있고, 충전 시간이 A.C. 3상보다 빠르고 충전용량도 크며, 차데모 방식에 비해 차량 정보 통신에 유리한 장점이 있기 때문이다.

④ 콤보(Combo)는 직류와 교류를 동시에 사용한다는 의미로 완속 충전과 급속 충전을 1개의 충전구에서 충전할 수 있는 방식으로 콤보에 숫자 '1'을 붙인 이유는 미국 방식인 '콤보1'과 유럽 방식인 '콤보2'를 구별하기 위함이다.

고전압 배터리 온도센서 문제로 EV 경고등 점등

⊘ 진단

(1) 차종 : 포터 전기차(HR EV)

(2) 고장 증상

주행 중 간헐적으로 EV 경고등이 점등되고 전기차 시스템 점검 문구가 출력되는 고장 현상이 발생되었다.

그림 18.1 ◉ 고장 현상

(3) 정비 이력

없음

(4) 고장 코드

진단 장비를 이용하여 전체 시스템의 고장 코드를 확인한 결과 BMS 제어기에서 "P1B9700 – 고전압 배터리 온도 편차_과거"고장 코드가 검출되었다.

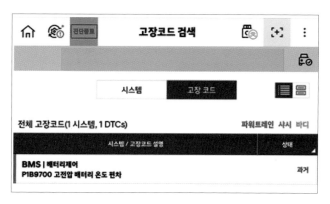

그림 18.2 ◉ 고장 코드

⌀ 점검

■ 내용

① DTC(Diagnostic Trouble Code) 매뉴얼을 참고하여 "P1B9700 – 고전압 배터리 온도 편차_과거"의 고장 코드 발생 조건을 확인하였다.

② P1B9700 고장 코드는 고전압 배터리를 구성하는 모듈 단위에 설치되어 있는 4개(경제형 5개)의 온도센서로부터 검출 온도를 입력받는데 온도센서 4개(경제형 5개)의 온도 차이가 30℃ 이상 발생되었을 때 출력되는 고장 코드임을 확인하였다.

2020 〉엔진 〉135kW 〉Battery Management System 〉배터리제어 〉P1B9700 고전압 배터리 온도 편차 〉DTC 정보

고장 코드 설명

BMS는 전기차 고전압 배터리에 설치되어 있는 4개(경제형 5개)의 온도센서로부터 검출온도를 입력 받는데 온도센서 4개(경제형 5개)의 온도차가 30℃(86℉)이상 발생시 상기 DTC를 표출한다. 이는 고전압 배터리 온도센서 단품의 이상이 발생 되었거나 성능이 이상이 발생 하였음을 의미한다. 현재 고장이 발생하면 클러스터 상에 서비스 램프를 점등시키고 현재 고장코드가 검출된다. 만약 정상 상태로 회복되면 현재의 고장코드는 삭제되고 과거고장 코드(DTC 코드 끝부분에 H 표시)만 검출 된다. 이때 서비스 램프는 소등되며 과거 고장코드는 GDS를 사용하여 소거시킬수 있다.

고장 판정 조건

항목	판정 조건	고장예상 원인
검출목적	☑ 전기차 배터리 고온에 의한 배터리 열화방지 ☑ 전기차 배터리의 온도편차 과다 검출 ☑ 전기차 배터리 고온에 의한 안전사고 방지	1. 전기차 배터리 팩 2. 전기차 배터리 모듈 과 BMS간 와이어 하네스 및 커넥터 단자 접속 불량 및 단선 3. 온도센서 불량 4. 온도센서 배선 단선 5. 온도센서 배선 접지단락 6. 팬 모듈 7. BMS
검출조건	☑ 점화스위치 "ON" ☑ 보조배터리 정상 전압 (9 ~ 16V) ☑ 배터리 온도센싱 정상	
고장코드발생기준값	☑ 배터리 온도 편차가 30℃(86℉) 이상인 경우	
고장코드해제기준값	☑ 배터리 온도 편차가 5℃(41℉) 이하인 경우	
MIL On 발생	☑ 1회 주행 사이클	

그림 18.3 ◉ 고장 코드 설명

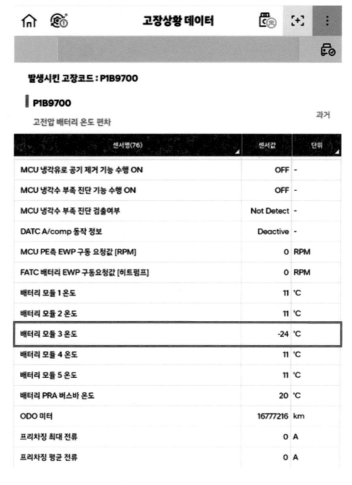

그림 18.4 ● 고장 상황 데이터

③ 출력되는 고장 코드가 현재 고장이 아닌 과거 고장으로 확인되어 고장 코드가 발생될 당시의 고장 상황 데이터로 확인하였다. 배터리 모듈 3번 온도 센서 출력값이 −24℃로 정상 온도센서의 출력값인 11℃와 비교하였을 때 30℃ 이상의 온도 차이가 발생되어 'P1B9700 − 고전압 배터리 온도 편차' 고장 코드가 출력되었던 고장 상황 데이터를 확인하였다.

④ 현재 출력되는 고전압 배터리 모듈별 온도센서 데이터를 확인한 결과 정상 출력값이 확인되었다.

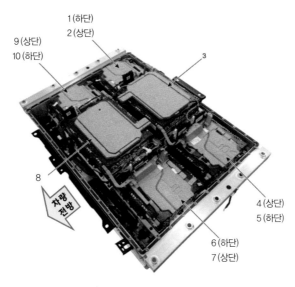

127		배터리 최대 온도	19 °C	✕
-128				
127		배터리 최소 온도	18 °C	✕
-128				
127		배터리 모듈 1 온도	18 °C	✕
-128				
127		배터리 모듈 2 온도	19 °C	✕
-128				
127		배터리 모듈 3 온도	18 °C	✕
-128				
127		배터리 모듈 4 온도	18 °C	✕
-128				
127		배터리 모듈 5 온도	19 °C	✕
-128				
5.10		최대 셀 전압	4.00 V	✕
0.00				
5.10		최소 셀 전압	3.98 V	✕
0.00				
65535		절연 저항	1000 kOhm	✕
0				

그림 18.5 ● 센서 데이터 진단

⑤ 고전압 배터리의 구성 단위인 배터리 모듈의 3번 온도센서의 단품 불량 또는 CMU와 연결되는 와이어링 및 커넥터 접촉 불량으로 인해 발생되는 문제의 원인이 예상되었다. 이때 고전압 배터리를 탈거하여 고전압 배터리 내부에 장착된 온도센서의 단품과 와이어링 및 커넥터 그리고 CMU 커넥터를 점검하였다.

그림 18.6 ● 고전압 배터리 모듈 번호

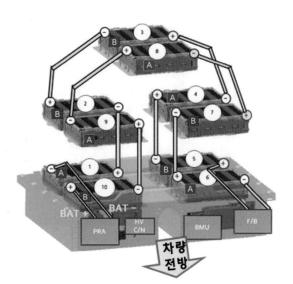

그림 18.7 ● 고전압 배터리 모듈 결선도

⑥ 고전압 배터리팩 탈거 후 배터리 모듈 3번 온도센서의 장착 상태와 커넥터 및 CMU와
연결된 회로를 점검한 결과 특이사항이 미확인되었으나 온도센서 단품을 점검한 결과
불량한 온도센서의 저항값이 확인되었다.

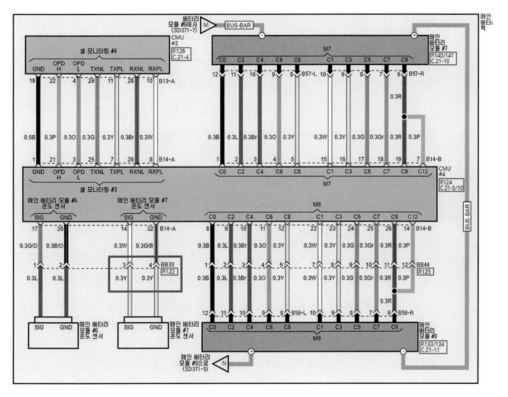

그림 18.8 ● 고전압 배터리 모듈 3번 온도 센서 회로도

그림 18.9 ● 고전압 배터리 모듈 3번 온도센서 측정값

[표 18.1] 온도센서의 온도별 저항값

온도(℃)	저항값(kΩ)	편차(%)	온도(℃)	저항값(kΩ)	편차(%)
−40	214.8	−0.7 to +0.7	20	12.12	−0.4 to +0.4
−30	122.0	−0.7 to +0.7	30	8.3	−0.4 to +0.4
−20	72.04	−0.6 to +0.6	40	5.81	−0.5 to +0.5
−10	44.09	−0.6 to +0.6	50	4.14	−0.6 to +0.6
0	27.86	−0.5 to +0.5	60	3.01	−0.8 to +0.8
10	18.13	−0.4 to +0.4	70	2.23	−0.9 to +0.9

⑦ 진단 장비의 센서 데이터에 출력되는 배터리 모듈별 온도센서와 회로도에 표기된 메인 배터리 모듈별 온도센서 번호가 일치되지 않아 실차에서 회로도에 표기된 온도센서와 진단 장비에 표시되는 온도센서 번호의 일치 여부를 확인하였다.

[표 18.2] 고전압 배터리 모듈별 온도센서 번호

진단장비에 표시되는 온도 센서 번호	회로도에 표기된 온도센서 번호
배터리 모듈 1 온도	메인 배터리 모듈 #2 온도 센서
배터리 모듈 2 온도	메인 배터리 모듈 #10 온도 센서
배터리 모듈 3 온도	메인 배터리 모듈 #7 온도 센서
배터리 모듈 4 온도	메인 배터리 모듈 #1 온도 센서
배터리 모듈 5 온도	메인 배터리 모듈 #6 온도 센서

⑧ 고전압 배터리 3번 모듈 온도센서 단품 불량으로 고장 원인이 확인되었다.

Ø 조치

■ **내용**

고전압 배터리 모듈 3번 온도센서를 교환하여 정상 조치하였다.

Ø 조치 방법

경 고

- 고전압 시스템 관련 작업 시 반드시 '안전사항 및 주의, 경고' 내용을 숙지하고 준수해야 한다. 미준수 시 감전 또는 누전 등으로 인해 심각한 사고를 초래할 수 있다.
- 고전압 시스템 관련 작업 시 '고전압 차단절차'에 따라 반드시 고전압을 먼저 차단해야 한다. 미준수 시 감전 또는 누전 등으로 인해 심각한 사고를 초래할 수 있다.

참고

고전압계 부품

고전압 배터리, 파워 릴레이 어셈블리(PRA), 급속 충전 릴레이 어셈블리(QRA), 모터, 파워 케이블, BMS ECU, 인버터, LDC, 차량 탑재형 충전기(OBC), 메인릴레이, 프리챠지 릴레이, 프리챠지 레지스터, 배터리 전류 센서, 서비스 플러그, 메인 퓨즈, 배터리 온도 센서, 버스바, 충전 포트, 전동식 컴프레서, 전자식 파워 컨트롤 유닛(EPCU), 고전압 히터, 고전압 히터 릴레이 등

1) 진단기기를 자기 진단 커넥터(DLC)에 연결한다.
2) IG스위치를 ON한다.
3) 진단기기 서비스 데이터의 BMS 융착 상태를 확인한다.

규정값 : NO

4) IG 스위치를 OFF한다.

센서데이터 진단			
정지	그래프	고정출력	강제구동

센서명(176)	센서값	단위	링크업
SOC 상태	50.0	%	
BMS 메인 릴레이 ON 상태	NO	-	
배터리 사용가능 상태	NO	-	
BMS 경고	YES	-	
BMS 고장	NO	-	
BMS 융착 상태	NO	-	
OPD 활성화 ON	NO	-	
윈터모드 활성화 상태	NO	-	
배터리 팩 전류	0.0	A	
배터리 팩 전압	359.1	V	
배터리 최대 온도	18	℃	
배터리 최소 온도	17	℃	
배터리 모듈 1 온도	17	℃	
배터리 모듈 2 온도	17	℃	
배터리 모듈 3 온도	18	℃	
배터리 모듈 4 온도	18	℃	
배터리 모듈 5 온도	17	℃	
최대 셀 전압	3.66	V	

5) 12V 배터리(−) 터미널(A)을 분리한다.

체결 토크 : 0.8~1.2kgf.m

6) 서비스 인터록 커넥터(A)를 분리한다.

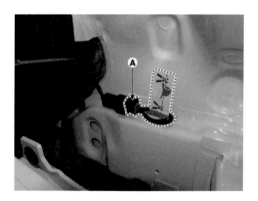

경 고

- 케이블을 분리한 후 최소한 3분 이상 기다린다.
- 고전압 차단이 필요한 경우에 서비스 인터록 커넥터, 서비스 플러그를 탈거할 수 없다면 서비스 인터록 커넥터 케이블을 절단한다.

7) 인버터 단자 사이의 전압을 측정하여 인버터 커패시터가 방전되었는지 확인한다.
　① 리프트를 이용하여, 차량을 들어올린다.
　② 고전압 케이블 커넥터(A)를 분리한다.

참고

아래와 같은 순서로 고전압 케이블 커넥터를 분리한다.

 →  →

③ 인버터 단자 사이의 전압을 측정한다.

정상 : 30V 이하

30V 이상의 전압이 된 경우, 서비스 플러그 탈거 상태를 재확인한다. 서비스 플러그가 탈거되었음에도 불구하고 30V 이상의 전압이 측정되었다면, 고전압 회로에 중대한 문제가 발생했을 수 있으므로 이러한 경우 DTC 고장진단 점검을 먼저 실시하고, 고전압 시스템과 관련된 부분을 건드리지 않는다.

8) 배터리 시스템 어셈블리의 고전압 커넥터 단자간 전압을 측정하여 파워 릴레이 어셈블리의 융착 유무를 점검한다.

정상 : 0V

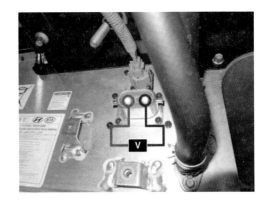

전압이 비정상으로 측정된 경우, 고전압 차단이 정상적으로 되지 않았을 수 있으므로 메인 퓨즈를 탈거한다

[메인퓨즈 점검 방법]

① 고전압 차단 절차를 수행한다.

② 리프트를 이용하여 차량을 들어올린다.

③ 장착 볼트를 푼 후, 메인 퓨즈 서비스 커버(A)를 탈거한다.

체결 토크 : 0.8~1.2kgf.m

④ 고정 후크(A)를 해제하고, 메인 퓨즈 커버(B)를 분리한다.

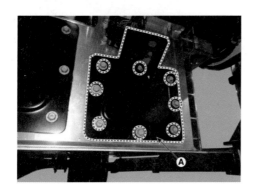 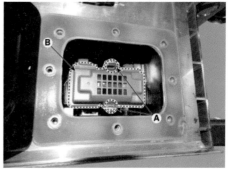

⑤ 장착 너트를 푼 후, 메인 퓨즈(A)를 탈거한다.

체결 토크 : 0.8~1.2kgf.m

메인 퓨즈

⑥ 메인 퓨즈 양 끝단 사이의 저항을 측정한다.

규정값 : 1Ω 이하(20℃)

9) BMS 연결 커넥터(A)를 분리한다.

아래와 같은 순서로 BMS 연결 커넥터를 분리한다.

10) 냉각수 인렛 호스 퀵-커넥터(A), 냉각수 아웃렛 호스 퀵-커넥터(B)를 분리한다.

11) 드라이버를 이용하여 고전압 배터리 이너 커버 [LH], [RH](A)를 탈거한다.

[LH]

[RH]

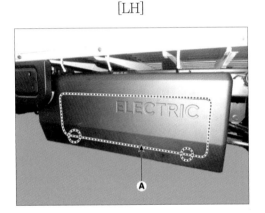
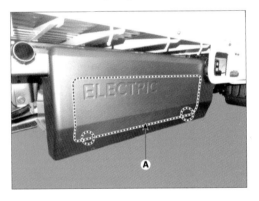

12) 장착 볼트를 푼 후, 고전압 배터리 커버[LH], [RH](A)를 탈거한다.

체결 토크 : 1.9~2.4kgf.m

[LH]

[RH]

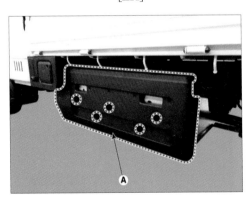
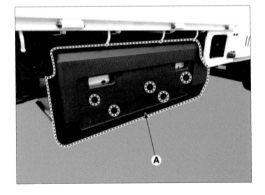

13) 배터리팩 어셈블리 작업시 배터리팩 어셈블리 내의 잔여 냉각수(SST : 09360-K4000, 09580-3D100)를 이용하여 제거한다.

 주의 배터리팩 모듈, 배터리팩 모듈 냉각수 호스 작업 시 반드시 '냉각수를 제거한다.' 미 준수 시 배터리 시스템에 중대한 결함을 야기할 수 있다.

① 냉각수 아웃렛에 입력 어댑터(A), 냉각수 인렛에 배출 어댑터(B)를 장착한 다음에 고정 볼트(C)를 조인다.

② 냉각수 인렛에 연결된 배출 어댑터(B)에서 배출 어댑터 플러그(D)를 탈거한다.

③ 세이프티 와이어 플레이트(A)를 고전압 배터리 케이스에 고정한다.

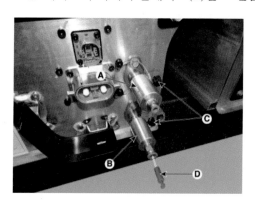 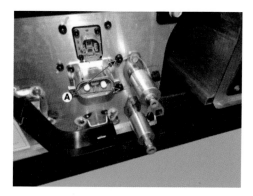

④ 에어 호스-검정색(A)을 압력 게이지(B)에 연결한다.

 유의 호스의 조립 방법은 워터치 피팅 타입이며, 호스를 탈거 시에는 Release Sleeve(A)를 반드시 화살표 방향으로 밀어서 탈거한다.

 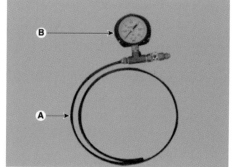

⑤ 에어 브리딩 툴(SST:09580-3D100) 호스에서 기밀 플러그(A)를 탈거한다.

⑥ 에어 차단 밸브(B)를 닫는다.

⑦ 압력 게이지(A)를 에어 브리딩 툴(09580-3D100)에 연결한다.

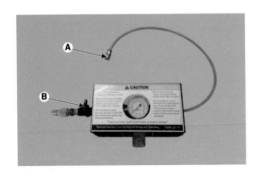 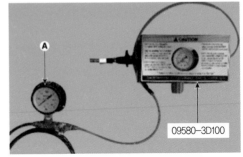

⑧ 에어 브리딩 툴(SST:09580-3D100)은 에어 공급 라인과 연결 전에 조절 밸브(A)를 항상 왼쪽으로 돌려서 닫는다.

⑨ 에어 브리딩 툴(A)에 에어 공급 라인(B)을 연결한 후, 에어 차단 밸브(C)를 연다.

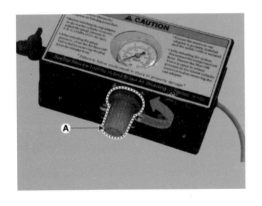 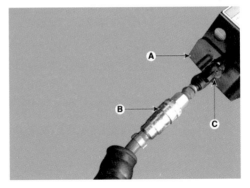

⑩ 에어 브리딩 툴 조절 밸브(A), 압력 게이지 밸브(B)를 오른쪽으로 회전시켜 압력 게이지의 눈금 0.21Mpa(2.1Bar)를 맞춘다.

 주의 게이지의 눈금이 0.21Mpa(2.1Bar)가 넘을 경우 압력을 해제한 후 다시 게이지 눈금 0.21Mpa(2.1Bar)을 맞춘다.

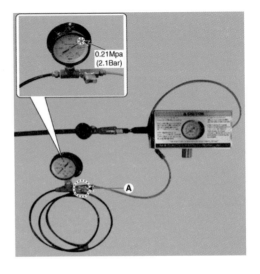

⑪ 에어 호스-검정색(B)에서 기밀 플러그(A)를 탈거한다.

⑫ 냉각수 아웃렛에 연결된 입력 어댑터에 에어 호스-검정색(A)을 연결한다.

⑬ 냉각수 인렛에 연결된 배출 어댑터에 에어 호스-투명색(B)을 연결한다.

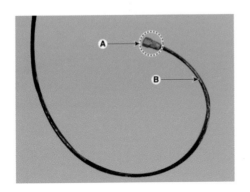 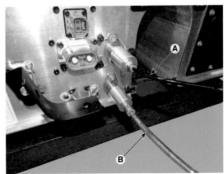

⑭ 투명색 호스 끝단(A)에 배출 T형 어댑터(B)를 장착한다.

⑮ 에어 호스-투명색 끝단(A)을 냉각수를 받을 통(B)에 넣는다.

 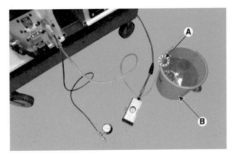

⑯ 압력 게이지 밸브(A)를 오른쪽으로 돌려서 연다.

 냉각수 배출 시 압력은 최대 0.21Mpa(2.1Bar)를 넘지 않도록 주의한다.
주의

⑰ 에어 브리딩 툴의 조절 밸브(A)를 오른쪽으로 천천히 열어, 냉각수를 배출한다.

 냉각수 용량(L) : 4.29L
유의

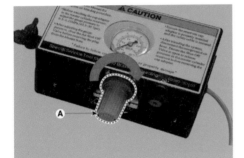 

14) 고정 볼트(A)를 푼 후, 접지 케이블을
차량으로부터 분리한다.

> **체결 토크 : 1.0~1.2 kgf.m**

15) 프로펠러샤프트를 탈거한다.

16) 리어 디퍼렌셜 컴패니언(A)와 플랜시 요크(B)에 일치 표시(C)를 하고 프로펠러샤프트
(D)를 탈거한다.

주의

- 차량 뒤쪽을 낮추면 트랜스미션 오일이 유출되므로 낮추지 않는다.
- 감속기의 오일실 립(A) 부분을 손상되지 않도록 주의한다.
- 감속기에 이물이 들어가지 않도록 커버를 한다.

17) 리프트에 특수공구(SST No.09375-CN000)를 설치한다.

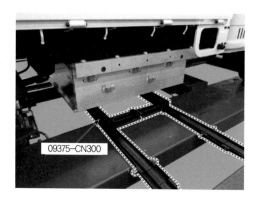

09375-CN300

18) 리프트 보조잭(A)으로 고전압 배터리를 지지한다.

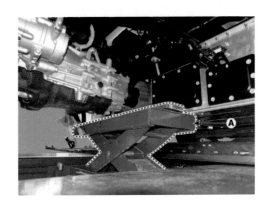

19) 장착 볼트를 푼 후, 고전압 배터리 어셈블리(A)를 탈거한다.

 유의
- 배터리팩 어셈블리 장착 볼트를 탈거한 후에 배터리팩 어셈블리가 아래로 떨어질 수 있으므로 보조잭으로 안전하게 지지한다.
- 배터리팩 어셈블리를 탈거하기 전에 고전압 케이블 및 커넥터가 확실히 탈거되었는지 확인한다.
- 배터리팩 어셈블리 고정 볼트는 재사용하지 않는다.

  체결 토크 : 9.5~10.0kgf.m

20) 리프트 보조잭를 내려 안전하게 특수공구(SST No. 09375-CN300)에 고전압 배터리를 안착한다.

21) 리프트 보조잭을 이용하여 차량을 들어 올린다.

22) 차량의 측면으로 고전압 배터리(A)를 이송한다.

456

 유의
- 특수공구(SST No. 09375-K4100)와 크레인 자키를 이용하여 고전압 배터리팩 어셈블리를 이송한다.
- 탈거한 고전압 배터리팩 모듈은 부품 손상을 방지하기 위해 평평한 바닥, 매트 위에 내려 놓는다.

23) 고정 볼트 및 너트를 풀고 고전압 배터리팩 상부 케이스(A)를 탈거한다.

체결 토크 : 1.0~1.2kgf.m

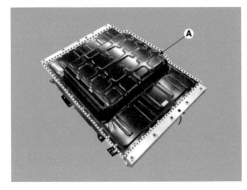

24) 셀 모니터링 유닛(CMU) #4번과 연결된 고전압 배터리 모듈 #6, #7 온도센서 커넥터를 분리하고 온도 센서를 교환한다.

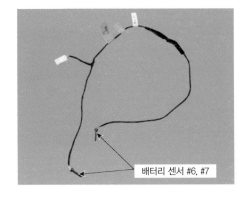

배터리 센서 #6, #7

24) 탈거 절차의 역순으로 고전압 배터리 케이스를 조립한다.

25) 냉각수 주입 후 누수 여부를 확인한다.

26) 저전도 냉각수를 반드시 확인한 다음 리저버 탱크에 냉각수 주입 후 누수 여부를 확인한다.

냉각수 용량 : 약 11.4L

27) 진단기기 부가 기능의 '전자식 워터 펌프 구동' 항목을 수행한다.

 주의 전자식 워터 펌프(EWP) 강제 구동시, 배터리 방전을 막기 위해 12V 배터리를 충전시키면서 작업한다.

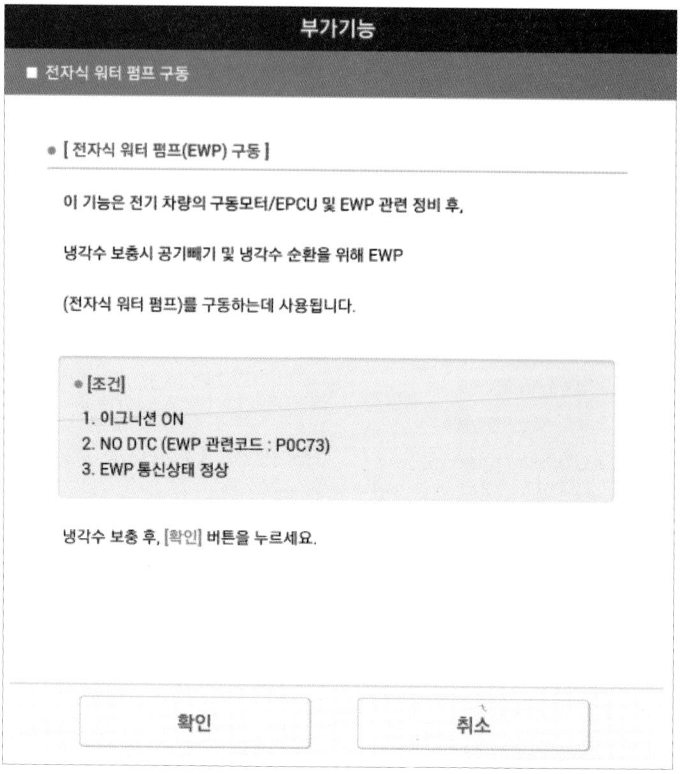

부가기능

■ 전자식 워터 펌프 구동

● [전자식 워터 펌프(EWP) 구동]

이 기능은 전기 차량의 구동모터/EPCU 및 EWP 관련 정비 후,

냉각수 보충시 공기빼기 및 냉각수 순환을 위해 EWP

(전자식 워터 펌프)를 구동하는데 사용됩니다.

● [조건]
1. 이그니션 ON
2. NO DTC (EWP 관련코드 : P0C73)
3. EWP 통신상태 정상

냉각수 보충 후, [확인] 버튼을 누르세요.

| 확인 | 취소 |

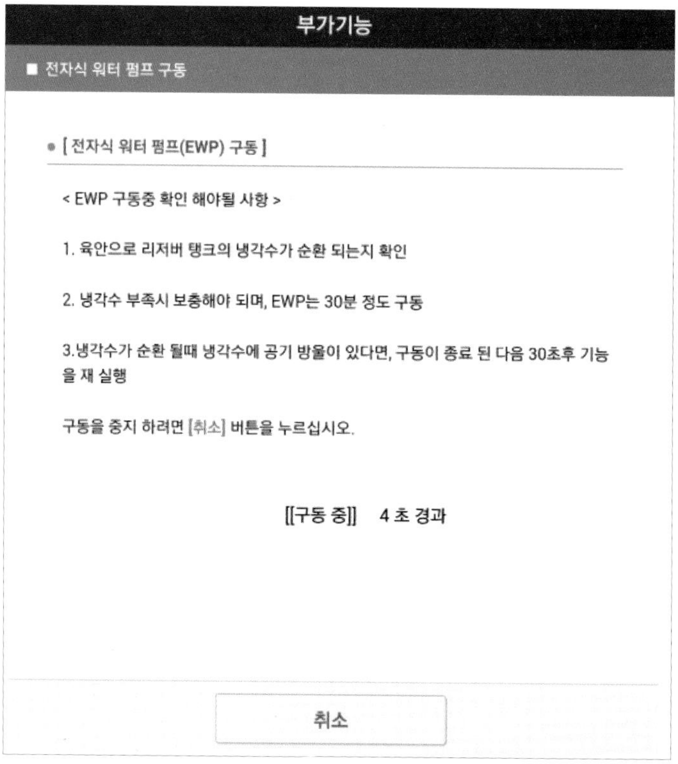

부가기능

■ 전자식 워터 펌프 구동

● [전자식 워터 펌프(EWP) 구동]

< EWP 구동중 확인 해야될 사항 >

1. 육안으로 리저버 탱크의 냉각수가 순환 되는지 확인

2. 냉각수 부족시 보충해야 되며, EWP는 30분 정도 구동

3.냉각수가 순환 될때 냉각수에 공기 방울이 있다면, 구동이 종료 된 다음 30초후 기능을 재 실행

구동을 중지 하려면 [취소] 버튼을 누르십시오.

[[구동 중]]   4 초 경과

| 취소 |

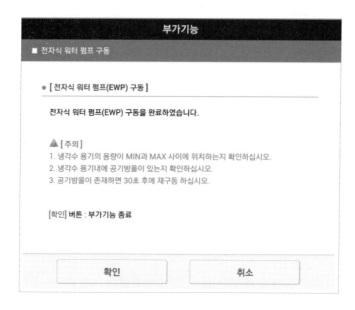

28) 전자식 워터 펌프(EWP)가 작동하고 냉각수가 순환하면 냉각수가 리저버 탱크 'MAX'
와 'MIN' 사이에 오도록 냉각수를 채운다.

29) 전자식 워터 펌프(EWP) 작동 중 리저버 탱크에서 더 이상 공기 방울이 발생하지 않으
면 냉각 시스템의 공기빼기는 완료된 것이다.

유의

- 전자식 워터 펌프(EWP)는 1회 강제 구동으로 약 30분간 작동되나 필요시, 공기빼기가 완
  료될 때까지 여러번 반복하여 작동시켜야 한다.
- 공기빼기가 완료된 후, 전자식 워터 펌프(EWP)가 작동하는 동안 리저버 탱크의 저전도 냉
  각수가 공기방울 발생없이 잘 순환되는지 육안으로 리저버 탱크를 확인한다. 만일 저전도
  냉각수 흐름이 원활하지 않거나 공기방울이 여전히 발생되면 37~39항을 반복한다.

30) 공기빼기가 완료되면 전자식 워터 펌프(EWP)의 작동을 멈추고 리저버 탱크의 'MAX'
선까지 냉각수를 채운 후 압력캡을 잠근다.

유의

냉각수가 완전히 식었을 때, 냉각 시스템 내부공기 배출 및 냉각수 보충이 가장 용이하게 이루
어지므로, 냉각수 교환 후 2~3일 정도는 리저버 탱크의 용량을 육안으로 확인한다.

31) 고전압 배터리팩 어셈블리 냉각수 라인 기밀 테스트 장비를 이용하여 기밀 테스트를
실시한다.

주의

- 냉각수 라인 기밀 테스트 전 배터리 시스템 어셈블리에 있는 냉각수를 모두 배출한다.
- 상부 케이스 장착 전에 배터리 냉각수 라인 기밀 테스트를 실시한다.
- 냉각수 라인 기밀 테스트 화면에서 30초 동안 건드리지 않을시 배터리팩 기밀 테스트 화
  면으로 넘어간다.

유의

'고전압 배터리 기밀점검 테스터' 사용 방법은 제조업체 사용설명서를 참조한다.

① 냉각수 인렛에 라인 피팅[IN](A)을 냉각수 아웃렛에 냉각수 라인 피팅 [OUT] (B)을 설치한다.

② 냉각수 라인 피팅 [OUT] 밸브(A)를 닫는다.

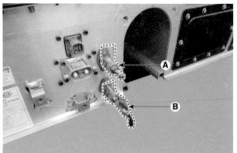

③ 냉각수 인렛에 연결된 냉각수 라인 피팅 [IN]에 호스(A)를 연결한다.

④ 기밀 테스터에 인렛 호스(A)를 연결한다.

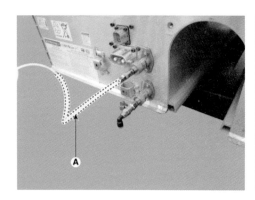
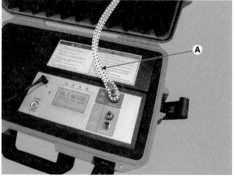

⑤ 진단기기를 사용하여 고전압 배터리 냉각수 라인 기밀검사를 수행한다.

부가기능

■ 고전압 배터리 팩 및 냉각수라인 기밀 점검

배터리 정보를 수집하기 위해 QR코드를 스캔해주십시오.

[예시]
QR 코드 영역

| 확인 | 취소 |

기능 수행 중에는 다른 기능이 동작되지 않도록 주의하십시오.

부가기능

■ 고전압 배터리 팩 및 냉각수라인 기밀 점검

● [배터리 정보 입력]

배터리 코드를 입력하신 뒤 [확인] 버튼을 누르십시오.

BSXXXXXXXXXXXXXXXXX

배터리 코드 [   ]

| 확인 | 취소 |

기능 수행 중에는 다른 기능이 동작되지 않도록 주의하십시오.

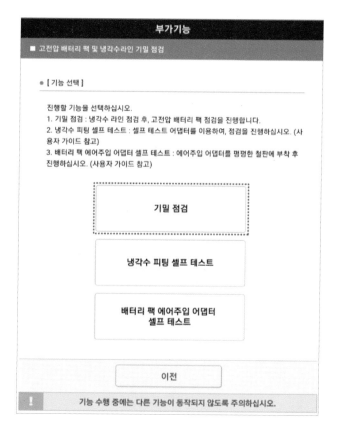

부가기능

■ 고전압 배터리 팩 및 냉각수라인 기밀 점검

● [장치 연결]

　장비의 전원을 ON 해주십시오.
　장치를 검색하고 연결한 뒤 [확인] 버튼을 누르십시오.

　연결 상태 : 연결됨

현재 연결된 장비	ULT-M100	🗑

　검색된 장비 목록　　　　　　　　　　　　　검색

확인	취소

⚠ 기능 수행 중에는 다른 기능이 동작되지 않도록 주의하십시오.

부가기능

■ 고전압 배터리 팩 및 냉각수라인 기밀 점검

● [기능 선택]

　진행할 기능을 선택하십시오.
　1. 기밀 점검 : 냉각수 라인 점검 후, 고전압 배터리 팩 점검을 진행합니다.
　2. 냉각수 피팅 셀프 테스트 : 셀프 테스트 어댑터를 이용하여, 점검을 진행하십시오. (사용자 가이드 참고)
　3. 배터리 팩 에어주입 어댑터 셀프 테스트 : 에어주입 어댑터를 평평한 철판에 부착 후 진행하십시오. (사용자 가이드 참고)

기밀 점검

냉각수 피팅 셀프 테스트

배터리 팩 에어주입 어댑터 셀프 테스트

이전

⚠ 기능 수행 중에는 다른 기능이 동작되지 않도록 주의하십시오.

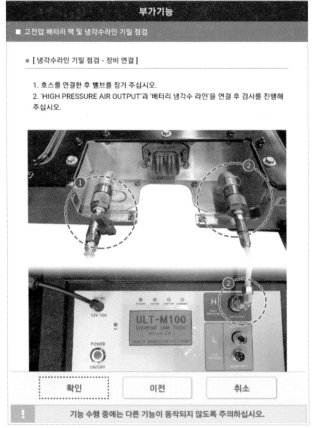

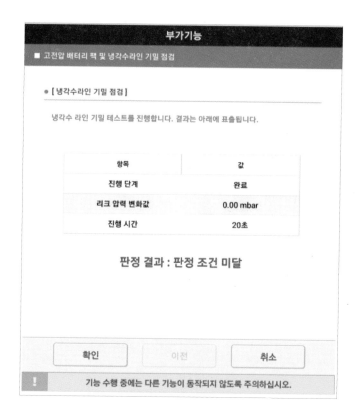

⑥ 냉각수 라인 기밀 여부를 점검한다.

 참고

냉각수 라인 기밀 여부 판단 지침

- 합격 : PASS

- 불합격 : FAIL

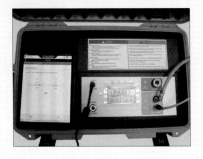

32) 고전압 배터리팩 어셈블리 냉각수 라인 기밀 테스트를 실시한다.

 주의

- 냉각 호스 장착 시. 퀵 커넥터에 '딸깍' 소리가 나는지 확인한다.
- 록 타이트 볼트는 재사용하지 않는다.
- 배터리팩 어셈블리 고정 볼트는 재사용하지 않는다.
- 상부 케이스 장착전에 배터리 냉각수 라인 기밀 테스트를 실시한다.

① 냉각수 아웃렛에 입력 어댑터(A), 냉각수 인렛에 배출 어댑터(B)를 장착한 다음에 고정 볼트(C)를 조인다.

② 냉각수 인렛에 연결된 배출 어댑터(B)에서 배출 어댑터 플러그(D)를 장착한다.

③ 세이프티 와이어 플레이트(A)를 고전압 배터리 케이스에 고정한다.

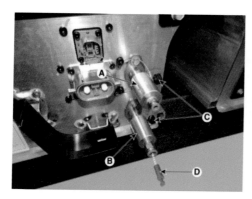
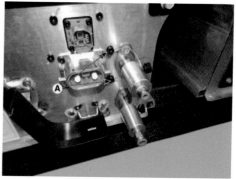

④ 에어 브리딩 툴(SST : 09580-3D100) 호스에서 기밀 플러그(A)를 탈거한다.

⑤ 에어 브리딩 툴 호스에서 탈거한 기밀 플러그(A)를 에어 호스-검정색(B)에 연결한다.

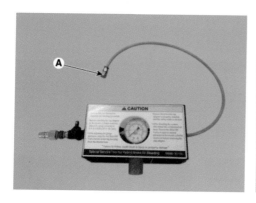
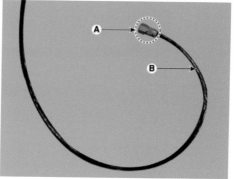

⑥ 에어 브리딩 툴(SST : 09580-3D100)은 에어 공급 라인과 연결 전에 조절 밸브(A)를 항상 왼쪽으로 돌려서 닫는다.

⑦ 에어 브리딩 툴(A)에 에어 공급 라인(B)을 연결 후, 에어 차단 밸브(C)를 연다.

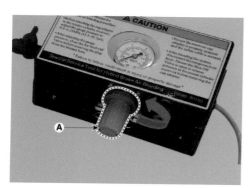
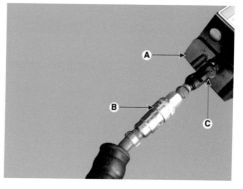

⑧ 에어 브리딩 툴 조절 밸브(A), 압력 게이지 밸브(B)를 오른쪽으로 회전시켜 압력
게이지의 눈금 0.21Mpa(2.1Bar)를 맞춘다.

 주의 게이지의 눈금이 0.21Mpa(2.1Bar)가 넘을 경우 압력을 해제한 후 다시 게이지 눈금
0.21Mpa (2.1Bar)을 맞춘다.

⑨ 압력 게이지 밸브(A)를 오른쪽으로 회전시켜 닫는다.

 주의 에어 브리딩 툴의 밸브는 반드시 열어둔다.

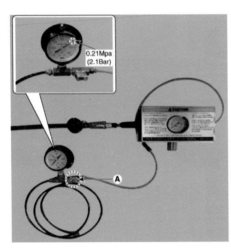 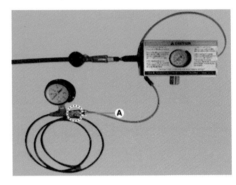

⑩ 에어 호스-검정색(A)에서 기밀 플러그(B)를 탈거한다.
⑪ 냉각수 아웃렛에 연결된 입력 어댑터에 에어 호스-검정색(A)을 연결한다.

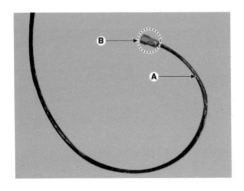 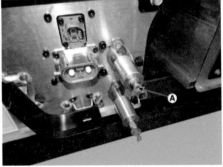

⑫ 압력 게이지 밸브(A)를 오른쪽으로 돌려서 에어를 0.21Mpa(2.1Bar)까지 주입한다.

 주의 기밀 압력 테스트시 0.21Mpa(2.1Bar)를 넘지 않도록 주의한다.

⑬ 압력이 형성된 것을 확인 후 밸브를 닫는다.

 유의 냉각수 라인의 이상 유, 무 판정 기준값(0.21Mpa(2.1Bar)
• 눈금 변동 없음 : 이상 없음
• 눈금 변동 있음 : 이상 있음

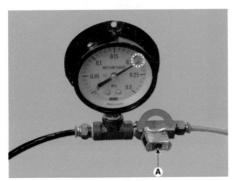
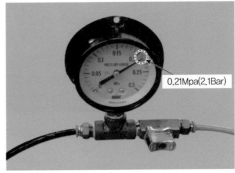

0.21Mpa(2.1Bar)

 주의 • 게이지 눈금에 이상이 발생하면 배터리 냉각수 호스를 확인한다.
• 냉각수 호스 장착 시, 퀵 커넥터에 '딸깍' 소리가 나는지 확인한다.

33) 고전압 배터리팩 어셈블리 기밀 점검을 실시한다.

 주의 • 차량에 고전압 배터리 시스템 어셈블리를 설치하기 전에 '고전압 배터리 기밀점검 테스터' 를 사용하여 기밀 테스트를 수행한다.
• 냉각수 라인 기밀 테스트 화면에서 30초 동안 건드리지 않을 시 배터리팩 기밀 테스트 화면으로 넘어간다.

 유의 '고전압 배터리 기밀점검 테스터' 사용 방법은 제조업체 사용설명서를 참조한다.

① 고전압 배터리 시스템 어셈블리에 실링 커넥터(A)를 장착한다.

② 에어 주입 어댑터(A)와 압력 센서 모듈(B)을 압력 조정재로 5초간 밀어 어댑터를 부착할 수 있도록 화살표 방향으로 이동한다.

 유의 조정재에 제대로 부착이 되지 않으면 압력이 누설될 수 있으므로 반드시 확인한다.

③ 기밀 테스터에 어댑터 호스(A)를 연결한다.

 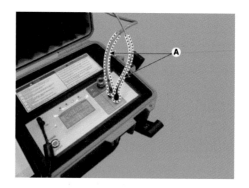

④ 진단기기를 사용하여 고전압 배터리 냉각수 라인 기밀검사를 수행한다.

부가기능

■ 고전압 배터리 팩 및 냉각수라인 기밀 점검

배터리 정보를 수집하기 위해 QR코드를 스캔해주십시오.

[예시]
QR 코드 영역

| 확인 | 취소 |

⚠ 기능 수행 중에는 다른 기능이 동작되지 않도록 주의하십시오.

부가기능

■ 고전압 배터리 팩 및 냉각수라인 기밀 점검

● [배터리 정보 입력]

배터리 코드를 입력하신 뒤 [확인] 버튼을 누르십시오.

BSXXXXXXXXXXXXXXXXXX

배터리 코드 [   ]

| 확인 | 취소 |

⚠ 기능 수행 중에는 다른 기능이 동작되지 않도록 주의하십시오.

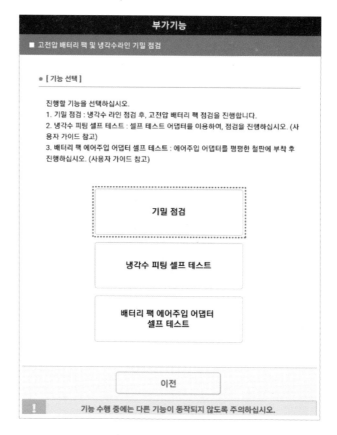

부가기능

■ 고전압 배터리 팩 및 냉각수라인 기밀 점검

● [장치 연결]

장비의 전원을 ON 해주십시오.
장치를 검색하고 연결한 뒤 [확인] 버튼을 누르십시오.

연결 상태 : 연결됨

| 현재 연결된 장비 | ULT-M100 | 🗑 |

검색된 장비 목록 　　　　　　　　　　　　　　　　　검색

| 확인 | 취소 |

⚠ 기능 수행 중에는 다른 기능이 동작되지 않도록 주의하십시오.

부가기능

■ 고전압 배터리 팩 및 냉각수라인 기밀 점검

● [기능 선택]

진행할 기능을 선택하십시오.
1. 기밀 점검 : 냉각수 라인 점검 후, 고전압 배터리 팩 점검을 진행합니다.
2. 냉각수 피팅 셀프 테스트 : 셀프 테스트 어댑터를 이용하여, 점검을 진행하십시오. (사용자 가이드 참고)
3. 배터리 팩 에어주입 어댑터 셀프 테스트 : 에어주입 어댑터를 평평한 철판에 부착 후 진행하십시오. (사용자 가이드 참고)

> 기밀 점검

> 냉각수 피팅 셀프 테스트

> 배터리 팩 에어주입 어댑터
> 셀프 테스트

> 이전

⚠ 기능 수행 중에는 다른 기능이 동작되지 않도록 주의하십시오.

부가기능

■ 고전압 배터리 팩 및 냉각수라인 기밀 점검

● [배터리팩 기밀 점검]

배터리팩 기밀 테스트를 진행합니다. 결과는 아래에 표출됩니다.

항목	값
진행 단계	공기 주입
리크 압력 변화값	0.00 mbar
진행 시간	3초

확인   이전   취소

⚠ 기능 수행 중에는 다른 기능이 동작되지 않도록 주의하십시오.

■ 고전압 배터리 팩 및 냉각수라인 기밀 점검

● [배터리팩 기밀 점검 - 장비연결 및 압력조정재 확인]

1. 압력조정재 결합 여부를 확인 후 진행하십시오.
2. 에어주입 어댑터를 LOW PRESSURE의 AIR OUTPUT과 압력조정재 홀 상단에 연결하십시오.
3. 압력센서 모듈을 압력조정재 홀 상단에 연결하십시오.
①~②, ①~③의 결합 상태를 확인 후 [확인] 버튼을 누르십시오.

확인   이전   취소

⚠ 기능 수행 중에는 다른 기능이 동작되지 않도록 주의하십시오.

부가기능

■ 고전압 배터리 팩 및 냉각수라인 기밀 점검

● [진단 결과 확인]

점검 내용	판정 결과	누설 압력
냉각수 라인 기밀 점검	합격	0.00 mbar
배터리팩 기밀 점검	합격	0.00 mbar

확인

❗ 기능 수행 중에는 다른 기능이 동작되지 않도록 주의하십시오.

⑤ 고전압 배터리 시스템 어셈블리의 기밀 여부를 점검한다.

참고 ●●●●●●

고전압 배터리 시스템 어셈블리 기밀 여부 판단 지침

・합격 : PASS　　　　　　　　　　　・불합격 : FAIL

34) 고전압 배터리팩 어셈블리 기밀 점검을 실시한다.

주의 고전압 배터리팩을 차량에 장착하기 전에 'EV 배터리팩 기밀점검 시험기'를 사용하여 기밀 점검을 실시한다.

① EV 배터리팩 기밀점검시험기에 들어있는 기밀 유지 커넥터(A)를 장착한다.

② 기밀점검 테스터기의 압력 조정제 어댑터(A)를 배터리팩 상부에 위치한 압력 조정
제 위에 화살표 방향으로 밀면서 5초간 유지하여 어댑터가 흡착되도록 한다.

참고 ······

약 5초간 누른 후 손을 떼도 진공 압력에 의해 압력 조정제 어댑터는 떨어지지 않는다.

③ ev 배터리팩 기밀점검 테스터기의 'start' 버튼을 눌러 고전압 배터리팩 기밀점검을
실시한다.

유의
- ev 배터리팩 기밀점검 테스터기의
  사용 방법은 업체 매뉴얼을 참고한다.
- 기밀점검 테스터 중 아래 그림과 같
  이 호스의 꺽임을 유의한다.

④ 고전압 배터리팩의 압력 누설 여부를 확인한다.

> **참고** ......
>
> **"고전압 배터리팩"의 압력 누설 판정 기준**
> • PASS 문구 : 이상 없음
> • ERROR 문구 : 이상 있음

◎ 조치 사항 확인(결론)

전기자동차의 온도 센서는 온도가 상승하면 저항이 감소하여 출력 전압이 높아지는 특성을 갖는 부특성 서미스터로 구성되는 온도센서는 온도에 따른 고유 저항의 변화로 그 출력되는 전압값이 상이하다. 고전압 배터리에 장착되는 온도센서는 배터리 모듈의 온도를 측정하기 위해 각 배터리 모듈 상단 측면에 장착되어 있다.

① 포터 전기차(HR EV)의 경우 하나의 CMU가 2개 모듈에 온도센서가 장착되는 회로로 구성된다.

② #1번 CMU와 연결되는 온도센서 회로는 배터리 모듈 1번과 배터리 모듈 2번에 장착되는 온도센서이다

③ #4번 CMU와 연결되는 온도센서 회로는 배터리 모듈 6번과 배터리 모듈 7번에 연결되는 온도센서이다.

④ #5번 CMU에 구성되는 온도센서 회로는 배터리 모듈 10번에 온도센서가 장착되어 총 5개의 온도센서가 각각의 고전압 배터리 모듈의 온도를 모니터링한다.

⑥ 온도센서가 없는 나머지 모듈에는 더미가 장착되어 있다.

⑦ 배터리 모듈의 온도센서 회로는 각 CMU가 온도센서를 통해 측정된 배터리 모듈의 온도 정보를 BMU에 전송하며, 그 값을 진단 장비를 이용하여 BMU 제어기의 SVC DATA 항목에서 각 각의 온도 센서별로 출력되는 센서 출력값을 확인 가능하다.

⑧ 온도센서 회로는 단선 및 CMU 통신 불량 시 디폴트 값은 −50℃로 출력된다.

⑨ 온도가 증가하면 저항이 감소하여 전기가 잘 통하는 특성을 갖는 부특성 서미스터로 구성되는 온도센서로 온도에 따른 고유 저항의 변화로 그 출력되는 전압값이 상이하다.

Maintenance Cases
전동식 컴프레서 인버터 회로 문제로
EV 경고등 점등 및 시동 불가

⚙ 진단

(1) 차종 : 코나 전기차(OS EV)

(2) 고장 증상

　간헐적으로 "전기차 시스템을 점검하십시오." 문구와 EV 경고등 점등되며 시동(Ready) 불가 현상이 발생되었다.

그림 19.1 ◉ 고장 현상

(3) 정비 이력

　없음

(4) 고장 코드

　간헐적으로 발생되는 현상으로 현상 발생 중 진단 장비를 이용하여 전체 시스템의 고장 코드를 확인한 결과 AIRCON 시스템에서 "B247013 E-comp 인터록 이상_과거" 고장 코드가 출력되었다.

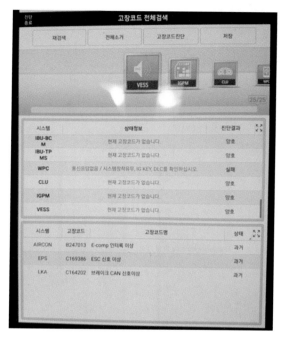

그림 19.2 ● 고장 코드

⌀ 점검

■ **내용**

① DTC(Diagnostic Trouble Code) 매뉴얼을 참고하여"B247013 E-comp 인터록 이상_과거"고장 코드 발생 조건을 확인하였다.

2019 > 150KW > Air Conditioner > 에어컨 > B247013 E-comp 인터록 이상 > DTC 정보 및 점검

고장 코드 설명

전동 압축기 Interlock 에러가 감지되면, 에어컨 컨트롤 모듈은 DTC B247013 를 표출한다.

고장 코드 판정 조건

항 목	판정 조건	고장예상 부위
진단방법	전압 점검	1. 커넥터 접촉 불량
진단조건	점화스위치 ON	2. 고전압선 연결 불량
고장판정	interlock 전압이 12V일 경우	3. 전동 압축기 이상
페일세이프	전동 압축기 및 고전압 PTC OFF	4. 에어컨 컨트롤 모듈 이상

그림 19. 3 ● DTC(Diagnostic Trouble Code) manual

② 코드별 진단가이드와 회로도를 참고하여 고장 예상 부위를 추정하여, 에어컨 컨트롤 모듈과 전자식 에어컨 컴프레서의 인터록 회로 및 PTC 히터의 인터록 회로를 순차적으로 점검하였다.

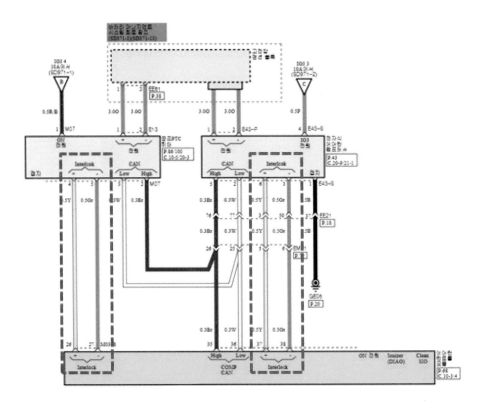

그림 19.4 ◈ 에어컨 컨트롤 모듈 인터록 회로도

③ 통신선 인터록 회로 및 CAN 점검 가이드를 참고하여 점검한 결과 전자식 에어컨 컴프레서 인터록 회로 점검 중에 특이 사항이 확인되었다.

통신선(CAN 및 INTERLOCK) 점검

점검항목	정상 값	점검조건	커넥터(+)	커넥터(-)
InterLock 통신선(단선, 단락) : 저항	무한대	1. 점화스위치 : OFF	에어컨 컨트롤 모듈 배선측 InterLock(+) 단자	차체 접지
			에어컨 컨트롤 모듈 배선측 InterLock(-) 단자	차체 접지
InterLock 통신선(단선, 단락) : 전압	약 0V이하	1. 에어컨 컨트롤 모듈, E-컴프레서 커넥터 : 분리 2. 점화스위치 : ON	에어컨 컨트롤 모듈 배선측 InterLock(+) 단자	차체 접지
			에어컨 컨트롤 모듈 배선측 InterLock(-) 단자	차체 접지
InterLock 통신선 (단선) : 저항	약 1Ω 이하	1. 에어컨 컨트롤 모듈, E-컴프레서 커넥터 : 분리 2. 점화스위치 : OFF	에어컨 컨트롤 모듈 배선측 InterLock(+) 단자	E-컴프레서 배선측 InterLock(+)
			에어컨 컨트롤 모듈 배선측 InterLock(-) 단자	E-컴프레서 배선측 InterLock(-) 단자

그림 19.5 ◈ 통신선(CAN 및 INTERLOCK) 점검표

④ 전자식 에어컨 컴프레서 인터록 회로의 통신선 단선 항목을 점검하는 저항 측정 중 멀티미터 측정기로 출력되는 측정값이 수시로 변동하며 비정상적인 측정값이 출력되는 현상이 확인되었다.

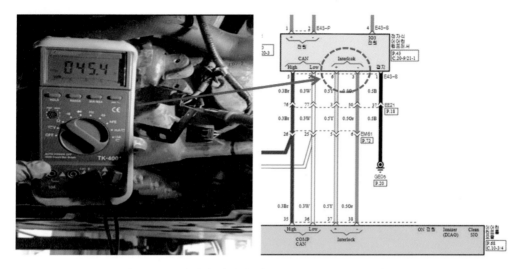

그림 19.6 ❂ 전자식 에어컨 컴프레서 인터록 회로 저항 측정

⑤ 전자식 에어컨 컴프레서 인버터에서 'E43' 커넥터까지의 와이어링 점검 결과 폴리아미드 재질의 내, 외부 굴곡플라스틱의 와이어링 보호용 튜브가 파손되어 있음이 확인되었고 튜브 고정 홀더에 녹이 많이 발생되었음을 확인하였다.

그림 19.7 ❂ 전자식 에어컨 컴프레서 인터록 회로 와이어링 단선

⑥ 전동식 컴프레서의 와이어링을 고정하는 브라케트 부위에서 와이어링이 피로 누적으로 인한 단선 후 전동식 컴프레서 바디부와 단락되는 현상이 발생되어 EV 경고등이 점등된 후 전기차 시스템 점검 문구 출력되며 시동(Ready) 불가 현상이 발생되는 원인으로 확인되었다.

⊘ 조치

■ 내용

전동식 에어컨 컴프레서의 인버터를 교환 조치하였다.

⊘ 조치 방법

(1) 서비스 인터록 커넥터

1) 점화 스위치를 OFF하고, 보조배터리(12V)의 (−) 케이블을 분리한다.

경고

> 케이블을 분리한 후 최소한 3분 이상 기다린다.

2) 서비스 인터록 커넥터 (A)를 분리한다.

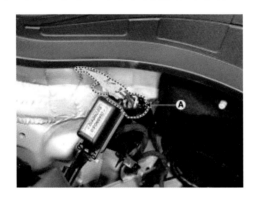
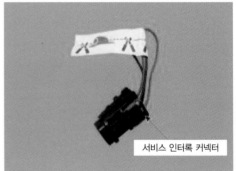

서비스 인터록 커넥터

(2) 서비스 플러그(1번 불가 시)

1) 점화 스위치를 OFF하고, 보조 배터리(12V)의 (−)케이블을 분리한다.

경고

> • 케이블을 분리한 후 최소한 3분 이상 기다린다.
> • 고전압 차단이 필요한 경우에 서비스 인터록 커넥터를 탈거할 수 없다면 서비스 플러그를 탈거한다.

2) 트렁크 러기지 보드를 탈거한다.

3) 리어 시트를 탈거한다.

4) 서비스 플러그 서비스 커버(A)를 탈거
한다.

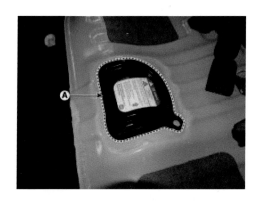

5) 서비스 플러그(A)를 탈거한다.

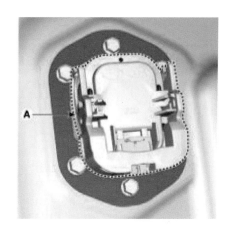

참고 ·······

아래와 같은 절차로 서비스 플러그를 탈거한다.

6) 서비스 플러그 탈거 후 인버터 내에 있는 커패시터의 방전을 위하여 반드시 5분 이상
대기한다.

7) 인버터 커패시터 방전 확인을 위하여 인버터 단자간 전압을 측정한다.

① 차량을 올린다.

② 장착 너트를 푼 후 고전압 배터리 프런트 하부 커버(A)를 탈거한다.

③ 장착 너트를 푼 후 고전압 배터리 리머 하부 커버 B를 탈거한다.

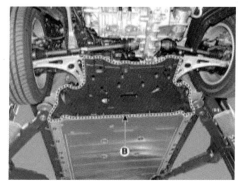

④ 고전압 케이블(A)을 탈거한다.

⑤ 인버터 내에 커패시터 방전 확인을 위하여, 고전압단자간 전압을 측정한다.

- 30V 이하 : 고전압 회로 정상 차단
- 30V 초과 : 고전압 회로 미상

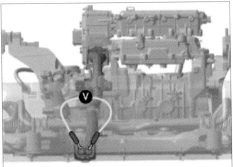

경고

30V 이상의 전압이 측정된 경우, 서비스 플러그 탈거 상태를 확인한다. 서비스 플러그가 탈거되었음에도 불구하고 30V 이상의 전압이 측정됐다면, 고전압 회로에 중대한 문제가 발생할 수 있으므로 이러한 경우 DTC 고장진단 점검을 먼저 실시하고, 고전압 시스템과 관련된 부분을 건드리지 않는다.

8) 회수,재생,충전기로 냉매를 회수한다.

경고

반드시 전동식 컴프레서 전용의 냉매 회수 충전기를 이용하여 지정된 냉매(R-134a 또는 R-1234yf)와 냉동유(POE)를 주입한다. 일반 차량의 냉동유(PAG)가 혼입될 경우 컴프레서 손상 및 안전사고가 발생할 수 있다.

9) 잠금핀을 눌러 전동식 컴프레서 커넥터(A)와 고전압 커넥터(B)를 분리한다.

10) 컴프레서의 석션 라인(A)과 디스챠지 라인(B) 연결볼트를 분리하고 라인을 분리한다.

체결 토크 : 0.8~1.2kgf.m

11) 장착 볼트를 풀고 컴프레서 어셈블리 (A)를 탈거한다.

체결 토크 : 2~3.4kgf.m

12) 인버터를 고정하는 볼트를 탈거한다.

체결 토크 : 0.6~0.7kgf.m

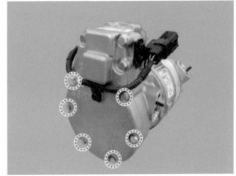

⚠️ **주의**
- 인버터 체결 볼트는 재사용하지 않는다.
- 표시하지 않는 볼트는 절대 탈거하지 않는다.

13) 전동식 컴프레서 인버터(A)와 전동식 컴프레서 바디(B)를 분리한다.

⚠️ **주의**
- 인버터 오염을 막기 위해 컴프레서의 외관의 먼지나 오염을 제거한다.
- 인버터 신품은 오염을 막기 위해 장착 직전까지 포장재를 개봉하지 않는다.
- 인버터 탈거시 3상 전원핀(B) 파손 및 틀어짐/휨에 주의한다.

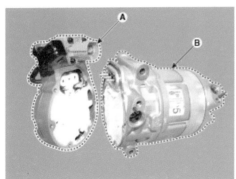

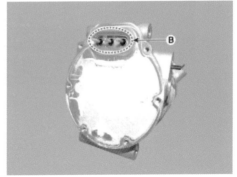

14) 인버터와 컴프레서 바디 장착 전에 서멀 그리스를 아래 사진과 같이 도포한다.

유의

- 만약 새 컴프레서를 장착한다면, 제거된 컴프레서로부터 컴프렛 오일을 모두 빼낸다. 컴프레서 오일의 양을 측정하고 오일이 규정량 이상 되는 것을 막기 위해 200ml에서 측정된 양만큼을 새 컴프레서로부터(석션 라인을 통해) 빼내야 한다.
- 호스나 라인을 연결하기 전 O-링에 몇 방울의 컴프레서 오일(냉동유)을 바른다.
- R-1234yf의 누출을 피하기 위해서는 적당한 O-링을 사용한다.
- 오염을 피하기 위해 한번 사용된 용기의 오일은 다시 사용하지 말아야 하고, 다른 컴프레서 오일과 섞이지 않도록 주의해야 한다.
- 오일을 사용한 후에 즉시 용기의 캡을 교환하고 습기가 들어가지 않도록 용기를 봉한다.
- 차량 위에 컴프레서 오일을 흘리지 않도록 주의해야 한다. 컴프레서 오일은 페인트를 손상시킬 수 있다. 만약 컴프레서 오일이 차량에 묻으면 즉시 닦아낸다.
- 시스템을 충전하고, 에어컨 성능을 테스트한다.

 경고

반드시 전동식 컴프레서 전용의 냉매 회수/충전기를 이용하여 지정된 냉매(R-1234yf)와 냉동유(POE)를 주입한다. 일반 차량의 냉동유(PAG)가 혼입될 경우 컴프레서 손상 및 안전사고가 발생할 수 있다.

도포량 : 3~4g(컴프레서 방열판 부)

 주의

- 인버터 교환 시 정전기 발생 방지 및 클린룸(항온 항습 준수 : 22~23℃, 50%)을 주의한다.
- 일반 그리스는 사용 불가이며 반드시 제공되는 서멀 그리스를 사용해야 한다.
- 서멀 그리스 도포시 그리스의 이물질은 알코올로 닦아 낸다.
- 작업 시 그리스 도포 영역에 맞추고 3상 전원핀에 이물질이 들어가지 않게 유의한다.

15) 신품 가스켓(A)을 장착한다.

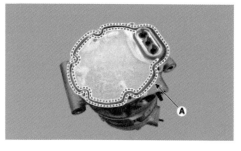

16) 3상 전원핀의 손상에 주의하면서 인버터(A)와 컴프레서 바디(B)를 장착한다.

 주의
- 인버터 장착 시 3상 전원핀 파손 및 틀어짐/휨에 주의한다.
- 인버터 체결 볼트 및 가스켓은 재사용을 금지한다.

17) 신품의 체결 볼트로 인버터를 조립한다.

체결 토크 : 0.6~0.7kgf.m

 주의
- 인버터 장착 시 과토크 체결 또는 토크 미달시 엔진 진동에 의한 인버터 내부 PCB 휨이 발생하므로 주의한다.
- 인버터 체결 볼트는 재사용을 금지한다.

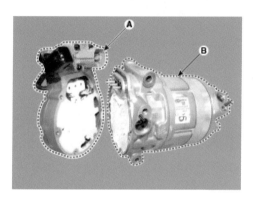
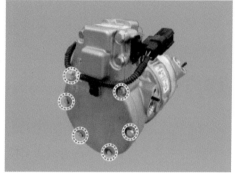

18) 전동식 컴프레서(A)마운팅 볼트를 ①, ②, ③순으로 체결한다.

체결 토크 : 2.04~3.36kgf.m

19) 컴프레서의 석션 라인(A)과 디스차지 라인(B)을 장착하고 연결 볼트를 체결한다.

체결 토크 : 0.8~1.2kgf.m

20) 전동식 컴프레서 커넥터(A)와 고전압 커넥터(B)를 장착한다.

 주의 커넥터를 확실히 조립한다.

21) 분해의 역순으로 언더 커버를 조립한다.

⊘ 조치 사항 확인(결론)

전기자동차의 공조 시스템에 적용된 전동식 컴프레서(E-Comp)는 고전압 배터리의 직류(DC) 전원을 가변 주파수와 가변 전압의 교류(AC) 전원으로 변환하는 인버터 제어를 통해 모터의 속도(RPM)를 제어한다.

① 모터의 회전을 통해 냉매를 고온, 고압의 상태로 만들어 주고 냉매 회로를 순환시키는 역할을 한다.

② 전동식 컴프레서(E-Comp)는 크게 제어부와 모터부, 압축부로 나눌 수 있다.

③ 고전압 케이블로 직류(DC)의 고전압이 인가되면 제어부의 인버터를 통해 교류(AC)로 변환되어 구동부의 메인 전원이 입력되고 PCB 전원 단자에 전원이 인가된다.

④ 저전압 단자는 CAN, PWM 연결 통신 및 제어라인 단자로 구성되며 공조 시스템의 냉방 및 히트 펌프 작동 시 DATA가 CAN 통신을 통해 컴프레서 속도(RPM)를 제어하여 구동된다.

⑤ DATC는 목표 RPM 및 작동 여부를 송신하고, 고전압 컴프레서로 부터 현재 RPM, 인버터 온도 등을 수신하여 최종 회전수를 제어한다.

⑥ 모터부의 스테이터는 권선에 의해 전기를 공급받아 자기장을 생성하여 영구자석이 내장된 로터의 자기장과 스테이터의 전기자 반작용을 이용하여 회전한다.

⑦ 압축부로 구성된 고정 스크롤과 회전 스크롤은 회전 스크롤의 편심 선회 운동으로 고정 스크롤과 포개지는 구조로 초승달 모양의 압축실을 생성하여 냉매를 압축하게 된다.

사 례 **20**

Maintenance Cases

전방 인버터 문제로 EV 경고등 점등 및 시동 불가

진단

(1) 차종 : G80 전기차(RG3 EV)

(2) 고장 증상

주행 중 이상 소음이 발생 된 후 "전기차 시스템을 점검하십시오." 문구와 EV 경고등이 점등되며 시동(Ready) 불가 현상이 발생되었다.

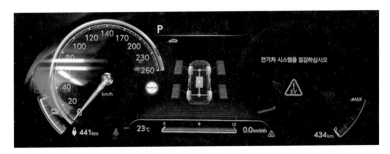

그림 20.1 고장 현상

(3) 정비 이력

없음

(4) 고장 코드

상시 발생되는 고장 현상으로 진단 장비를 이용하여 전체 시스템의 고장 코드를 확인한 결과 BMS 제어기에서 "P1B7700 인버터 커패시터 프리차징 실패_현재", "P1B2500 인버터 고전압 단과 고전압 배터리 전압 편차_과거" 고장 코드가 출력되었다.

시스템 / 고장코드 설명	상태
BMS | 배터리제어 P1B2500 인버터 고전압단과 고전압 배터리 전압 편차	과거
BMS | 배터리제어 P1B7700 인버터 커패시터 프리차징 실패	현재

그림 20.2 고장 코드

⊘ 점검

■ 내용

① DTC(Diagnostic Trouble Code) 매뉴얼을 참고하여 "P1B7700 인버터 커패시터 프리
차징 실패_현재", "P1B2500 인버터 고전압 단과 고전압 배터리 전압 편차_과거"고장
코드 발생 조건을 확인하였다.

2022 > 136kW+136kW > Battery Management System > 배터리제어 > P1B2500 인버터 고전압단과 고전압 배터리 전압 편차 > DTC 정보 및 점검

고장 코드 설명

P1B2500은 IG ON 후 고전압 배터리 팩과 구동 모터 인버터＋ 커패시터 간 전압차이가 30V 이상인 경우입니다. 메인퓨즈 또는 버스바 단선으로 발생합니다.

⚠ 경 고

- ⟳ 본 고장코드 발생 차량의 경우, 사고 등으로 고전압 회로내 중대한 문제(차체단락, 누전발생, 절연파괴)가 발생된 상태일 수 있다.
- ⟳ 상기 사유로 작업자 안전을 위해, 고전압 배터리 팩 하부 서비스 커버를 통한 메인퓨즈 탈거/점검 을 금지한다.
  (P0AA600, P0AA700, P1AA600, P1B2500, P1B7600, P1B7700 해당)
- ⟳ 메인퓨즈 탈거/점검이 필요한 경우, 절연공구를 사용하여 배터리 팩 상부 케이스를 열어 점검한다. (정비지침서 참조)

⚠ 경 고

전기 자동차는 고전압 배터리를 포함하고 있어서 시스템이나 차량을 잘못 건드릴 경우 심각한 누전이나 감전 등의 사고로 이어질 수 있다. 그러므로 고전압 시스템 작업 전에는 반드시 아래 사항을 준수하도록 한다.

- ⟳ 고전압 시스템 관련 작업 시, "고전압 차단절차"에 따라 반드시 고전압을 먼저 차단해야 한다. 미준수 시, 감전 또는 누전 등으로 인한 심각한 사고를 초래할 수 있다. (정비지침서 참조)
- ⟳ 고전압 시스템 관련 작업 시, 반드시 "안전 및 주의사항" 내용을 숙지하고 준수해야 한다. 미준수 시, 감전 또는 누전 등으로 인한 심각한 사고를 초래할 수 있다. (정비지침서 참조)
- ⟳ 고전압 PE 부품 점검 시, 인버터 커패시터 방전 확인 (커넥터 탈거 5분 후, 인버터 단자 간 전압 30V 이하)
- ⟳ 고전압 배터리 팩 점검 시, PRA 고전압 단자간 방전 확인 (고전압배터리 단자 간 전압 0V 이하)
- ⟳ 고전압 케이블 및 버스 바 또는 고전압 배터리 관련 부품 분해작업 시 (+), (-) 단자 간 접촉이 발생하지 않도록 한다.
- ⟳ 절연장갑, 보안경, 절연공구 등 개인 보호 장비를 착용한다.
- ⟳ 금속성 물질은 고전압 단락을 유발하여 인명과 차량을 손상시킬 수 있으므로, 작업 전에 반드시 몸에서 제거한다.(금속성 물질 : 시계, 반지, 기타 금속성 제품 등)

고장 판정 조건

항목			판정 조건	고장 예상 원인
안전 모드	가용 파워	충전 제한	⟳ 0% (제한 없음)	⟳ 프리차지저항 ⟳ 프리차지릴레이 ⟳ 메인릴레이 ⟳ BSA＊와 BMU＊ 간 단선/접촉불량 ⟳ BMU＊ ⟳ A/C 컴프레서 ⟳ MCU＊
		방전 제한	⟳ 0% (제한 없음)	
	냉각팬 제어		⟳ -	
	릴레이 제어		⟳ 제어 안함	
	서비스 램프	켜짐	⟳ 첫번째 드라이빙 사이클＊	
		꺼짐	⟳ IG OFF	
	고장 확정		⟳ 첫번째 드라이빙 사이클＊	
	경고등		⟳ 켜짐	

그림 20.3 ⊛ P1B2500 DTC(Diagnostic Trouble Code) manual

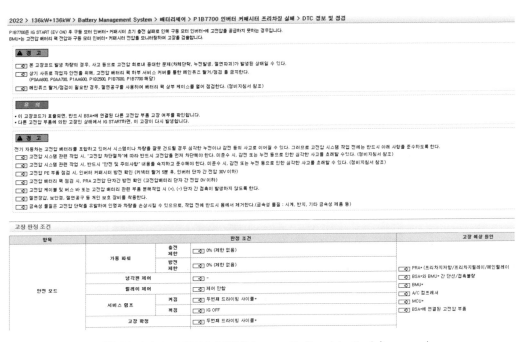

2022 > 136kW+136kW > Battery Management System > 배터리제어 > P1B7700 인버터 커패시터 프리차징 실패 > DTC 정보 및 점검

P1B7700은 IG START (EV ON) 후 구동 모터 인버터+ 커패시터 초기 충전 실패로 인해 구동 모터 인버터+에 고전압을 공급하지 못하는 경우입니다.
BMU+는 고전압 배터리 팩 전압과 구동 모터 인버터+ 커패시터 전압을 모니터링하여 고장을 검출합니다.

⚠ 경 고

☑ 본 고장코드 발생 차량의 경우, 사고 등으로 고전압 회로내 중대한 문제(차체단락, 누전발생, 절연파괴)가 발생된 상태일 수 있다.
☑ 상기 사유로 작업자 안전을 위해, 고전압 배터리 팩 하부 서비스 커버를 통한 메인퓨즈 탈거/점검을 금지한다.
　(P0AA600, P0AA700, P1AA600, P1B2500, P1B7600, P1B7700 해당)
☑ 메인퓨즈 탈거/점검이 필요한 경우, 절연공구를 사용하여 배터리 팩 상부 케이스를 열어 점검한다.(정비지침서 참조)

유 의

• 이 고장코드가 표출되면, 반드시 BSA+에 연결된 다른 고전압 부품 고장 여부를 확인합니다.
• 다른 고전압 부품에 의한 고장인 상태에서 IG START하면, 이 고장이 다시 발생합니다.

⚠ 경 고

전기 자동차는 고전압 배터리를 포함하고 있어서 시스템이나 차량을 잘못 건드릴 경우 심각한 누전이나 감전 등의 사고로 이어질 수 있다. 그러므로 고전압 시스템 작업 전에는 반드시 아래 사항을 준수하도록 한다.
☑ 고전압 시스템 관련 작업 시, '고전압 차단절차'에 따라 반드시 고전압을 먼저 차단해야 한다. 미준수 시, 감전 또는 누전 등으로 인한 심각한 사고를 초래할 수 있다. (정비지침서 참조)
☑ 고전압 시스템 관련 작업 시, 반드시 '안전 및 주의사항' 내용을 숙지하고 준수해야 한다. 미준수 시, 감전 또는 누전 등으로 인한 심각한 사고를 초래할 수 있다. (정비지침서 참조)
☑ 고전압 PE 부품 점검 시, 인버터 커패시터 방전 확인 (커패터 탈거 5분 후, 인버터 단자 간 전압 30V 이하)
☑ 고전압 배터리 팩 점검 시, PRA 고전압 단자간 방전 확인 (고전압배터리 단자 간 전압 0V 이하)
☑ 고전압 케이블 및 버스 바 또는 고전압 배터리 관련 부품 분해작업 시 (+), (-) 단자 간 접촉이 발생하지 않도록 한다.
☑ 절연장갑, 보안경, 절연공구 등 개인 보호 장비를 착용한다.
☑ 금속성 물질은 고전압 단락을 유발하여 인명과 차량을 손상시킬 수 있으므로, 작업 전에 반드시 몸에서 제거한다.(금속성 물질 : 시계, 반지, 기타 금속성 제품 등)

고장 판정 조건

항목			판정 조건	고장 예상 원인
안전 모드	가용 파워	충전 제한	0% (제한 없음)	☑ PRA+ (프리차지저항/프리차지릴레이/메인릴레이)
		방전 제한	0% (제한 없음)	☑ BSA+와 BMU+ 간 단선/접속불량
	냉각팬 제어		-	☑ BMU+
	릴레이 제어		제어 안함	☑ A/C 컴프레서
	서비스 램프	커짐	두번째 드라이빙 사이클+	☑ MCU+
		꺼짐	IG OFF	☑ BSA+에 연결된 고전압 부품
	고장 확정		두번째 드라이빙 사이클+	

그림 20.4 ● P1B7700 DTC(Diagnostic Trouble Code) manual

② DTC(Diagnostic Trouble Code) 매뉴얼을 참고하고 진단 장비로 확인된 고장 코드의 원인을 예상한 결과 P1B7700 인버터 커패시터 프리차징 실패_현재", P1B2500 인버터 고전압 단과 고전압 배터리 전압 편차_과거" 고장 코드는 고전압 회로 내의 차체 단락 또는 누전, 절연 파괴로 인해 고전압 배터리 내부 메인 퓨즈 단선과 PRA (Power Relay Assembly) 내부 메인 릴레이 상시 단락으로 인해 출력되는 고장 코드로 예상되었다.

③ 고전압 배터리를 탈거하여 고전압 배터리 메인 퓨즈를 점검한 결과 내부 단선이 확인되었다. 고전압 배터리 내부에 장착된 PRA (Power Relay Assembly)의 구성 릴레이인 메인 릴레이 (+), (−) 또한 내부 단락으로 상시 통전되는 고장 현상이 확인되었다.

고전압 배터리 메인 퓨즈

그림 20.5 ● 고전압 배터리 메인 퓨즈 단선

④ 고전압 배터리 내부 메인 퓨즈 단선과 메인 릴레이(+), (−) 내부 융착 원인을 찾기 위해 고전압 배터리 내부 절연 저항을 측정한 결과 정상으로 측정되어 고전압 배터리 내부 문제가 아닌 고전압을 사용하는 PE(Power Electric) 부품의 회로 문제로 판단되었다.

고장 예상 범위를 점검하기 위해 고전압 배터리와 체결되는 후방 인버터 고전압 케이블 커넥터를 탈거한 후 고전압 회로의 절연 저항을 측정한 결과 정상인 상태가 확인되었다.

그림 20.6 ◉ 메인 릴레이(+), (-) 내부 융착

⑤ 고전압 배터리와 체결되는 전방 인버터 고전압 케이블 커넥터를 탈거한 후 고전압 부품 회로로 연결되는 고전압 케이블 단자의 절연 저항을 측정한 결과 불량 상태가 확인되었다.

그림 20.7 ◉ 고전압 배터리 내부 절연 저항 측정

⑥ 전방 고전압 정션 블록에서 연결되는 고전압 PE 시스템은 ICCU, 전동식 컴프레서, PTC, MCU(인버터)로 고전압 정션 블록과 연결되는 PE 부품의 고전압 커넥터를 하나씩 탈거하며 각 시스템의 절연 저항을 측정한 결과 MCU(인버터)에서 절연이 파괴되어 불량한 측정값이 확인되었다.

그림 20.8 ● 전방 고전압 커넥터 절연 저항 측정

⑦ 전방 MCU(인버터)를 탈거하여 MCU(인버터) 내부 절연 저항을 측정한 결과 U, V, W 3상 모두 절연이 파괴된 현상이 확인되었고 내부가 열화된 흔적도 확인되었다.

⑧ 전방 MCU(인버터) 절연 파괴로 인해 고전압 배터리 메인 릴레이(+), (−)가 내부에 융착되었다. 고전압 배터리 메인 퓨즈가 단선되는 원인으로 인해 EV 경고등이 점등된 후 전기차 시스템 점검 문구 출력되며 시동(Ready)이 불가한 현상의 원인으로 확인되었다.

그림 20.9 ● 전방 MCU(인버터) 절연 파괴

∅ 조치

■ **내용**

전방 MCU(인버터), PRA, 고전압 배터리 메인 퓨즈를 교환 조치하였다.

∅ 조치 방법

(1) 전방 인버터 교환

경고

- 고전압 시스템 관련 작업 시 반드시 '안전사항 및 주의, 경고' 내용을 숙지하고 준수해야 한다. 미준수 시 감전 또는 누전 등으로 인해 심각한 사고를 초래할 수 있다.
- 고전압 시스템 관련 작업 시 '고전압 차단절차'에 따라 반드시 고전압을 먼저 차단해야 한다. 미준수 시 감전 또는 누전 등으로 인해 심각한 사고를 초래할 수 있다.

참고

고전압 시스템 부품

배터리 시스템 어셈블리(BSA), 모터 어셈블리, 인버터 어셈블리, 고전압 정션 블록, 파워 케이블 등

1) 진단기기를 자기진단 커넥터(DLC)에 연결한다.
2) IG 스위치를 ON한다.
3) 진단기기의 서비스 데이터의 BMS 융착 상태를 확인한다.

> **규정값** : Relay Welding not detection

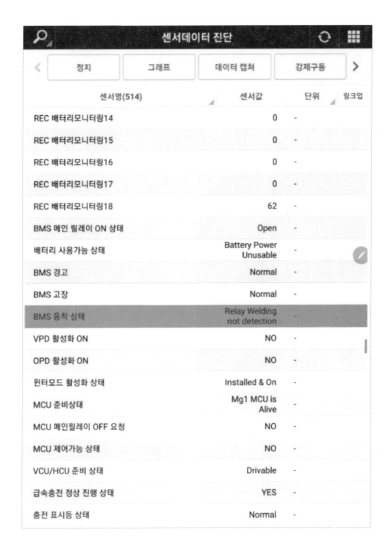

센서명(514)	센서값	단위	링크업
REC 배터리모니터링14	0	-	
REC 배터리모니터링15	0	-	
REC 배터리모니터링16	0	-	
REC 배터리모니터링17	0	-	
REC 배터리모니터링18	62	-	
BMS 메인 릴레이 ON 상태	Open	-	
배터리 사용가능 상태	Battery Power Unusable	-	
BMS 경고	Normal	-	
BMS 고장	Normal	-	
BMS 융착 상태	Relay Welding not detection		
VPD 활성화 ON	NO	-	
OPD 활성화 ON	NO	-	
윈터모드 활성화 상태	Installed & On	-	
MCU 준비상태	Mg1 MCU is Alive	-	
MCU 메인릴레이 OFF 요청	NO	-	
MCU 제어가능 상태	NO	-	
VCU/HCU 준비 상태	Drivable	-	
급속충전 정상 진행 상태	YES	-	
충전 표시등 상태	Normal	-	

4) IG 스위치를 OFF한다.

5) 트렁크를 열고 리어 러기지 커버와 보조 12V 배터리 서비스 커버(A)를 탈거한다.

6) 12V 배터리 (−),(+) 단자 터미널을 분리한다.

7) 서비스 인터록 커넥터(A)를 화살표 방향으로 분리한다.

> **경고** ✋
>
> 고전압 시스템의 커패시터가 완전히 방전될 수 있도록 3분 이상 기다린다.

8) 프런트 언더 커버(A)를 탈거한다.

9) 리어 언더 커버(A)를 탈거한다.

10) 리어 언더 커버(A)를 탈거한다.

11) 리어 언더 커버(A)를 탈거한다.

12) 고전압 커넥터 커버(A)를 탈거한다.

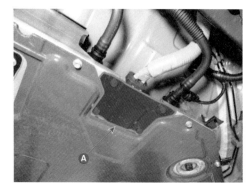

13) 고전압 배터리 프런트 커넥터를 분리
한다.

14) 고전압 배터리 리어 커넥터를 분리한다.

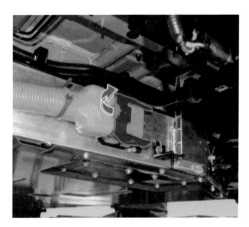

15) 프런트 인버터 단자 사이의 전압을 측정
한다.

정상 : 30V 이하

16) 리어 인버터 단자 사이의 전압을 측정
한다.

정상 : 30V 이하

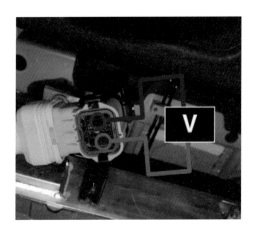

17) 배터리 시스템 어셈블리의 리어 고전압
커넥터 단자간 전압을 측정하여 파워
릴레이 어셈블리의 융착 유무를 점검한다.

정상 : 0V

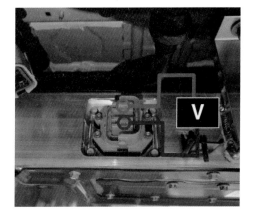

전압이 비정상으로 측정된 경우, 고전압 차단이 정상적으로 되지 않을 수 있으므로 메인 퓨즈를 탈거한다.

18) 배터리와 배터리 라디에이터의 열이 식었는지 확인한다.

19) 리저버 탱크 압력 캡(A)을 연다.

참 고

스토퍼(A)를 누른 후 압력 캡(B)을 시계방향으로 돌려서 탈거한다.

경 고

전기차 관련 냉각수 시스템과 라디에이터가 뜨거울 때는 고온, 고압의 냉각수가 분출되어 화상을 입을 수 있으니 압력 캡을 절대로 열지 않는다. 관련 장치들이 충분히 냉각된 상태일 때 개방한다.

20) 라디에이터 드레인 플러그(A)를 풀고 냉각수를 배출한다.

21) 냉각수 배출이 완료되면 라디에이터 드레인 플러그를 잠근다.

22) 리저버 탱크에서 3웨이 밸브 리턴 튜브(A) 및 라디에이터 아웃렛 호스(B)를 분리한다.

유의

- 퀵 커넥터 클램프(A)를 위로 잡아당기고 분리한다.

- 퀵 커넥터 타입 호스 작업 시 커넥터 내부의 고무 실(A)을
  만지거나 탈거하지 않는다.

- 퀵 커넥터 장착 시 '클릭' 니플음이 들릴 때까지 장착한다.
- 퀵 커넥터 장착 시 퀵 커넥터 클램프(A)가 장착되어 있어야 한다.

23) 리저버 탱크에서 전동식 워터 펌프(EWP) 호스(A) 및 저온 라디에이터 아웃렛 호스(B)
를 분리한다.

유의

- 호스 탈거 시 퀵 커넥터의 클램프(A)를 누른 상태에서 탈거한다.
- 퀵 커넥터 타입 호스 작업 시 커넥터 내부의 고무 실(B)을 만지거나 탈거하지 않는다.
- 퀵 커넥터 장착 시 '클릭' 니플음이 들릴 때까지 장착한다.

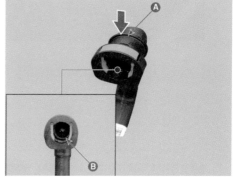

500

24) 호스 클립(A)을 분리한다.

25) 리저버 탱크 장착 볼트(A)를 탈거한다.

체결 토크 : 0.8~1.2kgf.m

26) 리저버 탱크를 탈거한다.

 유의 리저버 탱크 탈거 시, 전동식 워터 펌프(EWP) 인렛 호스(A)를 분리한다.

27) ICCU AC 커넥터(A)를 분리한다.

28) 장착 볼트(B)를 푼 후, 접지(A)와 와이어링 하네스를 탈거한다.

체결 토크 : 0.7~1.0kgf.m

29) ICCU 신호 커넥터(A)를 분리한다.

30) 장착 볼트를 푼 후, LDC 플러스(A)를 탈거한다.

31) ICCU DC 커넥터(A)를 분리한다.

32) 냉각수 퀵-커넥터(A)를 분리한다.

33) 고전압 커넥터(콤보 충전 인렛 어셈블리 ↔ 고전압 정선 블록(A)을 분리한다.

34) 장착 볼트를 푼 후, 고전압 정선 블록 브라켓(A)을 탈거한다.

체결 토크 : 2.0~2.4kgf.m

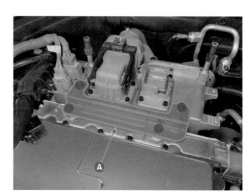

35) 장착 볼트(A)를 푼 후, ICCU(B)를 탈거한다.

체결 토크 : 2.0~3.0kgf.m

36) 장착 볼트를 푼 후, 고전압 커넥터(고전압 정션 박스 ↔ 고전압 배터리)(A)를 분리한다.

37) 고전압 배터리 히터 커넥터(A)와 PTC_SDC 커넥터(B)를 탈거한다.

38) 고전압 정션 박스 신호 커넥터(A)를 분리한다.

39) 장착 볼트를 푼 후, 와이어링 브라켓(A)를 탈거한다.

체결 토크 : 0.7~1.0kgf.m

40) 장착 볼트를 푼 후, 서비스 커버(A)를 탈거한다.

체결 토크 : 0.8~1.2kgf.m

41) ICCU & 고전압 정션 박스 체결 볼트(A)를 탈거한다.

체결 토크 : 0.7~1.0kgf.m

42) 장착 볼트(A)를 푼 후, 고전압 정션 박스 (B)를 탈거한다.

43) 흡음 패드(A)를 탈거한다.

44) 인버터 장착 볼트를 풀고 인버터(A)를 탈거한다.

체결 토크 : 0.4~0.6kgf.m

유의 인버터 어셈블리 장착 시, 인버터 어셈블리 장착 볼트는 재사용하지 않는다.

45) 장착은 탈거의 역순으로 진행한다.

유의
- 인버터 어셈블리 개스킷은 메탈 개스킷이므로 휘어지지 않도록 주의한다.
- 개스킷은 항상 신품을 사용한다.

46) 고전압 배터리 냉각수 리저버 탱크를 통해 저전도 냉각수를 채운다.

[고전압 배터리 냉각수]

저전도 냉각수	제원
	160kW + 160kW
히트 펌프 미적용	약 11.7L
히트 펌프 적용	약 12.2L

유의 서로 다른 상표의 냉각수를 혼합하여 사용하지 않는다.

47) 진단기기 부가기능의 '전자식 워터 펌프 구동' 항목과 강제구동의 '배터리 EWP 구동'을 수행한다.

(2) PRA(Power Realy Assembly) 교환

경 고

- 고전압 시스템 관련 작업 시 반드시 '안전사항 및 주의, 경고' 내용을 숙지하고 준수해야 한다. 미준수 시 감전 또는 누전 등으로 인해 심각한 사고를 초래할 수 있다.
- 고전압 시스템 관련 작업 시 '고전압 차단절차'에 따라 반드시 고전압을 먼저 차단해야 한다. 미준수 시 감전 또는 누전 등으로 인해 심각한 사고를 초래할 수 있다.

고전압 시스템 부품

배터리 시스템 어셈블리(BSA), 모터 어셈블리, 인버터 어셈블리, 고전압 정션 블록, 파워 케이블 등

1) 진단기기를 자기진단 커넥터(DLC)에 연결한다.

2) IG 스위치를 ON한다.

3) 진단기기의 서비스 데이터의 BMS 융착 상태를 확인한다.

> 규정값 : Relay Welding not detection

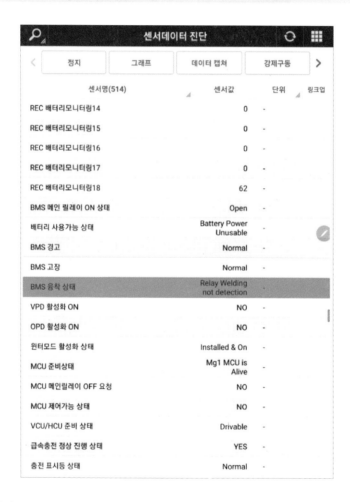

4) IG 스위치를 OFF한다.

5) 트렁크를 열고 리어 러기지 커버와 보조 12V 배터리 서비스 커버(A)를 탈거한다.

6) 12V 배터리 (−),(+) 단자 터미널을 분리한다.

7) 서비스 인터록 커넥터(A)를 화살표 방향으로 분리한다.

경 고

고전압 시스템의 커패시터가 완전히 방전될 수 있도록 3분 이상 기다린다.

8) 프런트 언더 커버(A)를 탈거한다.

9) 리어 언더 커버(A)를 탈거한다.

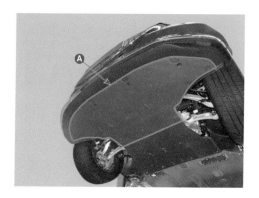

10) 리어 언더 커버(A)를 탈거한다.

11) 리어 언더 커버(A)를 탈거한다.

12) 고전압 커넥터 커버(A)를 탈거한다.

13) 고전압 배터리 프런트 커넥터를 분리한다.

14) 고전압 배터리 리어 커넥터를 분리한다.

15) 프런트 인버터 단자 사이의 전압을 측정
한다.

정상 : 30V 이하

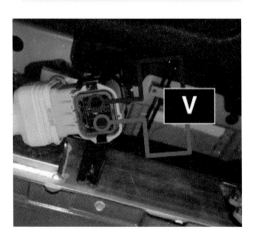

16) 리어 인버터 단자 사이의 전압을 측정한다.

정상 : 30V 이하

17) 배터리 시스템 어셈블리의 리어 고전압 커넥터 단자간 전압을 측정하여 파워 릴레이 어셈블리의 융착 유무를 점검한다.

정상 : 0V

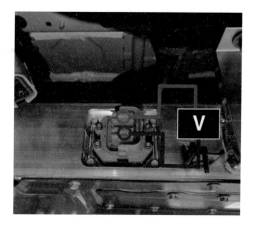

경고

전압이 비정상으로 측정된 경우, 고전압 차단이 정상적으로 되지 않을 수 있으므로 메인 퓨즈를 탈거한다.

경고

전기차 관련 냉각수 시스템과 라디에이터가 뜨거울 때는 고온, 고압의 냉각수가 분출되어 화상을 입을 수 있으니 압력 캡을 절대로 열지 않는다. 관련 장치들이 충분히 냉각된 상태일 때 개방한다.

18) 배터리와 배터리 라디에이터의 열이 식었는지 확인한다.

19) 리저버 탱크 압력 캡(A)을 연다.

510

참고

스토퍼(A)를 누른 후 압력 캡(B)을 시계방향으로 돌려서 탈거한다.

20) 라디에이터 드레인 플러그(A)를 풀고 냉각
    수를 배출한다.
21) 냉각수 배출이 완료되면 라디에이터 드레
    인 플러그를 잠근다.

22) 고전압 배터리 프런트 커넥터(A)를 분리
    한다.

23) 고전압 커넥터 리어 커넥터(A)를 분리
    한다.

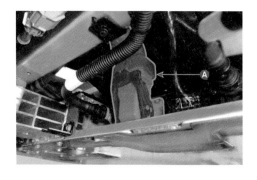

24) BMU 연결 커넥터(A)를 분리한다.

25) 볼트를 푼 후, 접지(A)를 탈거한다.

체결 토크 : 0.8~1.2kgf.m

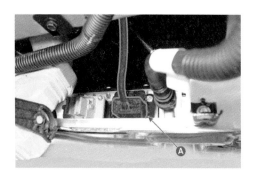

26) 냉각수 인렛 호스(A)와 아웃렛 호스(B)를 분리한다.

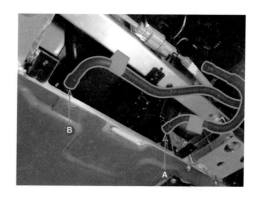

27) 배터리 시스템 어셈블리(BSA) 안에 있는 잔여 냉각수를 특수공구를 이용하여 배출한다.

> **참고** ⑤ ⚫ ⚫ ⚫ ⚫ ⚫
>
> 기밀 점검 장비(ULT-M1000)와 진단 기기를 이용하여 "냉각수 배출"을 수행한다.

① 냉각수 인렛에 냉각수 라인 피팅[IN] (A)을, 냉각수 아웃렛에 냉각수 라인 피팅 [OUT] (B)을 설치한다.

> **참고** ⑤ ⚫ ⚫ ⚫ ⚫ ⚫
>
> 냉각수 라인 피팅 [IN], [OUT] D[호스를 연결한다.

② 냉각수 라인 피팅[OUT] 밸브(A)를 닫는다.

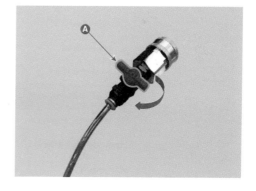

③ 기밀 테스터에 인렛 호스(A)를 연결한다.

④ 에어 호스(A)를 냉각수를 받을 통에 넣는다.

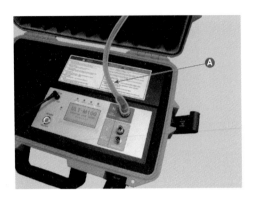 

⑤ 진단 기기를 사용하여 고전압 배터리팩 '냉각수 배출'을 수행한다.

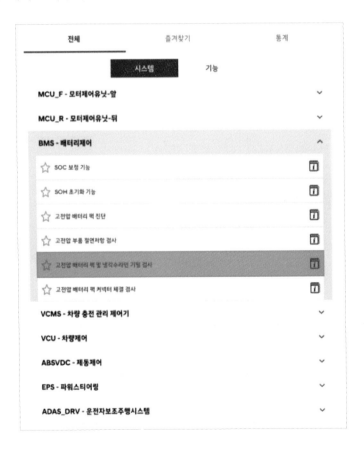

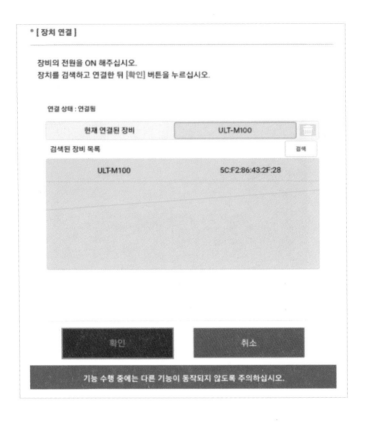

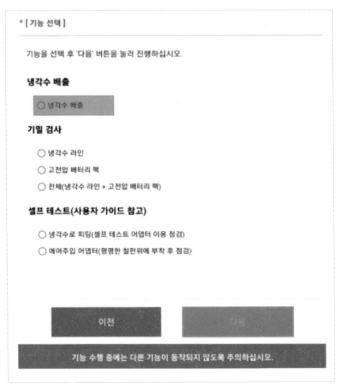

⑥ 냉각수 라이 피팅[OUT] 밸브(A)를
천천히 열어 냉각수를 배출한다.

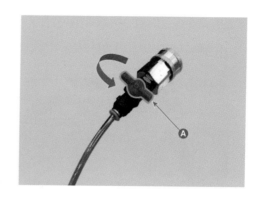

28) 고전압 배터리 시스템 어셈블리 중앙부 고정 볼트(A)를 푼다.

> 체결 토크 : 7.0~9.0kgf.m

 배터리 시스템 어셈블리 고정 볼트는 재사용하지 않는다.

29) 고전압 배터리 시스템 어셈블리에 플로어 잭(A)을 받친다.

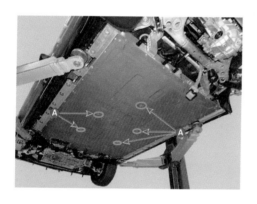 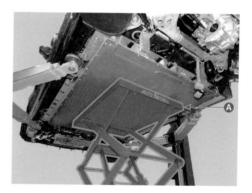

30) 고전압 배터리 어셈블리 사이드 고정 볼트를 푼다.(24개)
31) 고전압 배터리 어셈블리를 차량으로부터 탈거한다.

> 체결 토크 : 12.0~14.0kgf.m

- 배터리 시스템 어셈블리 장착 볼트를 탈거한 후에 배터리 시스템 어셈블리가 아래로 떨어질 수 있으므로 플로어 잭으로 안전하게 지지한다.
- 배터리 시스템 어셈블리를 탈거하기 전에 고전압 케이블 및 커넥터가 확실히 탈거되었는지 확인한다.
- 배터리 시스템 어셈블리하부 보호 및 언더 커버 고정용 스터드 볼트 보호를 위해 플로어 잭 위에 고무 또는 나무를 받친다.
- 배터리 시스템 어셈블리 고정 볼트는 재사용하지 않는다.

32) 특수공구(SST No.09375-K4100, 09375-K4104)와 크레인 자키를 이용하여 고전압 배터리 시스템 어셈블리를 이송한다.

 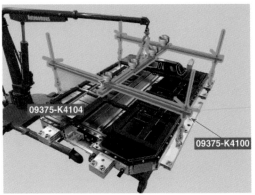

33) 탈거한 고전압 배터리 시스템 어셈블리는 부품 손상을 방지하기 위해 평평한 바닥, 매트 위에 내려놓는다.

34) 배터리 시스템 어셈블리 상부 케이스 장착 볼트(A)를 탈거한다.

체결 토크 : 10.6~15.9kgf.m

35) 볼트와 너트를 푼 후, 고전압 배터리 수밀 보강 브래킷(A)을 탈거한다.

체결 토크
- 1단계 : 0.9kgf.m
- 2단계 : 1.1kgf.m

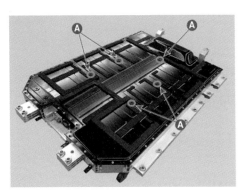 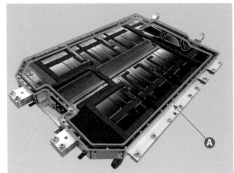

36) 배터리 시스템 어셈블리 상부 케이스(A)를 탈거한다.

유의
- 케이스의 변형 방지를 위해서 반드시 2인 이상 작업한다.
- 상부 케이스 이동 시 비대칭으로 들거나 하중을 순간적으로 강하게 가하면 변형이 생길 수 있으므로, 종방향보다 횡방향으로 들어서 이동을 권장한다.

37) 퓨즈박스 커버(A)를 연다.

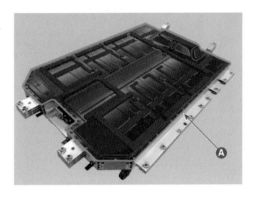
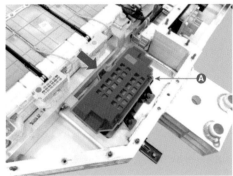

38) 고전압 배터리 버스바(A)를 탈거한다.

체결 토크 : 0.8~1.2kgf.m

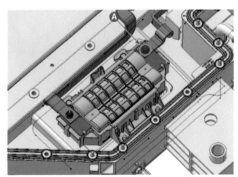

39) 메인 퓨즈를 탈거한다.

체결 토크 : 0.8~1.2kgf.m

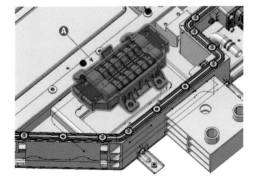

40) 버스바(A)를 탈거한다.

체결 토크 : 0.8~1.2kgf.m

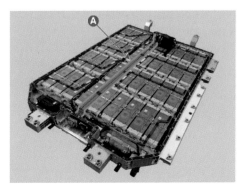

41) 장착 볼트와 너트를 푼 후, 버스바(A)를 탈거한다.

체결 토크 : 0.8~1.2kgf.m

42) PRA 와이어링 커넥터(A)를 분리한다.
43) 장착 너트를 푼 후, PRA(A)를 탈거한다.

체결 토크 : 0.8~1.2kgf.m

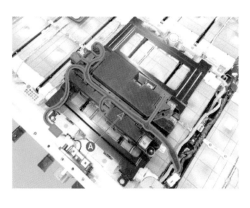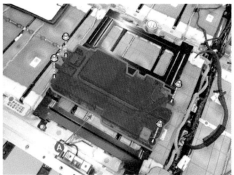

44) 장착은 탈거의 역순으로 진행한다.

(3) 고전압 배터리 시스템 어셈블리 메인 퓨즈 교환

경고

- 고전압 시스템 관련 작업 시 반드시 '안전사항 및 주의, 경고' 내용을 숙지하고 준수해야 한다. 미준수 시 감전 또는 누전 등으로 인해 심각한 사고를 초래할 수 있다.
- 고전압 시스템 관련 작업 시 '고전압 차단절차'에 따라 반드시 고전압을 먼저 차단해야 한다. 미준수 시 감전 또는 누전 등으로 인해 심각한 사고를 초래할 수 있다.

> **참고** ······
>
> ### 고전압 시스템 부품
> 배터리 시스템 어셈블리(BSA), 모터 어셈블리, 인버터 어셈블리, 고전압 정션 블록, 파워 케이블 등

1) 진단기기를 자기진단 커넥터(DLC)에 연결한다.

2) IG 스위치를 ON한다.

3) 진단기기의 서비스 데이터의 BMS 융착 상태를 확인한다.

> **규정값** : Relay Welding not detection

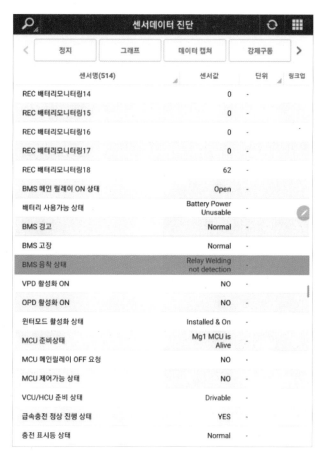

4) IG 스위치를 OFF한다.

5) 트렁크를 열고 리어 러기지 커버와 보조 12V 배터리 서비스 커버(A)를 탈거한다.

6) 12V 배터리 (−),(+) 단자 터미널을 분리한다.

7) 서비스 인터록 커넥터(A)를 화살표 방향으로 분리한다.

고전압 시스템의 커패시터가 완전히 방전될 수 있도록 3분 이상 기다린다.

8) 프런트 언더 커버(A)를 탈거한다.

9) 리어 언더 커버(A)를 탈거한다.

10) 리어 언더 커버(A)를 탈거한다.

11) 리어 언더 커버(A)를 탈거한다.

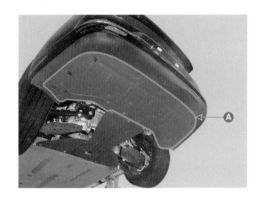

12) 고전압 커넥터 커버(A)를 탈거한다.

13) 고전압 배터리 프런트 커넥터를 분리한다.

14) 고전압 배터리 리어 커넥터를 분리한다.

15) 프런트 인버터 단자 사이의 전압을 측정한다.

정상 : 30V 이하

16) 리어 인버터 단자 사이의 전압을 측정한다.

정상 : 30V 이하

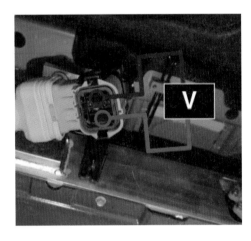 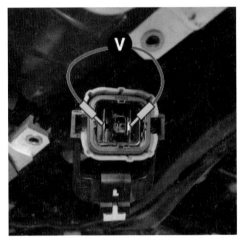

17) 배터리 시스템 어셈블리의 리어 고전압 커넥터 단자간 전압을 측정하여 파워 릴레이 어셈블리의 융착 유무를 점검한다.

정상 : 0V

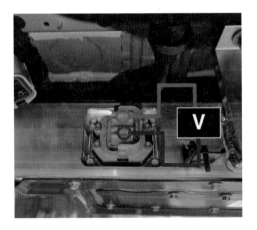

 경 고

전압이 비정상으로 측정된 경우, 고전압 차단이 정상적으로 되지 않을 수 있으므로 메인 퓨즈를 탈거한다.

18) 장착 볼트를 푼 후, 메인 퓨즈 서비스 커버(A)를 탈거한다.

체결 토크
- 1단계 : 0.9kgf.m
- 2단계 : 1.1kgf.m

유의
- 서비스 커버는 재사용하지 않는다.
- 서비스 커버를 장착하기 전에 서비스 커버 주위에 실런트를 도포한다.
- 록타이트를 도포한 후 즉시 서비스 커버를 장착한다.
- 서비스 커버 장착 전. 배터리 시스템 어셈블리와 서비스 커버에 이물질. 먼지. 오일. 수분 등을 깨끗이 제거한다.

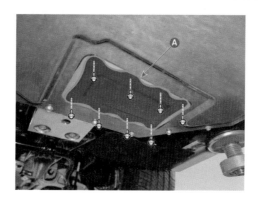

19) 스크루를 풀고 메인 퓨즈 커버(A)를 탈거한다.

체결 토크 : 0.10~0.15kgf.m

20) 너트를 풀고 메인 퓨즈 어셈블리(A)를 탈거한다.

체결 토크 : 1.6~1.7kgf.m

∅ 조치 사항 확인(결론)

전기자동차는 고전압 배터리가 탑재되어 고전압에 의한 감전의 위험이 있지만 차량 개발 단계에서 여러 가지 안전 시험을 통과하여 감전으로 인한 사고 발생 확률은 없다.

① 전기차를 제어하는 메인 제어기와 각 시스템을 구성하는 PE 부품의 제어기는 시동(Ready) 또는 시동 off인 주차 상태 즉 상시 고전압 회로의 절연파괴 및 단락, 융착 문제를 모니터링하고 있다. 문제 발생 시 메인 퓨즈 단선 또는 전원 off, 시동(Ready) 불가, 경고등을 점등시키는 안전 시스템이 작동되도록 설계되었다.

② 고전압이 외부로 노출되는 상황이 발생되면 BMU는 인터록 회로를 통해 이를 즉각적으로 인지하고 고전압을 차단하여 고전압의 외부 노출을 차단한다.

③ 일반적으로 12V 저전압 회로는 차체와 연결되어 전류가 흐르나 고전압의 (+)와 (−) 회로는 차체와 완벽하게 차단되도록 절연되어 구성된다. 교류(AC) 30V 이상 또는 직류(DC) 60V 이상의 고전압을 사용하는 고전압 케이블은 인지하기 쉽게 주황색 케이블로 식별되게 되어 있다.

④ 구동 모터 제어기인 MCU(인버터)는 전기차의 통합 제어기인 VCU에서 CAN 통신으로 전기 모터의 구동 명령을 입력받는다. 고전압 배터리의 직류(DC) 전력을 전기 모터 구동을 위해 교류(AC) 전력으로 변환시키는 내부 인버터 회로를 통해 구동 모터를 최적으로 제어하는 제어기이다.

⑤ 전기차에서 구동용 전기 모터의 토크 제어를 위한 MCU(인버터)는 직류(DC) 전력을 교류(AC) 3상(U,V,W) 전력으로 변환시킨 후 제어 보드를 통해 제어 연산 및 고장 진단 기능을 수행한다.

⑥ MCU(인버터)는 전기자동차(EV)의 최상위 제어 유닛인 VCU에게 현재 모터의 회전수 및 온도, 인버터의 상태를 주기적으로 전달하고, 현재 차량의 주행에 적합한 토크 지령을 입력받아 토크 제어를 수행한다.

⑦ MCU(인버터)는 전류, 전압 및 구동 모터에 장착된 레졸버 센서를 통해 회전자의 위치 센서의 입력값을 기준으로 제어를 수행하게 된다. 제어의 결과값으로 PWM(Pulse Width Modulation)을 생성하여 이를 통해 전기 모터에 교류(AC) 전압, 전류를 공급하게 된다.

부록

1. 외부충전기(EVES) 코드별 고장 원인 점검 진단 가이드
2. 전기차 전용 약어 정리

1　외부충전기(EVES)코드별 고장 원인 점검 진단 가이드

위치	에러 코드 (Error Code)	제조사 코드 (manufacturer code)	진단 [Description(kor)]	상태 (Level)	조치 안내
입력부	1	CAN_malf	충전 중 CAN 통신 이상		
	2	Insul_malf	Ground Fault 발생		
	6	Power module response error	주전원 차단기 또는 접촉기 (MC) 확인	위기 (critical)	메인 차단기 확인
	7	Under-voltage on incoming line	입력 저전압 검출	위기	충전기 입력 전원 확인
	11	CAN_not_arrived	차데모 충전 시작시 CAN 통신 인식 안됨		
	12	em_sw_on	비상스위치 눌림		
	13	BMS fault	SGS 충전 중 차량 에러		
	15	wakeup_power_fail	wakeup 12V 에러		
	16	Contock mechanism	커넥터 잠금 상태 이상		
	17	bat_incom_V	SGS 충전 중 차량 요청 전압 이상		
	20	pilot_malf	SGS 충전 중 파일럿 상태 이상		
	21	vehicle_ry_Welding	차데모 충전 중 차량 음착 검출		
통신부	21	Time-out error (Charging enable)	차량에서 중전 허가 신호 주지 않음	경고 (warning)	커플러 제거 후 충전 재시도
	23	vechile_sy_on_timeout	차데모 충전 중 차량 릴레이 연결 안됨		
	24	insul_test fail	절연 검사 이후 전압 방전되지 않음		
	26	cur_req_timeout	충전 시작 시 요청 전류 값 확인 불가		
	29	sys_fail_ov	충전 중 과전압 검출		
	30	sys_fail_ac	충전 중 과전류 검출		
	31	sys_fail_uv	충전 중 저전압 검출		
	33	Tg_BatVolt_Max_BatVolt	차데모 충전 중 배터리 최대 전압보다 차량 요청 전압이 큼		
	34	Tg_BatVolt_ava_OutVolt	차데모 충전 중 충전기 최대 전압보다 요청 전압이 큼		
	36	BMS bat_u_fault	차데모 차량 저전압 이상		
	36	PLC communication error	PLC모뎀 이상(콤보)	경고	커플러 제거 후 충전 재시도

위치	에러 코드 (Error Code)	제조사 코드 (manufacturer code)	진단 [Description(kor)]	상태 (Level)	조치 안내
통신부	37	BMS_cur_diff_fault	차데모 차량 요청 전류와 실제 전류값 다름		
	37	Service Discovery error	서비스 디스커버리 단계 이상(콤보)	경고	콤보 시퀀스 이상, 커플러 제거 후 재충전 시도 문제 시 연락
	38	Service Payment Selection error	서비스 페이먼트 셀렉션 단계 이상(콤보)	경고	콤보 시퀀스 이상, 커플러 제거 후 재충전 시도 문제 시 연락
	38	BMS_bat_temp_fault	차데모 차량 배터리 온도 이상		
	39	Charge Parameter Discovery error	차지 파라미터 디스커버리 단계 이상(콤보)	경고	콤보 시퀀스 이상, 커플러 제거후 재충전 시도 문제 시 연락
	39	BMS_volt_dift_fault	차데모 차량 요청 전압과 실제 전압값 다름		
	40	BMS shift_position_fault	차량 기어 상태 확인		
	40	CableCheck error	케이블 체크 단계 이상(콤보)	경고	콤보 시퀀스 이상, 커플러 제거 후 재충전 시도 문제 시 연락
	41	PreCharge error	차량 배터리 전압과 충전기 전압 불일치	위기	충전기 회사 확인 필요
	41	BMS_other_fault	기타 차량 이상		
	42	Request time-out(SessionSetup)	충전방식 선택 또는 커플러 연결 이상(콤보)	경고	차량에서 커플러를 제거 후 다시 연결하여 충전 재시작
	42	BMS_bat_ov_fault	차량 배터리 과전압 이상		
	43	interlock_chg_enable	차량 스위치 k와 충전에 이상		
	43	Request time-out(Service Discovery)	서비스 디스커버리 응답없음(콤보)	경고	콤보 통신 데이터 이상, 커플러 제거 후 재충전 시도 문제 시 차량과 충전기 확인 필요
	44	Request time-out(Service PaymentSelection)	서비스 페이먼트 셀렉션 응답 없음(콤보)	경고	콤보 통신 데이터 이상, 커플러 제거 후 재충전 시도 문제 시 차량과 충전기 확인 필요
	45	Request time-out (Charge Parameter Discovery)	차지 파라미터 디스커버리 응답 없음(콤보)	경고	콤보 통신 데이터 이상, 커플러 제거 후 재충전 시도 문제 시 차량과 충전기 확인 필요
	45	ServiceDiscovery_stop	서비스 디스커버리 단계에서 차량 종료 요청		
	46	ServicePayment Selection_stop	서비스 페이먼트 단계에서 차량 종료 요청		

위치	에러 코드 (Error Code)	제조사 코드 (manufacturer code)	진단 [Description(kor)]	상태 (Level)	조치 안내
통신부	46	Request time-out(CableCheck)	케이블 체크 응답 없음(콤보)	경고	콤보 통신 데이터 이상, 커플러 제거 후 재충전 시도 문제 시 차량과 충전기 확인 필요
	47	Request time-out(PreCharge)	프레 차지 응답 없음(콤보)	경고	콤보 통신 데이터 이상, 커플러 제거 후 재충전 시도 문제 시 차량과 충전기 확인 필요
	47	ChargeParameter Discovery_stop	차지 파라미터 단계에서 차량 종료 요청		
	48	CableCheck_stop	케이블 체크 단계에서 차량 종료 요청		
	48	Request time-out(Current Demand)	전력 요청 응답 없음(콤보)	경고	콤보 통신 데이터 이상, 커플러 제거 후 재충전 시도 문제 시 차량과 충전기 확인 필요
	49	PreCharge_stop	프리차지 단계에서 차량 종료 요청		
	50	Session SetupNotReq	콤보 충전 중 세션 셋업 받지 못함		
	50	PLC communication fault	충전 중 PLC 통신 이상(콤보)	경고	충전 중 통신 이상, 커플러 제거후 채 충전 시도
	51	ServiceDiscovery NotReq	콤보 충전 중 서비스 디스커버리 받지 못함		
	52	CP_Line_Fail	컨트롤 파일럿 쇼트 또는 오픈		
	52	PLCSLACError	콤보 SLAC 이상(콤보)	경고	콤보 통신 데이터 이상, 커플러 제거 후 재충전 시도 문제 시 차량과 충전기 확인 필요
	53	Time Out Contract Authentication Req	인증 시간 초과(콤보)	경고	콤보 통신 데이터 이상, 커플러 제거 후 재충전 시도 문제 시 차량과 충전기 확인 필요
	54	CP Status Fault	"콤보 절연테스트 이전 차량 Ready ON 이상, 콤보 충전 시작 전 제어파일럿 상태이상"	경고	충전 재시도 후 문제 시 연락
	55	S2 time-out (Charging)	콤보 충전 중 S2 OFF	경고	충전 재시도 후 문제 시 연락
	56	CP Status Fault_1	제어파일럿 상태 이상, 차량에서 S2 ON 되지 않음(콤보)	경고	충전 재시도 후 문제 시 연락
	56	EV_Not_Charging_ enable	AC 3상 충전 중 차량에서 허가 신호 주지 않음(CP)		
	57	Standard_Fail	충전 타입 선택 이상		

위치	에러 코드 (Error Code)	제조사 코드 (manufacturer code)	진단 [Description(kor)]	상태 (Level)	조치 안내
통신부	57	Contract Authentication Error	Contract Auth 단계에서 Session Setup 들어 수신(콤보)	경고	콤보 통신 데이터 이상, 재충전 시도 후 문제시 연락
	58	CCs_EV_S2_On_Check_Error	S2 ON 단계 이상(콤보)	경고	콤보 시퀀스 이상, 커플러 제거 후 재충전 시도 문제 시 연락
	58	Service Payment Selection NotReq	콤보 충전 중 서비스 페이먼트 받지 못함		
	59	Charge Parameter Discovery NotReq	콤보 충전 중 차지 파라미터 받지 못함		
	59	CCS Insulation_test_Error	Insultation Test 단계 이상 (콤보)	경고	콤보 시퀀스 이상, 커플러 제거 후 재충전 시도 문제 시 연락
	60	CCS_Modul_discharge_Error	Module Discharge 단계 이상 (콤보)	경고	콤보 시퀀스 이상, 커플러 제거후 재충전 시도문제시 연락
	60	CableCheckNotReq	콤보 충전 중 케이블 체크 받지 못함		
	61	Current Demand Req Error	Current Demand 단계 이상 (콤보)	경고	콤보 시퀀스 이상, 커플러 제거 후 재충전 시도 문제 시 연락
	61	PreChargeNotReq	콤보 충전 중 프리차지 받지 못함		
	62	PLC rx_timeout	충전 중 PLC 통신 에러		
	63	Modul_all_not_Ready	모듈 상태 모두 꺼짐		
	64	ComboConnector HiTemp	콤보 커넥터 온도 에러		
	65	Connector_Check_time_out	콤보, AC충전 중 커플러 연결 인식 안됨(CP)		
	66	PowerDelivery_stop	파워 딜리버리 단계에서 차량 종료 요청		
	67	OH_Fault	충전기 온도 에러		
	68	Module_CAN_Fail	모듈과 메인보드간 통신 불량		
	101	pilot_mall	커넥터 연결 불량(PILOT) – (레이, 블루온)	경고	차량에 맞는 충전 시작 버튼 확인 및 커플러 접촉 상태 확인
	102	CP_Line_Fall	제어 파일럿 이상	경고	충전 재 시도 후 문제 시 연락
	107	Standard_Fail	충전 방식 선택 이상	경고	차량에 맞는 충전 시작 버튼 확인
	109	connect check timeout	콤보 AC 급속 커넥터 연결 인식 오류	경고	커플러 선택후 커플러 차량에 연결 안함, 커플러 연결

위치	에러 코드 (Error Code)	제조사 코드 (manufacturer code)	진단 [Description(kor)]	상태 (Level)	조치 안내
통신부	151	Sequence Error	콤보 충전 시퀀스에 맞지 않는 데이터 확인	경고	충전 재시도 및 차량 확인
	154	Service Selection Invalid Error	콤보 Service selection에서 지불 방식 이상	경고	콤보 통신 데이터 이상, 재충전 시도 후 문제 시 차량과 충전기 확인 필요
	155	Payment Selection Invalid Error	콤보 Payment selection에서 서비스 방식 이상	경고	콤보 통신 데이터 이상, 재충전 시도 후 문제 시 차량과 충전기 확인 필요
	162	Wrong Charge Parameter Error	콤보 Charge Parameter Discovery 단계에서 충전 파라미터 이상	경고	콤보 통신 데이터 이상, 재충전 시도 후 문제 시 차량과 충전기 확인 필요
	168	Wrong Energy Transfer Type Error	콤보 Charge Parameter Discovery 단계에서 에너지 전송 타입 이상	경고	콤보 통신 데이터 이상, 재충전 시도 후 문제 시 차량과 충전기 확인 필요
	169	Service Category FAILED	콤보 Service Discovery 단계에서 서비스 타입 이상	경고	콤보 통신 데이터 이상, 재충전 시도 후 문제 시 차량과 충전기 확인 필요
출력부	10	Charger output over-voltage	출력 과전압 검출, 충전 전압이 차량에서 요청하는 전압보다 높을 때	위기	충전기 회사 확인 필요
	11	Charger output over-current	출력 과전류 검출, 충전 전류가 차량에서 요청하는 전류보다 높을 때	위기	충전기 회사 확인 필요
	12	Charger output under-voltage	출력 저전압 검출, 충전 전압이 차량에서 요청하는 전압보다 낮을 때	위기	충전기 회사 확인 필요
	14	DC Ground fault	커넥터 절연 이상 검출	위기	충전기 회사 확인 필요
	17	Battery voltage incompatible	충전 전압 초과	경고	차량 전압 확인
	18	Battery voltage incompatible1	차량 충전 전압 요청 이상	경고	차량과 충전기 사양 확인
	19	Time-out error(Vehicle CAN receive)	충전방식 선택 또는 커플러 연결 이상(차데모)	경고	차량에 맞는 충전 시작 버튼 확인 및 커플러 접촉 상태 확인
차량부	22	Time-out error(Vehicle Relay on)	차량 릴레이온 이상	경고	차량 출력 릴레이 확인
	23	Time-out error(Vehicle Current request)	충전 전류 요청 이상	경고	충전 재시도 후 차량 상태 점검
	25	CAN communication fault	중전 중 차량과 통신이 원활하지 않음 (CAN)	경고	충전 재시도 후 문제 시 연락

위치	에러 코드 (Error Code)	제조사 코드 (manufacturer code)	진단 [Description(kor)]	상태 (Level)	조치 안내
차량부	26	Battery error(under voltage)	차량 저전압 고장	경고	차량 점검 필요
	27	Battery error (over-voltage)	차량 과전압 이상	경고	차량 점검 필요
	28	Battery error (voltage difference)	차량 전압 이상	경고	차량 점검 필요
	29	Battery error (current difference)	차량 전류 이상	경고	차량 점검 필요
	30	Battery error(temperature)	차량 배터리 과열 검출	경고	차량 점검 필요
	31	Vehicle shift lever position	차량 기어 확인 필요	경고	차량 기어 주차모드 상태 확인
	32	Vehicle error (other)	차량 이상 검출(FAULT)	경고	차량 점검 필요
	33	Vehicle Voltage error (before charging)	차량 릴레이 유착 검출	경고	차량 점검 필요
	106	EV_Not_Charging_enable	AC 충전 중 차량 충전시작 명령 없음	경고	충전 재시도 후 연락
주제어부	15	Wakeup power failure	충전기 내부 고장(wakeup)	위기	충전기 회사 확인 필요
	16	Connector lock failure	커넥터 잠금장치 고장 검출	위기	커플러 연결 상태 확인 후 계속 오류 발생 시 충전기 회사 확인 필요
	108	insul_test_fail	충전기 절연 검사 이상	위기	충전기 회사 확인 필요
기타	13	Emergency stop	비상정지 버튼 ON	경고	비상 스위치 눌림 상태 확인
	1	s-box connection error	통신 모뎀 연결 오류	NOT USE	
	2	Network communication error	제어 시스템과 연결 오류	NOT USE	
	3	RFID reader communication error	RFID 리더기와 통신 오류	NOT USE	
	4	Main board communication error	충전기 메인보드와 통신 오류	위기	충전기 전원 리셋 후 계속 오류 발생 시 충전기 회사 확인 필요
	5	Power Module communication error	내부 통신 이상(CAN)	위기	충전기 회사 확인 필요
	202	Emeter communication error	전력량계 통신오류	위기	전력량계 교체 및 확인 충전기 회사 확인 필요
	203	Power Module unit error	파워 모듈 고장	위기	모듈 교체 및 확인 중전기 회사 확인 필요

위치	에러 코드 (Error Code)	제조사 코드 (manufacturer code)	진단 [Description(kor)]	상태 (Level)	조치 안내
차량부	62	RESS Temperature inhibit	콤보 차량 온도 이상	경고	차량 점검 필요
	63	Shift Position	콤보 기어 상태 이상	경고	차량 점검 필요
	64	Charger Connector LockFault	콤보 커넥터 락 상태 이상	경고	차량 점검 및 커넥터 점검 필요
	65	EVRESS Malfunction	콤보 차량 이상	경고	차량 점검 필요
	66	Charging Current differential	콤보 전류 차이 발생	경고	차량 점검 필요
	67	Charging Voltage Out Of Range	콤보 전압 차이 발생	경고	차량 점검 필요
	68	Charging System In compatibility	콤보 충전 호환성 상태 이상	경고	차량 점검 필요
	69	ETC	콤보 차량 기타 이상	경고	차량 점검 필요

2 전기차 전용 약어 정리

준 말	본딧말	용 어	해 설
AAF	Active Air Flap	지능형 공기 유도 제어기	차량 전방 범퍼 및 그릴 안쪽에 개폐 가능한 플랩을 통해 공기 흐름을 제어하여 차량 내부 부품을 효율적으로 냉각하고, 차량의 공기 저항을 감소시켜 에너지 효율을 높이기 위한 장치
AC	Alternating Current	교류	시간에 따라 그 크기와 극성(방향)이 주기적으로 변하는 전류
AER	All Electric Range	전기자동차 주행 가능거리	전기자동차의 1회 충전 후 주행 가능 거리
AHB	Active Hydraulic Booster	액티브 유압 부스터	제동에 필요한 압력을 엔진의 진공이 아닌 별도의 모터를 이용하여 생성하는 전기자동차의 제동 시스템
AWD	All Wheel Drive	4륜 구동	전기자동차에서 전·후륜에 모터가 장착되어 4륜에서 동력을 발생하여 구동하는 시스템
BMU	Battery Management Unit	고전압 배터리 제어기	고전압 배터리의 충전 및 방전 조절, 전압·전류·온도 감시, 냉각,고장진단 제어, 차량 내 타 제어기와의 통신 기능 등을 수행
BEV	Battery Electric Vehicle	순수전기 자동차	2차 전지에 전기에너지를 충전 후 저장하여 충전된 전기에너지를 이용하여 전기 모터를 구동시켜 운행하는 자동차
CCM	Charger Convertor Module	충전 변환 모듈	전류변환장치(LDC)와 차량 탑재용 완속 충전기(OBC)가 일체로 구성된 모듈
CDM	Charge Door Module	충전 도어 모듈	전기자동차의 전동식 충전 도어 제어 및 충전량 표시 모듈
CMU	Cell Monitering Unit	고전압배터리 셀 모니터링 유닛	고전압 배터리 내부 셀 밸런싱 및 배터리 모듈 온도와 전압 관리
CP	Control Pilot	CP 신호	충전기와 차량용 완속 충전기(OBC) 또는 VCMS 간 통신 신호 단자
DC	Direct Current	직류	시간에 따라 흐르는 극성(방향)이 변하지 않는 전류
DTE	Distant to Empty	주행가능거리	주행 가능 거리(=AER : All Electric Range)
E-Comp	Electric compressor	전동식 컴프레서	증발기(Evaporator)로부터 저온저압 가스의 냉매를 압축해 고온고압의 가스로 전환시켜 응축기(Condenser)로 보내는 기능
EPCU	Electric Power Control Unit	통합전력 제어장치	전기자동차의 전기 모터 구동을 위한 인버터 및 LDC, VCU를 포함하는 통합전력제어장치
EV	Electric Vehicle	전기자동차	고전압 배터리로부터 충전된 전기 에너지를 전기 모터로 공급하여 차량에 구동력을 발생시킴으로써 화석연료를 전혀 사용하지 않는 무공해 자동차

준 말	본딧말	용 어	해 설
EVSE	Electric Vehicle Supply Equipment	전기자동차 외부 충전기	전기자동차(EV) 및 플러그 인 하이브리드자동차(PHEV) 충전을 위한 외부 충전 장치
IBAU	Intergrated Brake Actuation Unit	통합 브레이크 모듈	전기자동차의 브레이크 유압제어, 회생제동 압력 제어, 페달 답력 생성 제어기
ICCB	In-Cable Control Box	휴대용 완속 충전 케이블	220V 휴대용 충전 케이블, 별도의 인증 절차 없이 콘센트에 연결하면 즉시 충전 가능
ICCU	Integrated Charging Control Unit	통합 충전 제어장치	고전압 배터리 충전을 위한 차량용 완속 충전기(OBC) 기능과 저전압 배터리 충전을 위한 LDC기능, 양방향 전력변환이 가능한 V2L(차량 충전 관리 시스템을 통해 별도의 추가 장비 없이 외부로 전력을 공급할 수 있는 기능)이 통합된 통합충전제어장치
IEB	Intergrated Electronic Brake	통합형 전동 브레이크	전기자동차의 브레이크 시스템으로 브레이크 압력 공급부와 제어부를 통합하여 제어하는 시스템
IPMSM	Interior Permanent Magnet Synchronous Motor	매립형 영구자석 동기 모터	고정자에 3상 교류를 통해 만든 회전자계에 의해 영구자석이 매립·고속 회전에도 영구자석의 비산(飛散)을 막을 수 있고, 부가적으로 릴럭턴스(Reluctance) 토크를 얻을 수 있으므로 출력 밀도와 효율이 높은 전동기
LDC	Low Voltage DC-DC Converter	전기차용 직류변환장치	고전압 배터리에 충전 저장된 고전압을 차량에 사용되는 12V 저전압으로 변환하여 12V 보조배터리 충전 및 차량 전장 및 제어기의 전원 전압을 공급_발전기 역할
LI-PB	Lithium-Polymer Battery	리튬이온 폴리머 배터리	2차전지의 일종으로 방전 과정에서 리튬이온이 음극에서 양극으로 이동하는 전지, 폴리머 형태의 전해질을 사용
LTR	Low Temperature Radiator	저온 라디에이터	전기자동차 PE 부품 냉각용 라디에이터
MCU	Motor Control Unit	구동 모터 제어기	고전압 배터리로부터 공급받은 직류(DC) 전력을 교류(AC) 전력으로 변환하여 전기 모터에 전달하는 기능을 담당하며 모터의 회전 속도와 토크를 정밀하게 제어하는 제어기
OBC	On Board Charger	차량용 완속 충전기	외부 충전기로 완속 충전을 하거나, 휴대용 충전기로 교류(AC) 220V 전원에 연결하여 충전할 때, 전력망의 교류(AC) 전원을 직류(DC) 전원으로 변환하여 구동용 고전압 배터리를 충전하는 차량용 완속 충전기
PD	Proximity Detection	근접 감지 신호	VCMS, OBC가 충전 건의 체결 상태를 감지하는 신호
PDC	Power-net domain Controller	12V 저전압 전력 제어기	12V 배터리 모니터링 및 저전압 분배 역할과 바디 전장 출력 제어
PE	Power Electric	전기차 동력 시스템	전기자동차에서 고전압으로 전원을 사용하는 동력 시스템
PFC	Power Factor Correction	역률 보정	교류 전력을 직류 전력으로 변환하는 과정에서 생기는 전력 손실을 줄여주는 기능

준 말	본딧말	용 어	해 설
PLC	Power Line Communication	급속 충전기 통신	전기자동차와 외부 충전기간의 충전 상태 정보 및 충전 제어, 예약 충전 등의 데이터 통신 제공과 과금(billing), 인증, 보안 등의 부가서비스 신호를 보내는 통신 라인
PnC	Plug and Charge	플러그와 충전	충전 케이블 연결과 동시에 간편 결제되는 시스템
PRA	Power Relay Assembly	고전압 릴레이 어셈블리	고전압 배터리 어셈블리 내에 장착되어 고전압 배터리 전원 공급 및 차단 등 고전압을 제어하는 릴레이 어셈블리
PSU	Pressure Source Unit	고압 생성 유닛	전기자동차 제동 시스템에서 브레이크 오일의 압력을 일정(약 180bar 이상) 생성하고 저장하는 장치
PTC	Positive temperature coefficient heater	보조히터	보조 난방 장치의 일종으로 전기 저항을 이용하여 공기를 가열하고 신속하게 난방의 열원을 공급하는 장치
PTS	Pedal Travel Sensor	페달 위치 센서	브레이크 페달에 장착되어 브레이크 페달을 밟아 이동된 위치를 감지하는 센서
SBW	Shift By Wire	시프트 와이어	변속 레버의 케이블이 삭제되고 전기 신호로 변속되는 전자식 변속 레버
SCU	SBW Control Unit	전자식 변속 레버 제어 유닛	운전자의 변속 선택 위치를 전기적으로 수신하여 변속 위치를 제어하는 유닛
SOC	State Of Charge	충전량	고전압 배터리의 충전 상태
SOH	State Of Health	노화율	고전압 배터리의 건강 상태-배터리 수명 관련
V2G	Vehicle To Grid	외부 전력망 연결	전기자동차의 고전압 배터리에 저장된 전력을 외부 전력망과 연결시켜 공급
V2L	Vehicle To Load	외부 전력 공급	전기자동차의 고전압 배터리에 저장된 전력을 외부 전기장치에 공급
V2V	Vehicle To Vehicle	차량간 통신	차량과 차량이 스스로 네트워크와 통신, 인터넷 기술을 이용해 서로 정보를 주고받는 기술
VCMS	Vehicle Charging Management System	전기차 충전 제어기	전기자동차의 충전 시스템을 제어하고 관리하는 제어기로 완속·급속 충전관리 시스템(CMS)과 급속 충전을 제어·전력선 통신 모듈(PCM)로 구성되어 차량 내 유관 제어기와 협조 제어하여 충전기와 양방향 통신을 하며 전력을 공급
VCU	Vehicle Control Unit	전기차 제어장치	구동 모터 제어기(MCU)와 함께 토크 제어를 최우선으로 수행하고 시동 시퀀스 제어, 고장 진단 제어, 에너지 관리 최적 제어 등을 CAN 통신으로 연결된 하위 제어기와 협조 제어 기능을 수행하는 제어기
VESS	Virtual Engine Sound System	가상 엔진 소음 발생 장치	전기자동차의 가상 엔진음 발생 장치, 전기자동차(EV), 하이브리드 자동차(HEV) 등 저소음 자동차에 장착. 보행자의 사고 방지를 위해 법규로 규정되어 장착하는 장치
VPD	Voltage Protection Device	고전압 보호 장치	전기자동차의 고전압 배터리 셀(Cell) 부풀음 현상 발생 시 스위치가 작동되어 고전압 배터리의 전원 차단
ZEV	Zero Emission Vehicle	완전 무공해 차량	전기자동차와 수소연료전지자동차 등 배출가스가 전혀 배출시키지 않는 무공해 자동차

▮ 저자 약력

▪ 류명호

전) 현대자동차(주) 국내사업본부 광주하이테크센터 하이테크팀 파트장/사내강사

현) 한국폴리텍대학 광주캠퍼스 스마트전기자동차과 교수

▪ 박종철

현) 현대자동차(주) 국내사업본부 남부하이테크센터 하이테크팀 그룹장/사내강사

전기車 정비실무 성공사례20

초판 인쇄 | 2024년 1월 3일
초판 발행 | 2024년 1월 10일

저　　자 | 류명호 · 박종철
발 행 인 | 김길현
발 행 처 | (주) 골든벨
등　　록 | 제 1987 – 000018호
I S B N | 979 – 11 – 5806 – 671 – 0
가　　격 | 33,000원

표지 및 디자인 | 조경미 · 박은경 · 권정숙
웹매니지먼트 | 안재명 · 서수진 · 김경희
공급관리 | 오민석 · 정복순 · 김봉식

제작 진행 | 최병석
오프 마케팅 | 우병춘 · 이대권 · 이강연
회계관리 | 김경아

(우)04316 서울특별시 용산구 원효로 245(원효로 1가 53-1) 골든벨 빌딩 5~6F
• TEL : 도서 주문 및 발송 02-713-4135 / 회계 경리 02-713-4137
　　　　내용 관련 문의 02-713-7452 / 해외 오퍼 및 광고 02-713-7453
• FAX : 02-718-5510 • http : //www.gbbook.co.kr • E-mail : 7134135@naver.com